同济大学新农村发展研究院课题
上海同济城市规划设计研究院教学资助项目

乌岩古村

——黄岩历史文化村落再生

杨贵庆 等著

内容提要

本书是关于历史文化村落保护和再生的理论思考、规划设计和建造实践。全书分为三篇：上篇“理论篇”阐述了我国历史文化村落再生的历史必然性、村落整体性特征及其社会学意义，探讨了再生的内在活力与外部环境，并指出当前再生实践应避免的误区。中篇“规划篇”以浙江省台州市黄岩区宁溪镇乌岩古村为案例，介绍了再生规划主题探索和规划方案。下篇“实践篇”列举了乌岩古村 11 处再生改造建设范式，对其规划建设全过程进行了具体分析和生动展示。

本书理论联系实际，图文并茂，通俗易懂，适用于大专院校城乡规划、建筑学和风景园林学等相关专业的本科生、研究生的参考读物，同时可作为从事乡村规划设计、建设和管理人员的业务参考，并可作为农村工作干部培训学习参考教材，也可作为对乡村规划建设、历史文化村落保护领域感兴趣的各界人士阅读参考。

图书在版编目（CIP）数据

乌岩古村：黄岩历史文化村落再生 / 杨贵庆等著．
-- 上海：同济大学出版社，2016.5
ISBN 978-7-5608-6315-3

Ⅰ．①乌⋯ Ⅱ．①杨⋯ Ⅲ．①乡村规划—研究—台州市 Ⅳ．① TU982.295.55

中国版本图书馆 CIP 数据核字（2016）第 101465 号

乌岩古村——黄岩历史文化村落再生
杨贵庆 等著
责任编辑 荆 华 责任校对 徐春莲 装帧设计 张 微

出版发行 同济大学出版社 www.tongjipress.com.cn
（地址：上海市四平路 1239 号邮编：200092 电话：021-65985622）
经 销 全国各地新华书店
印 刷 上海安兴汇东纸业有限公司
开 本 787mm × 1092mm 1/16
印 张 14
印 数 3101—4200
字 数 350 000
版 次 2016 年 5 月第 1 版 2018 年 8 月第 2 次印刷
书 号 ISBN 978-7-5608-6315-3
定 价 72.00 元

《乌岩古村——黄岩历史文化村落再生》撰写组

撰 写 单 位　同济大学

主要著作人　杨贵庆　戴庭曦

其他著作人　车献晨　胡　鸥　王　祯　章丽娜　蔡一凡　蔡　言
张梦怡　薛皓颖　徐鼎壹　申　卓　陈　石　开　欣

实地调研人员　（按姓氏笔画排列）
万成伟　王　祯　开　欣　申　卓　陈　石　宋代军
张梦怡　宣　文　徐鼎壹　章丽娜　黄　瓒　蔡一凡
蔡　言　薛皓颖

编 辑 助 理　王　祯　章丽娜　蔡一凡　张梦怡　蔡　言

序一

创新规划实践　服务乡村社会

杨贤金

同济大学党委书记

教授、博士生导师，同济大学新农村发展研究院院长

当前，中国城镇化发展已进入重要发展时期。我国自1978年改革开放以来，城镇化率每年以1个百分点增长，如今已经越过50%重要关口。城镇化率的增长是否意味着国家整体水平的提升？国际上的发展经验告诉我们，它们两者之间还不能画等号。这是因为，国家整体水平的增长，不仅要看城市，还要看农村。由于我国人口总基数大，城镇化另外一面的农村地区，数量多、分布广，问题复杂。在我国快速城镇化经历的过去30多年间，由于种种原因，农村的发展成为我国城镇化质量的短板。农村的现代化，是我国整体迈入经济发达国家行列的关键因素。只有我国广袤农村地区的经济、社会、文化和环境实现可持续发展，才能真正实现中国的现代化，才能实现我国城乡文明的可持续发展。

历史文化村落是我国乡村文明的重要承载体。经历了数千年传统农耕文明阶段，我国许多地区乡村聚落积累了丰富多样的地方历史内涵和文化元素，反映在村落建筑和各种构筑物方面，也蕴含于当地传统民俗活动、戏曲文艺以及传说故事中。这些历史文化村落物质环境，只有予以保护和发展，才能更好地承载起其历史文化内涵，才能更好地让当代人及其后来者寄托乡愁，了解历史文化深度，增强文化自信。然而，由于生产力发展和社会结构变迁，再加上自然侵蚀和人为破坏，从总体上看，各地历史文化村落的物质遗存和非物质遗产，正在逐渐衰败和消亡。历史文化村落保护和再生亟待理论研究、实践探索、科学保护和合理利用。

同济大学把建设以可持续发展为导向的世界一流大学作为发展战略，积极发挥知识“溢出”效应，深度参与社会服务。学校长期以来致力于城镇化发展研究，注重乡村可持续发展理论和实践探索，学校的城乡规划学科已经成为具有全球性影响力的教学、研究机构和重要的国际学术中心之一。成立于2013年的同济大学新农村发展研究院，积极贯彻中央城镇化工作会议精神，探索农科教相结合、多学科协同的综合服务模式。近年来，研究院围绕乡村可持续发展规划建设，与地方政府合作建立了多个教学实践基地，在农村社区规划标准和技术、风土聚落保护与再生、历史建筑可持续利用与综合改造等方面，开展了多项研究和实践工作。浙江省台州市黄岩区“美丽乡村”教学实践基地，就是其中的成果之一。

同济大学建筑与城市规划学院城市规划系杨贵庆教授团队长期深入黄岩区开展美丽乡村规划实践探索。自2013年以来，杨贵庆教授带领城市规划系师生持续进行城乡规划专业毕业设计和研究生学位论文选题，在完成教学任务的同时，结合地方需求，全方位为黄岩区有关乡镇历史文化村落保护和利用开展技术指导和培训，赢得了当地政府和群众赞誉。杨贵庆教授在2015年主持完成并出版《黄岩实践——美丽乡村规划建设探索》，在此基础上，他通过一

年多的辛勤耕耘，如今又完成了《乌岩古村——黄岩历史文化村落再生》这一成果。本书在关于历史文化村落发展辩证思维、理论分析、社会调研的基础上，结合乌岩古村经济、社会、文化和空间环境特征，创新思维、创意实践，“度身定做”了乌岩古村再生的实践范式，充分体现了“实践—理论—实践”的探索精神。这种深度参与社会服务、创新规划实践的精神是十分可贵的。希望通过本书的出版，激发更多的同济师生参与到这一具有重要意义的美丽乡村科学研究和规划实践中来，以“创新、协调、绿色、开放、共享”为指导思想，为探索具有中国特色新型城镇化道路贡献智慧和力量。

杨贤金

2016年5月3日

序二

枯木新枝——古村再生的哲理

陈秉钊

同济大学教授、博士生导师，建筑与城市规划学院原院长

中国城市规划学会顾问，浙江省台州市黄岩区“美丽乡村”规划建设顾问

杨贵庆教授继《黄岩实践——美丽乡村规划建设探索》之后，又推出《乌岩古村——黄岩历史文化村落再生》一书，直接触及历史文化的敏感问题。这正是我想推介该书的原因，希望引起更多人思考保护和再生的哲理。

某些古村有人进行了一番“修旧如旧”，结果古村保护了，但没能唤起活力，钱花了，古村依旧冷落。保护和再生之间的辩证关系，是历史辩证观的正误试金处。当前为了“留住乡愁”，历史文化遗产越来越被社会广泛重视，辨清这问题，将使我们的工作，付出的辛劳不至于付之东流。

该书包括理论、规划、实践三篇。理论篇是指导思想，是灵魂，阐明了上述的历史观；规划篇结合实际因地制宜地进行古村定位、策划、细致地规划与设计；实践篇以一项项具体的实施，图文并茂地展现并验证了前两篇的灵魂和规划构想。

历史文化是一个民族的血脉，珍惜爱护与传承不可或缺，但要区别对待。对于出土文物，为准确展现当时的生活、习俗、生产力水平，必须将原物置于玻璃柜里，恒温、恒湿……保护起来；对历史建筑文物，无法收纳进玻璃柜的，也应尽可能留其“原真性”，修旧如旧，展现当时的场景，供人准确认识历史。但对于大量有历史价值，而在现今生活中还能有利用价值的遗产，一概“修旧如旧”则会禁锢人们的智慧，造成资源的浪费。同样历史文化村落也可分为“古建筑村落”、“自然生态村落”和“民俗风情村落”三类型，当然可能是几类兼有的村落，对此应采取不同的对策。

古村落必定是农耕时代的产物，是当时的生产、生活方式、工程技术条件，就地取材以及在特定地形地貌下形成的。也许比今日在现代工程技术、材料下的建设更加具有多样性和地方特色。但是，当年的大家庭结构已经瓦解，原有的民宅无法适应今天核心家庭结构的需求。当年的建筑采光、隔声、防水、厨卫设施都无法满足今天的需求，不改变只能等待死亡。正如本书所言：“传统村落当时当地的生产力和生产关系已经不复存在，现有的空间形式已经成为物质‘躯壳’……当下传统村落物质环境和社会活力普遍衰败的困境，则是难以抗拒、难以避免的。因此，对于传统村落的保护和传承，不能只是从美学、建筑学和旅游者猎奇的角度去考虑如何美化，而是要从功能再生和社会动力上去深层思考”，“摒弃文物保护式的‘修旧如旧’，而是通过适当的现代技术将建筑适应新的功能，以吸引人和资金的参与从而达到古建筑再生的可持续性。”采取“适合环境”“适用技术”和“适宜人居”的“三适原

则”以及“产业经济、社会文化和物质空间环境三位一体”的方针加以改造获得新生，但它是从原来的枯木上长出来的新枝。

那么这些新枝靠什么雨露来滋润呢？靠“传统村落特有的历史人文风貌和自然山水环境，成为城市人远离喧嚣，暂避尘寰的绝好去处”。“在这里享受森林氧吧和农家闲趣”“偷得浮生半日闲”，“然后再精力充沛地返回城市。”由于现代的通信，WiFi 的覆盖，“让逃离‘城市病’的青年创客到乡村里，释放自由的创造心灵”。

乌岩古村是以其民国时代风貌为主要特征。于是定位为“民国印象”以及以“民国”故事为题材的影视文化活动基地。一个小小的古村，不过 90 户人家，285 人，其中常住人口也仅 100 人，居然结合了拍摄、展映、后期制作、策划、比赛、民俗体验、休闲度假、宗教活动、野外露营、徒步旅行……产业集群，挖掘汇集了民间手工竹艺、石雕彩绘，12 个节庆……，并形成居住、商业、服务、绿廊、历史展示、艺术村主题等功能区，真可谓小村大戏。在规划中对于历史，避免了抹杀历史动态性和多样性，又防止历史的冲突；对于文化审美上，避免追求大尺度、标志性、猎奇心理，做到功能真实性；在利用上，防止“驱赶”原村民，而成“中产阶级化”；在技术上，区别于保护文物的办法，采用廉价适用技术等，努力再现乡土景观，古树植被、碎石铺地、小径竹院、乌岩石室、梯田茶园……

可喜的是，今天已吸引来了不少访客，据《浙江新闻》4 月 25 日长篇报道“别看这里偏僻，但村里的老房子很吃香。很多喜欢安静的城里人争着要租，搞搞收藏、开开茶室……”，“外出打工的年轻人也想回家了。”

记得有一次到无锡考察古运河时，当大家从车上下来，居然一位中年妇女冲过来，嚷道：“你们来住，你们来住！不要把我们当动物关在笼子里，你们来参观！”根据上海市居民对城市历史街区保护满意度的实证分析结果，“值得注意的是，包括‘历史文化风貌保护区’、‘优秀历史建筑’、‘文物保护单位’等多部门参与的风貌保护工作持续多年大力开展……具有显而易见的成果，获得显著的社会影响，然而其对居民满意度的提高却相对有限，其标准回归系数仅为 0.211，说明目前被大力推行的风貌保护政策并没有有效促进居民生活水平的改善……”①

本书也许对反思历史文化的价值观具有深刻的意义。对待历史文化，既要尊重历史，更要尊重人，以人为本，转变一些僵化的保护观念，有所创新与发展，让保护工作更加科学健康。乌岩古村在规划实施过程中，极为重视原居民的意见，这方面在实践篇中有许多故事。这也是我推荐本书的一种期待，让我们在历史文化工作中，更加努力学习历史辩证法，摆脱保护性衰败与建设性破坏的双重困境。

陳秉釗

2016 年 4 月 25 日

① 李彦伯，诸大建，王欢明 . 新公共服务导向的城市历史街区发展模式选择——基于上海市居民满意度的实证分析 [J]. 城市规划，2016（2）：51-60.

前言

“历史文化村落”如何再生

本书所指的“历史文化村落”，是那些没有列入国家“历史文化名村”但具有一定历史发展积累和传统文化构筑的乡村传统村落。历史文化村落与历史文化名村，虽然都有“历史，文化”两个相同的关键词，同样都可以被称之为“传统村落”，但是它们的处境迥然不同。2003年以来，虽然住房和城乡建设部、国家文物局公布了五批共计169个国家“历史文化名村”，有着相应的国家保护规划规范、法规，但是总体上数量十分有限。相比之下，我国还有许许多多未被冠名为“历史文化名村”的“历史文化村落”，它们在全国的分布广泛，然而并没有相应的保护规范和政策支持。由于类型差别较大，各地情况不同，因此在国家层面还难以制定行之有效的保护法规，尚有待各地发挥保护和传承历史文化村落的积极作用。

由于种种原因，当前我国这类“历史文化村落”的生存状况不容乐观。不少历史文化村落随着过去十多年快速城镇化的进程而迅速衰败，面临着严重的“贫血”“失血”现象：村落的生产力水平停滞，市政基础设施匮乏，建筑质量老化严重，年轻劳动力大量流失，等等。在一些发展落后的山区，大量被承载着“乡愁”的历史文化村落处于“风雨飘摇”“自生自灭”的处境。除了被弃置而自然破败的原因之外，还有不少历史文化村落整体空间格局和风貌，被新的村民建房和市政设施建设所破坏，或者因为认识上的局限、保护和再利用的方法不当，存在着建设过程中人为破坏的情况。总体上看，我国各地历史文化村落的物质空间环境面临着整体性衰败，曾记载着乡村文明进程的历史文化村落不断消失，我国乡村人居发展历史的物质空间场所出现了在发展过程中的文化断裂。因此，探索历史文化村落再生的理论研究和实践范式工作刻不容缓，意义重大。

既然历史文化村落的传承如此重要，那么，历史文化村落又如何再生呢？

1.“自上而下”推动对历史文化村落保护利用的工作非常重要和必要

在当今我国特定的历史发展时期，通过“自上而下”各级政府组织开展此项工作具有独特优势和积极成效。这是由于我国行政体制构架和资源统筹的特征所决定的。事实上，我国不少省份已积极推进了此项工作。例如，浙江省省委、省政府早在2003年就在全省开展了“千村示范、万村整治”的工作，10年来取得了明显成效。在此基础上，浙江省又率先全面启动了全省历史文化村落保护利用工作[①]。“整体推进古建筑与村庄生态环境的综合保护、优秀传统文化的发掘传承、村落人居环境的科学整治和乡村休闲的有序发展。”[②]为此，浙江省委办2012年出台了《关于加强历史文化村落保护利用的若干意见》[③]，指出充分认识加强历史文化村落保护利用的重要性和紧迫性，加强历史文化村落保护利用的指导思想、总体目

① 夏宝龙．美丽乡村建设的浙江实践[J]. 求是，2014（5）：5-8。

② 同上。

③ 中共浙江省委办公厅、浙江省人民政府办公厅，2012年4月11日。

标和基本原则，主要任务，政策措施和组织领导。2015年4月浙江省推出了“千村故事”工程，大力推进“历史文化村落”文化传承工作，专门成立了省级“千村示范、万村整治”工作协调办公室，通过省、地市级和县市区农村工作办公室，汇聚各种资源，积极推进。这些自上而下的组织推动，对浙江省历史文化村落的文化传承和物质空间再生起到了促进作用。本书案例所在的台州市黄岩区宁溪镇乌岩头村保护利用的再生实践，正是在这样的时代背景下得到了大力推进。

2. 积极培育“自下而上”村民力量参与历史文化村落的再生实践

有一种观点认为，我国一些地区，村民对历史文化村落保护意识较落后，往往只顾眼前利益，不顾村落整体环境风貌，自身破坏村落环境的现象屡屡发生。然而，我们规划设计团队在浙江省黄岩区历史文化村落保护利用实践的第一线，发现并感受到村民质朴的一面。村民对于家门口环境改善的工作基本上是拥护的，他们对看得见的生活条件改善措施是赞同的。随着实践工作的推进，村民参与作为十分重要的力量，实现保护利用工作的可持续发展。因此，“历史文化村落”物质环境和传统文化的传承工作，应把当地村民的力量充分带动起来，激发村民的主动性和创造性，而不是一味地搬迁原住村民；应在专业人士的帮助下，让村民亲自参与美丽乡村建设，参加到历史文化村落的传承实践中来。村民对他们自己投入的建设成果是关心的，有感情的。要尽量在建设施工过程中，吸纳当地村民参与力所能及的事情，让他们可以从中获得实惠。

3. 对历史文化村落再生实践需要科学认知和多元方法

正确认识历史文化村落的再生，需要积极审慎的态度和科学认知，并采取因地制宜的规划策略。那么，如何科学辩证地认识“历史文化村落”的存在和发展？

（1）历史过程是发展的，前进的。过去我国传统农耕生产力和相应技术条件下所形成的封建社会大家庭社会关系和文化认同，塑造了遗留至今被认为是历史文化村落的空间场所特征。但是必须清醒认识到，传统落后的农耕生产力水平已经被超越，依赖畜力、人力的程度越来越少，现代机械农业和机动车交通不断发展，需要有建立在现代生产力条件基础上的新的生产关系及其相应的物质空间场所。换言之，历史文化村落物质空间表象之后的生产力基础已经不存在了，“皮之不存，毛将焉附”？因此，需要用历史发展观看待历史文化村落。

（2）历史文化过程需要连续，文明需要有被真实阅读、被真实感知的物质空间场所。长期以来我国农耕文明所积累的建筑文化美学及其天人合一的朴素思想，凝聚于村落场所中。不能因为原有生产力基础不存在就可以拆除历史环境遗产。相反，要通过创新规划设计和方法，探索适合历史文化村落空间特征的当代生产生活功能，并对传统村落物质空间加以积极改造，可持续发展利用好现存的物质空间资源，从而把历史文明的积淀再“活生”地演绎下去，而不是走两个极端，即：或者用保护文物的观点和方法对待历史文化村落，采用不能改动、“修旧如旧”的被动方法，以至于投入大量人力物力，修建之后而无法使用；或者，采用“推土机式”推到全部拆除的方法。

4. 城乡规划教育和社会培训对于“历史文化村落”传承的重要意义

当下，我国城乡规划教育和培训需要积极作为，普及关于历史文化村落保护利用、再生实践的科学认识和有效范式。一方面要积极培养面向乡村人居环境可持续发展规划设计、肩负社会责任感的大量专业人才，另一方面，还应当对第一线乡镇村干部做好相应的专业知识培训，提高科学认识水平，掌握科学建设方法。我国历史文化村落量大面广，急需合格的规划专业人才。但由于种种原因，我国各地从事历史文化村落规划设计的专业人才无论是数量还是素质方面，均亟待提升。由于规划专业人才的能力缺位或责任缺位，再加上乡镇村干部的认识水平不到位，一些地方的村庄改造规划建设反而导致了严重的后果，造成了“破坏性建设”、“建设性破坏”，令人十分痛心。

历史文化村落作为我国城乡人居环境历史进程中的重要类型之一，对它的再生和可持续发展，需要积极应对。本书中所呈现的浙江省台州市黄岩区宁溪镇乌岩头“历史文化村落”再生的规划建造实践，是同济大学建筑与城市规划学院城市规划系师生在“同济大学黄岩区美丽乡村教学实践基地”部分教学实践成果。自2014年底开始，受黄岩区区委、区政府邀请，同济规划团队通过深入调查研究、村民访谈，在黄岩区农办、住建局和宁溪镇地方政府的大力支持和配合下，汇聚了乌岩头村民的积极参与，结合同济大学城乡规划学专业的毕业设计、研究生专业教学实践，开展了乌岩头历史文化村落再生的创新实践探索。

本书以“理论篇”、“规划篇”和“实践篇”三篇为总体结构。其中，理论篇分三章阐述当前我国历史文化村落物质空间环境面临的整体性衰败以及再生的历史必然性，剖析村落整体物质空间环境特征及其表象下的社会学意义，揭示其再生的内在活力与外部环境等方面的理论认识；规划篇分四章对宁溪镇乌岩头历史文化村落区位、物质空间环境特征、村民意愿调研和发展主题作了较为系统分析和规划定位；实践篇着重展示了近一年半以来对原有村落物质空间环境的改造实践。各章节主要撰写人员如下：

第1章，杨贵庆、戴庭曦；第2章，杨贵庆；第3章，杨贵庆、戴庭曦等；第4章，杨贵庆、王祯、蔡一凡等；第5章，蔡一凡、杨贵庆；第6章，张梦怡、杨贵庆等；第7章第1节，杨贵庆、薛皓颖、徐鼎壹、蔡言，第2节，杨贵庆、蔡一凡、陈石，第3节，杨贵庆、申卓、张梦怡，第4节，杨贵庆；第8章，杨贵庆、车献晨、胡鸥、王祯、章丽娜、开欣、蔡言、蔡一凡、张梦怡，等；附录A参见实地调研人员名单，由蔡一凡汇总编绘；附录B照片由王祯编辑。全书由杨贵庆统稿。

希望通过本书的出版，促进关于历史文化村落保护利用的理论交流和实践展示，汲取更广泛的意见和建议，以便更好地推进历史文化村落再生实践，为我国“美丽乡村”规划建设的伟大事业贡献一份力量！

杨贵庆

中国城市规划学会“山地城乡规划学术委员会”副主任委员

同济大学建筑与城市规划学院 教授、博士生导师

2016年3月31日

目　录

上篇　理论篇

中篇　规划篇

下篇 实践篇

附录

上篇　理论篇

1

第1章　我国历史文化村落再生的历史必然性

尽管历史文化村落的概念有多种表述，但是一般都有“历史”、“文化”和“村落”这三个关键词，通常是指具有一定的历史发展积累、传统文化构筑的乡村传统村落。本章将对“历史文化村落”这一概念进行阐述，并在文献研究的基础上，提出关于当前研究和实践的目的和意义。应当看到，一方面，由于受到生产力发展对于交通依赖所带来的外部压力，传统大家庭结构变化、乡村社会结构变迁，以及现代生活质量目标追求下对传统的离弃等多种因素，我国历史文化村落物质空间环境面临整体性衰败。另一方面，也要看到当前我国历史文化村落的再生有其历史必然性，这是因为国家新型城镇化背景下对于城乡统筹和可持续发展的要求，生产力再次发生新的革命性变化对于交通依赖的转变，“大城市病”催生人们对于田园牧歌式环境的向往，以及现代价值观念和生活方式多元化带来的居业新选择。

1.1 历史文化村落的概念、研究进展与研究意义

1.1.1 历史文化村落的概念

正如在本书的前言开篇所提，“历史文化村落”是指具有一定的历史发展积累和传统文化构筑的乡村传统村落。在本书的语境下，历史文化村落又同样都可以被称之为“传统村落”。

“历史文化村落”与“历史文化名村”两者有相同之处，也有不同之处。虽然两者都有“历史、文化”两个相同的关键词，都具有一定的历史发展积累和相应的传统文化构筑，但是，“历史文化村落”还没有上升到国家层级的“历史文化名村”之列，未被列入国家“历史文化名村”的名录中。其原因是多方面的，既有历史文化积累不够丰富或传统文化构筑不够完整、保护利用措施不够到位而造成破坏等方面的原因，也有尚未被发现或正在申请等方面的原因。在我国，与公布的历史文化名村相比，历史文化村落的数量更多，分布更为广泛。由于种种原因，历史文化村落遭遇的自然破坏和人为损坏更为严重，无论是在理论认识层面还是在规划建设方法层面，都缺乏相应的指导。总体上看，我国历史文化村落的保护和利用面临严峻挑战。

在上述“历史文化村落”概念中，关键词包括：“历史发展积累”“传统文化构筑”“一定的”“乡村”和“聚落”。其中：

（1）“历史文化积累”是指村落的发展具有一定的时间过程，通常经历过多个不同的历史时期，有着较为丰富或特定的文化特征，也包括宗教文化或民俗文化等内容。

（2）“传统文化构筑”是指包括不同历史时期的古建筑和其他生产、生活等设施，如道路、桥梁、水利设施等。

（3）“一定的”是指上述“历史文化积累”和“传统文化构筑”具有较丰富和数量相对较多、规模较为集中的特点。

（4）“乡村”是指农耕时代下的自然山水和作业环境。

（5）“聚落”是指在特定生产力条件下，人类为了定居而形成的相对集中并具有一定规模的住宅建筑及其空间环境，和英文 settlement 相对应。在“聚落”这一概念中，“定居”是有别于人类早期在畜牧业时代游牧民族的居住状况，当农业从畜牧业分工出来后，定居成为聚落发展的起始。“相对集中”和“一定规模”有别于分散和零星的住宅建筑。在人类定居发生的早期，聚落多以血缘或族缘的关联而具有一定的规模并且聚居在一起，成为一种防卫和族群繁衍的支撑。此外，在“聚落”的概念中，“特定生产力条件”是聚落存在的历史时代背景。由于生产力水平的不同，聚落可以分为在传统农业生产力水平下的传统村落，以及在现代农业生产力条件下的现代聚落。从这个意义上看，如果说现代住宅区是工业革命之后机器生产条件下可大规模建造、以居住功能为主的城市人居环境类型的话，那么，传统村落就是指在传统农业社会背景和手工生产条件下小规模建造的人居环境类型。

由于是传统农业社会背景，生产力水平相对落后，工程技术条件的限制难以对地形地貌施以很大改变，且建造取材主要依赖当地，手工建造难以规模化复制，因此，历史文化村落

空间显示出更多的地域性、多样性特征。我国许多地区长期处于农业社会的历史背景，造就了不同地域丰富多样的历史文化村落空间形态。

通过对历史文化村落的分类，可以反过来进一步认识历史文化村落的概念。例如，浙江省在《关于加强历史文化村落保护利用的若干意见》[①]中，把历史文化村落分为“古建筑村落”“自然生态村落”和“民俗风情村落”等三个主要类型，并且对上述三种类型作了定义。其中：

（1）“古建筑村落”是指：“现存古民宅、古祠堂、古戏台、古牌坊、古桥、古道、古渠、古堰坝、古井泉、古街巷、古会馆、古城堡等历史文化实物和非物质文化遗产比较丰富和集中，能较完整地反映某一历史时期的传统风貌和地方特色，具有较高历史文化价值的村落。”

（2）“自然生态村落”是指：“古代以天人合一理念为基础，村落选址、布局、空间走向与山川地形相附会，村落建筑与自然生态相和谐，农民生产生活与山水环境相互交融，自然生态环境、特种树木以及相应村落建筑保护较好的村落。”

（3）“民俗风情村落”是指：“根据特定民间传统，形成有系统的婚嫁、祭典、节庆、饮食、风物、戏曲、民间音乐舞蹈、工艺等非物质文化遗产，传统的民俗文化延续至今，为当地群众所创作、共享、传承，并有约定俗成的民俗活动的村落。”

可以看到，上述关于三种类型历史文化村落的定义比较全面，虽然在现实中某一种类型的村落难以同时具有如此丰富的内涵，或者上述三种类型的内涵之间可能具有某些交叉，但是这样的分类有助于加强对历史文化村落保护利用工作的指向。

1.1.2 研究进展

历史文化村落空间形态的多样性表象不仅具有生动的美学价值，而且也具有建筑学和城乡规划学的研究价值，长期以来引发学者思考和深入探索。

我国学术界大量的相关研究文献出现于1980年以后。20世纪80年代中、后期，基于大规模各地民居调查，学术界出版了一系列地方民居调查的专著，例如《浙江民居》《安徽民居》等，形成了我国民居建筑学研究的一个热点。几乎在同一时期，“中国民居学术会议”致力于对中国传统民居与文化的研究，该学术会议从1991年至1997年出版的五辑《中国传统民居与文化》，收录了全国各地参会学者的研究成果。学者们从不同角度，结合地方气候条件、地域文化和民族文化对中国传统民居建筑形态做了分析，对传统民居建筑的形成和发展进行了深入的研究。

20世纪90年代初，我国学术界对传统村落的研究开始出现文化人类学方面的探索，关注其空间表象后的文化含义。例如，东南大学王文卿在《民居调查的启迪》中指出：“在新疆、云南、浙江、安徽、江苏等地调查时，发现村落中的民居建筑……具有明显的共同点，却面目各异，通常把这些差异现象宏观地归结于地理气候、环境位置的影响，文化类型（宗教、民族）的影响和文化传播的影响。”（王文卿，1990）他把传统村落空间的特征要素与

---

①《关于加强历史文化村落保护利用的若干意见》，中共浙江省委员会办公室〔2012〕38号。

文化内涵相联系，指出：“各地村落的进口处都有类似标志性建筑物，或桥、亭；或阁、楼；或牌坊、塔；或广场等。这不仅是村落的标志，而且是人们共有的一种意识的反映，如皖南民居村落的‘高阳桥’，反映了村落兴旺发达的意识……村落的总体结构是人们所共有的一种意识，一种观念和一种文化现象。”（王文卿，1990）

从20世纪90年代开始我国建筑学界对传统村落的研究广度和深度进一步加大。例如，彭一刚（1994）从传统村落的形成过程研究其景观环境的特征，指出由于各地区气候、地形环境、生活习俗、民族文化传统和宗教信仰的不同，导致了各地村镇聚落景观的不同。刘沛林（1997）以“古村落”为关键词，对我国传统村落的选址、布局、意境追求和景观建构等方面进行了深度研究，指出“天人合一”和“人与自然”的朴素思想在“和谐的人聚环境空间”建设中的重要作用。其撰写的《古村落：和谐的人聚环境空间》，把我国古代村落划分了“原始定居型、地区开发型、民族迁徙型、避世迁居型和历时嵌入型”五个基本类型，提出了建立“中国历史文化名村”保护制度的构想，被认为是较为系统论述中国古村落空间意象与文化景观的专著。李秋香（2002）基于我国10个较为典型的传统村落，从历史、文化、经济和行政管理的视角，开展了大量乡土建筑的调查，综合研究了村落的特征和建筑风格，发表了《中国村居》等一系列专著。孙大章（2004）系统梳理了我国传统民居的建筑历史发展脉络和类型特征。单德启（2004）从传统民居地域文化的发展演进，论述了传统民居建筑再生的途径和方法。常青等（2006）在杭州来氏聚落研究基础上，提出了再生设计的系统思考和探索。

进入2000年之后，我国学术界对于传统村落空间研究方法有了新的突破，即采用计算机模型方法，对村落空间所处的地形地貌环境和民居建筑布局相互关系进行分析。例如龚恺等编撰的一系列《徽州古建筑丛书》中的《晓起》（2001），研究者把早期对传统村落地形地貌空间分析的理论构想，通过计算机建模的分析方法更为清晰和直观地表现出来，试图反映当时生产力条件下传统村落建造所达到的工程造诣。计算机建模方法的运用，提升了把村落整体作为一个单元进行研究的水平。

随着我国城镇化进程加速，传统村落受到区域经济社会发展的影响，其村落空间形态也开始发生剧烈变化，学术界开始从区域经济、城镇化和可持续发展的视角研究我国传统村落空间结构的变迁。例如，李立（2007）选取我国经济、文化要素发达的江南地区乡村聚落作为研究对象，对其内涵与特征进行了全面剖析，以乡村变迁为主线，试图再现这一地区乡村聚落演变的历史脉络，探索其演化的主导动力和运作机制，挖掘各种现象之下的规律性和真实性，为促进乡村聚落可持续发展提供理论基础和现实策略。在此期间，学术界关于传统村落保护、设计与可持续发展方面的研究成果也不断涌现。刘森林（2011）围绕村落市镇景观的要素构成、处理手法、建构系统、人居观念与聚居模式等做了整理和深入分析，也涉及村落市镇景观变迁的社会机制和控制。

传统村落社会经济结构的特征和成因，一直以来也是社会学领域研究的范围。早在20世纪30年代，费孝通先生在伦敦大学研究院撰写的博士学位论文《江村经济》，就是选取了江苏吴江县的案例，从乡村社会生活的细节，全方位调查记录了农村生产生活的内容，成为我国传统村落空间表象下社会学考察的经典文献。费先生此后的《乡土中国》等研究，更是通过对中国基层传统社会的系统考察，对乡村社会生活的各个方面做了记录和分析。

在近来的一些研究中，建筑学和城乡规划学把传统村落空间特征和社会内涵进行对照研究，取得了新的突破。例如，《晓起》研究中加入了对于“江氏晓起派族谱”内容，对族谱内重要人物和“龙灯”象征意义等社会学要素进行了讨论，反映了我国对传统村落空间成因研究的新进展。刘森林（2011）从社会机制和控制的视角，深入分析了我国明、清、民国以来的国家、地方、乡绅、商贾等对传统村落空间的影响，在“乡规民约的控制及维护、运行与控制模式”等方面展开了精辟论述。他指出：“历史上对乡村建设和管理的探索未曾中断，社会不同阶层和力量以各自不同的方式参与其中，由于传统村落的发展以依托于自身资源为主，而乡镇又是农业社会维系社会稳定和发展等资源的基础。即便是王朝更迭，亦能较快修复和保持相对稳定，呈现出明显的内生性特点。”总体来说，学术界关于我国历史文化村落研究的成果如雨后春笋，层出不穷。不仅有国内研究者辛勤耕耘，而且国外学者的研究成果也不断地被介绍到国内[①]。

1.1.3　研究目的和意义

从已有的有关我国传统村落的研究文献来看，学者们希望探寻千百年来传统村落表象魅力的原因以及表象之下的社会经济和文化发展的成因，试图揭示可以被认知和学习的规律。的确，传统村落反映了特定时期经济、社会、文化和建造技术的特征。它们的空间模式不仅记录了人类定居生活对于自然环境适应或改造的智慧，而且也承载了居住集体行为下人们的社会关系和制度信息。因此，传统村落空间类型是一定历史时期生产力和生产关系的综合反映，具有丰富的社会学意义。

与大量美学、建筑学和风景园林学等研究文献相比，学术界从城乡规划学和社会学交叉研究的视角对我国传统村落进行空间分析的文献相对较少。城乡规划学是“揭示城乡发展规律并通过规划途径实现城乡可持续发展的学科”（杨贵庆，2013）。本书将从城乡规划学的空间分析的视角出发，结合浙江省台州市黄岩区宁溪镇乌岩头村的案例研究，归纳提炼历史文化村落空间环境的最为主要的整体性特征，从而分析这些特征表象下的社会学意义。通过研究，不仅可以更为深入地认识它们存在的社会本质，理解其空间特征表象背后的社会发展动力，而且，这对于我国历史文化村落空间保护和再生的规划设计理论和方法也具有重要的启发，从而更好地促进传统村落的文化特色传承。

加强历史文化村落保护利用的理论研究与实践探索的重要意义，正如浙江省推进该项工作的“若干意见”中所提道：“把保护、传承和利用历史文化村落及传统优秀文化作为农村经济社会发展的重要支撑，作为美丽乡村建设的重要内容，切实加大对历史文化村落与存

① 例如，日本东京大学教授原广司从20世纪70年代起致力于世界各地聚落的调查研究，从建筑设计的视角解构分析了聚落环境和居住建筑中的构建及其文化表现，历经约30年完成了《世界聚落的教示100》（2003），对该领域的研究具有一定影响，同年日本学者藤井明的《聚落探访》也被翻译介绍到国内（2003）。作者通过对世界上40多个国家500多个聚落调查分析，阐述了其选址、聚落形态的特点。

有环境的保护力度，悉心保护历史文化村落的建筑形态、自然环境、传统风貌以及民俗风情，让它们古韵长存、永续利用，使这些珍贵的历史文化遗产更好地传承给后人。”[①]

《国家新型城镇化规划（2014—2020 年）》指出：“在提升自然村落功能基础上，保持乡村风貌、民族文化和地域文化特色，保护有历史、艺术、科学价值的传统村落、少数民族特色村寨和民居。”[②]因此，本书的研究撰写对于在新型城镇化背景下的我国历史文化村落的文化传承，具有较好的现实意义。

1.2 我国历史文化村落物质空间环境面临整体性衰败

1.2.1 生产力发展对于交通依赖所带来的外部压力

传统农业发展主要依赖于农作物生产的环境，而无交通区位性。在人类历史发展进程中，当农业社会取代畜牧业而成为主要生产力发展方式，人类社会则进入了定居的时代。传统农业生产方式是最初定居时代重要的基础，而传统农业生产主要依赖土地、清洁并可持续的水源、较好的日照条件，以及能够抵御自然灾害的能力。只要具备以上条件，那么，无论何种地理区位，都可以适合人类定居和繁衍。不论在平原地区、丘陵地区，还是在山地，只要具备这些条件，就可以适合先民开展生产生活。有的时候，山地、丘陵地区相比平原地区具有其他某些要素的优势，例如，山地更加具有隐蔽、安全和防卫的地形地貌，更加具有获得山溪作为饮用水的重要条件。今天看来在交通区位条件十分落后的山地村落环境，而在传统农业时代并不显示出交通区位的弱势。传统农业社会下村落的空间分布应该是均质的。事实上也是如此，在我国广袤地域范围，只要适应传统农业的生产方式，那么，就存在相应的村落。

但是，“无交通区位性”这一发展规律被生产力的发展所打破。随着生产力发展，手工业从农业中分离出来之后，地理区位优势开始显现。那些便于合适步行交通或水运船只抵达的地区，往往成为“日中而市”的选择，集镇应运而生。随着集市发展，为交换商品行为服务的餐饮、住宿、娱乐，甚至文化教育、市场管理等一系列配套活动更加丰富和拓展了集镇的功能。在这样的环境下，那些靠近集镇的村落，比远离集镇的村落具有更加便利的交通优势。交通区位成为比较村落发展的重要因素。

交通区位随着生产力发展而成为更加重要的因素，拉开了不同地区传统村落的发展差距。随着汽车时代到来，那些交通可达性好的地区，成为形成“城市”的重要选择。进一步地，随着现代社会生产力发展，火车、航空、高铁等更加便捷的交通方式，促进了大都市的发展。伴随着工业化带来的城镇化发展，传统农业地区大多数青壮年劳动力为寻求更高收入就业机会和更理想化的城市生活，开始远离交通区位差的村落和集镇而迁居城市。在这个发展过程中，生产力发展对于便捷交通条件的依赖，给交通区位条件好的地区的传统村落变迁带来巨

① 《关于加强历史文化村落保护利用的若干意见》，中共浙江省委员会办公室〔2012〕38 号。
② 见《国家新型城镇化规划（2014—2020 年）》第六篇第 22 章“建设社会主义新农村”。

大的机会。靠近大城市的传统村落已经逐渐被城市化，而把远距离农业地区的村落远远地抛在了后面。历史上“无区位性”、均质发展的农业地区村落，由于现代交通区位条件的差别而发生了越来越大的发展差距。那些在区位上弱势的传统村落，尽管在历史上发生过各种各样的辉煌，而如今正趋向整体性衰败。

1.2.2 传统大家庭结构变化带来的根本冲击

我国封建社会传统大家庭结构瓦解，核心家庭成为主体形式。由于生产力发展阶段及其生产关系特征等种种原因，我国传统农业社会下的村落住宅建筑空间组织呈现出以血缘、亲缘关系纽带而形成的聚居特征，同时，在空间序列上，除了与自然地形、地貌条件而对应的“天人合一”等风水朴素思想之外，也反映着封建社会“夫为妻纲、父为子纲”等级关系特征。例如我国各地传统村落不同类型“四合院”、“三合院”等院落建筑形式，其建筑与院落等空间要素所组成的轴线关系，深刻反映着对天地、对祖先以及家族内部等级关系的社会内涵。又如本书案例浙江黄岩区宁溪镇的乌岩古村中，村落住宅建筑外部那些院落、连廊、檐口下的连续空间所呈现的令人惊叹的“空间流动性”，正是反映了当时陈氏家族大家庭环境下的血缘、亲缘关系。在那样流动的外部空间里，人们串门交流的便捷性是显而易见的，儿童成长受教于大家族所有的长辈，而非仅限于他们的父母。当然，另一方面，外部空间的流动性所具有的视线交流和活动联系背后，也体现了家族社会的控制作用。因此，传统村落建筑空间关系巧妙地成为其社会关系结构的物质表达方式。然而，随着传统大家庭结构瓦解，取而代之的是核心家庭结构，那么，住宅建筑功能和形式必然发生变化。核心家庭结构需要新的住宅建筑空间结构来承载，而传统村落的建筑空间结构已经不适应了。

传统大家庭结构瓦解给予传统村落建筑空间形式带来根本冲击。传统村落住宅建筑院落物质空间表象下的社会结构已经瓦解，已经没有相应的内在社会结构支撑。因此，从理论上说，历史文化村落住宅建筑及其院落的物质空间环境的衰败已经成为一种必然。正是因为这一点，给予当今关于历史文化村落的保护和再生，带来了很大的挑战。当下的保护和再生，不仅是甄别哪些适用于建筑特色和村落风貌整体环境保护的技术措施，而且更重要的是找寻和判断哪些相对准确的社会结构关系。

1.2.3 乡村社会结构变迁带来的重大影响

正如上文所说，历史文化村落物质空间表象背后反映了当时的社会结构关系。我国长期封建社会下宗法制度、约定俗成及落后生产力条件下农耕活动对于粮食收成的重视，体现在传统村落整体的空间布局结构上。例如，在传统村落环境中，宗教庙宇、宗族祠堂，以及民俗节庆的广场、钟楼鼓楼、戏台等重要的构筑设施，一般都位于村落环境中十分重要的位置，根据地形地貌条件，起到空间上控制的作用。然而，随着社会制度变迁，当今生产力条件和社会结构下，村落的生产生活已经不再举行此类物质或者精神方面的活动，因此，村落物质场所和设施已经不再具备相应的社会生活内涵，其衰退也就成为一种必然的过程。

随着乡绅阶层消失，传统村落社会生活的组织方式也经历了重大变迁。我国传统村落的发展过程中，经历了由乡绅阶层作为村落事务运作核心角色的时期。担任乡绅角色的人，源于本村，见过世面，有一定的富裕程度，通常具有被村民认可的学识和品德，有着较好的沟通协调能力，并且和“官府”具有一定的对话能力。作为村规民约的制定者或主导执行者，乡绅成为维护村落公平正义、主持建设发展的核心人物。乡绅对于传统村落自治和长期稳定发展起到了关键性作用。然而，当今我国乡镇管理制度下乡镇干部的流动性，决定了管理者和村民利益并不具有在血缘、亲缘上的天然一致性，因而难以获得当地村民的自然认可。干部的流动性使得即使他们主观或客观上做错了决定而不会受到严厉的惩罚或内疚，更不会导致亲属连带责任。因此，由于在制度上缺乏约束力，村民难以产生对于“外来”管理者发自内心的信任感。乡村社会组织结构变迁对传统村落的可持续发展带来一定的负面影响，导致其体制机制上缺乏活力而趋向衰退。

1.2.4　现代生活质量目标追求下对传统的离弃

由于当时生产力发展水平限制，大多数历史文化村落住宅建筑质量和基础设施配套水平堪忧。虽然建筑就地取材造就了别具一格的建筑风貌，但是从现代生活要求来看，建筑防水、隔声、采光、室内厨房设施、卫生设施等方面远远无法满足现代人的生活需求。尤其是在卫生设施方面，一些传统村落的住宅建筑大多没有现代水准的室内卫生间，村落中没有排污管道，更不要说是污水管网和污水处理设施。过去生产力落后条件下的村落资源处于内部循环的状态，人口数量少，人畜粪便用于耕地施肥等再生循环，有限的生活污水排放进入水体，也可以通过水流带动和水体自净作用而达到自然平衡的效果。然而，如今社会下，人们生活方式发生巨大变化，对于生活便捷舒适程度要求大大提升，传统村落当时的建筑状况和设施水平，已经无法满足现代人生活品质的要求，导致村落中新一代年轻人不断离开家园故土。

另一方面，城市所具有的现代价值标准和审美偏好，吸引着农村青年人追求更为高品质的生活质量目标。无论是更为鲜亮的衣着、多样而快捷的饮食，还是配有冲厕功能和热水洗浴的室内卫生间、具有燃气设施的厨房，到拥有家庭小汽车的出行，“衣食住行”各个领域所带来的便捷生活条件，已经远远超越了传统村落。同时，城市所能提供年轻人的就业和生活娱乐网络，甚至包括隐姓埋名式的自由，加深了乡村年轻一代“逃离”落后的乡村物质生活。

1.3　当前我国历史文化村落再生的历史必然性

1.3.1　国家新型城镇化背景下的城乡统筹和可持续发展要求

当前，国家层面把保护和传承历史文化村落的工作提升到新的高度。《国家新型城镇化规划（2014—2020）》指出：“适应农村人口转移和村庄变化的新形势，科学编制县域村镇体系规划和镇、乡、村庄规划，建设各具特色的美丽乡村。”同时指出，“在提升自然村落功能基础上，保持乡村风貌、民族文化和地域文化特色，保护有历史、艺术、科学价值的传统村落、少数民族特色村寨和民居。”[①]

---

①《国家新型城镇化规划 2014—2020》（中共中央、国务院印发，2014 年 3 月 16 日），其中第 22 章“建设社会主义新农村”的第 1 节“提升乡镇村庄规划管理水平”。

从目前整体上看，尽管大多数历史文化村落物质基础条件十分薄弱，但是，由于其本身所固化的建筑文化及其承载的社会历史信息，对于当今现代化发展的社会阶段以及文明传承来说，具有十分重要的历史文化价值。优秀的历史文化村落建筑和空间环境，已经成为文明内涵的重要组成部分之一。因此，从国家层面高度重视这一工作，有效地推进了我国城乡统筹、区域协调和城镇化可持续发展。这些年在浙江省积极开展的历史文化村落保护和利用工作，正是在国家新型城镇化这一背景下的重要实践。这为历史文化村落再生提供了重要的政策保障。

1.3.2 生产力再次发生新的革命性变化对于交通依赖的转变

当今生产力发展进入了互联网的新时代，过去受制于区位交通劣势条件的历史文化村落获得了新生的历史性机遇。这是因为，随着互联网络、个人电脑、手机 WiFi、远程视频等一系列现代通讯工作的发明创造，使得人们工作和工作岗位所处的地理位置获得了从空间上分离的可能性。即：一个人可以通过现代通讯工作和作业方式远距离管理控制和操作设计，不必在生产第一线，不必在办公室进行工作。因此，现代互联网发展已经引发了生产力新的革命，已经超越了信息革命初期的时空预想，颠覆了生产力发展对于交通依赖的传统模式。

在这样的时代背景下，历史文化村落再生将获得“破茧重生”的机遇。正如前文所述，历史文化村落整体性衰败的重要原因之一，是来自生产力发展对于交通的依赖性，使得广大交通区位条件落后地区的传统村落在历史进程中处于被淘汰的局面。而如今，交通区位因素一旦发生变化，那么，人们工作地的选择更加自由。随着城市聚集产业要素的传统形式发生变化，乡村就将再次成为人们居住选择的重要对象之一。历史文化村落所沉淀的历史内涵、文化魅力以及物质空间环境的特色风貌，比起城市来说，具有独特的吸引力和竞争力。

1.3.3 “大城市病”催生人们对于田园牧歌式环境的向往

现代城市，尤其是大城市发展过程集聚了越来越多的“城市病”。例如，大城市的过度拥挤和压力：城市化所带来的城市人口剧增，使得城市人口密度增大，给住房、交通、公共设施和基础设施带来巨大压力；大城市的环境污染和疾病：大气污染之外，城市水环境、固体垃圾污染等也是影响城市环境病症的重要原因。严重的环境污染造成市民健康受到影响，并直接或间接导致各种身体疾病，从而降低人们的生活品质和幸福指数；大城市的城市灾害和忧虑：在快节奏的城市生活环境中，人们并不具有充分的安全感，相反，充满了灾害威胁的忧虑；大城市的人情冷漠、贫富差距拉大、社会矛盾冲突增加：特大城市快节奏的生活方式、市场机制下的激烈竞争、高密度的城市人群、复杂的社会交往关系，以及在视觉上“混凝土森林”景象等工作和生活环境，给人们心理上带来巨大压力，深刻影响着当今大都市人际交往的模式和精神生活。以上等等大城市病催生了人们对于田园牧歌式乡村环境的向往。

相比之下，乡村的田园风光、相对洁净的空气和水质量等，成为如今和城市再次竞争的优势。长期以来，在依赖交通条件的生产力发展阶段，城市已经把乡村远远甩在了后面。然而，随着现代互联网等一系列便捷通讯方式的发展，在无处不在的 WiFi 覆盖下，人们终于可以摆脱城市空间的制约，重新回到大自然的怀抱。试想，在一个依山傍水、有着历史文化沉淀感的乡村环境中，啜着香浓可口的咖啡（当然也可以是茶），耳边聆听着潺潺流水声，桌上的手提电脑或手机通过 WiFi 连接着任意遥远的地方，也许成为越来越多城市人的向往。

1.3.4 现代价值观念和生活方式多元化带来的居业新选择

现代价值观念和生活方式可能将影响一批城市年轻人到乡村创业和定居。乡村田园牧歌式环境的图景，以及历史文化村落环境积淀的深厚历史文化内涵，将吸引更多年轻人到传统村落环境中创意和定居。只要传统村落的物质环境适当加以改造，就能够满足多样的创意活动需要。一批城市中的年轻人，已经不满足城市较为封闭的空间限制，结成“青年创客”联盟等形式到乡村环境中释放自由的创造心灵。这对于历史文化村落的再生是一个较好的机遇。只要村落老旧住宅建筑内部配备必要的卫生洗浴等基础设施，对建筑结构予以安全加固等环境改造，在互联网 WiFi 环境中，就能够满足诸如各种艺术设计、手工制作等小规模的创意生活。而且，传统村落特有的历史人文积淀和自然山水环境，更能够激发此类创意设计的灵感。这也将赋予乡村旅游以新的内容，青年创客与旅游游客产生互动，有助于将青年创客的创意设计作品，有更多机会受到旅游者的青睐。

在另一方面，现代价值观念和生活方式也将会影响一批农民工返乡创业和居住。乡村青壮年劳动力“背井离乡”到城市打工，由于各种原因，他们中的多数人从事较为繁重、体力、危险并且低收入的工作，在城市中也难以找到身份认同。而且，当前城市公共服务体制环境下难以达到教育、医疗等重要公共服务的均等化水平。更为深层次的代价是，农民工远离家乡无法满足对于家人的照顾和亲情交流。他们中的一些人不乏有志向且具有一定教育水平和创业能力的年轻人，只是他们苦于在家乡找不到合适的创业致富机会。如果历史文化村落能够再生发展，将会提供他们创业就业良机，实现人生梦想。此外，有些在外打工多年的年轻人，他们已经具备了一定的积蓄和技能，正处于选择长期定居于城市还是返回家乡生活的两难考虑中。如果传统村落有了一些源于当地的年轻人返归，那么对于村落再生和可持续发展，他们无疑是最为重要的生力军。

2

第2章 历史文化村落空间的整体性特征及其社会学意义

尽管由于所处的地理气候条件、形成和发展的历史环境和当地人文环境等多方面的差异，我国各地历史文化村落的空间形态纷呈多样，但是，如果除去各种民居建筑类型和具体空间环境呈现表象的个性因素，那么，我们仍然可以尝试归纳出若干最为主要的共性。村落空间环境所反映出的整体性特征，主要表现在与自然环境条件的协调性、居住与生产活动空间组合的有机性、建筑群体空间形态的聚合性，以及村落公共中心广场的标识性。这些整体性特征的表象背后，诠释了多方面社会学意义：包括堪舆术和身体宇宙下的“天人关系”、特定生产关系下的社会生活结构、血缘家族关系的脉络及传承延续，以及社会控制作用。研究发现，传统村落的物质空间形式是当时当地社会生活的表达方式，对于今天旧的物质空间传承来说，面临巨大的挑战。只有为旧的物质空间找寻到新的功能和可持续的发展动力，历史文化村落的物质空间形态才能得以再生。

2.1 历史文化村落空间的整体性特征

2.1.1 与自然环境条件的协调性

历史文化村落最为基本的整体性就是它们与自然环境条件的充分协调。通过对那些留存至今的我国传统村落的考察，可以发现它们与自然环境条件之间存在一种天然的“默契”。这种与自然环境条件的协调共生，反映了先民对于选择居住生存环境的智慧。例如，充足、安全、不间断的饮用水水源，充分的日照条件，良好的自然风道，避免各种自然灾害的考虑，等等，这些要素构成了对居住环境整体性的认知。同时，对于赖以生存的耕地的需求，也在与自然环境协调的考虑之内。例如，一些村落建筑布局在坡地上，一方面可以避免低洼地的水患，另一方面可以尽量少占平缓的耕地。其屋舍选址的重要标准是：既要考虑到常年水位在洪水期水位提升时不会淹没房屋，还要能够避开山洪、滑坡等自然灾害的威胁，同时还要使得房屋与耕地之间保持较为便捷的交通联系，满足人的步行和耕牛劳作的合理距离，因此不会将屋舍建在过于远离耕地的高坡陡坡（图 2–1–1）。此外，对于村落子孙后代的发展，也是与自然环境协调考虑的因素。例如，一些村落选址发展的早期，往往预留出一定的发展空间，使得后代成长之后具有在邻近用地分户建造屋舍的可能。

在更多的情况下，自然地形地貌、水文地质等环境条件错综复杂，并不能充分满足传统村落选址的所有要求。传统村落的选址建造针对自然环境一些不利的条件将有所取舍甚至是进行改造。例如，在一些山地型传统村落实例中，由于山地可耕地少，屋舍建筑尽可能地紧密布置，在尽可能满足山地等高线要求的前提下，不得不牺牲一些较好的住宅日照朝向，此时朝向对于节约用地来说，属于相对次要的因素。又如，在一些平原型传统村落实例中，出于对引水饮用和防洪的多重考虑，须对原有自然河道加以治理改善，从而既解决了洪涝的威胁，又使得日常生活有充足的水源保障。

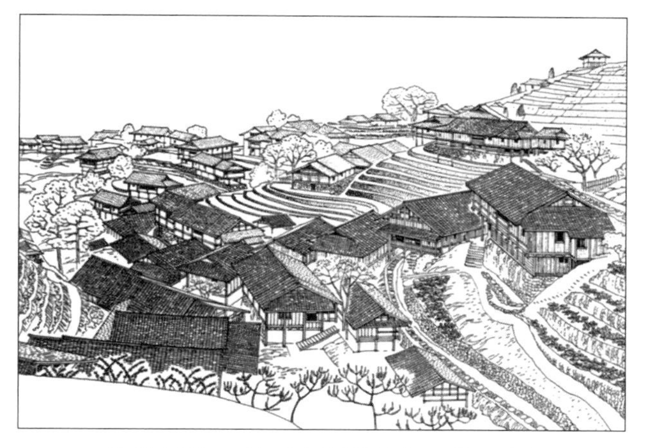

资料来源：《桂北民间建筑》，第 31 页

图 2–1–1　与地形完美结合的桂北平安寨

总体来看，由于生产力水平所限，没有大型建造机械等设备，因此，传统村落更多地需要考虑因地制宜的原则。与现代住区建造能力相比，虽然传统村落与自然环境条件之间的协调，反映出一定的被动性，但是，它们充分展示了先民对自然环境条件协调性的整体判断和综合多要素而系统决策的睿智。

2.1.2 居住与生产活动空间组合的有机性

历史文化村落空间的另一个整体性特征就是居住生活与生产活动空间的有机组合，成为不可分割的整体单元。“住屋平面”（杨贵庆，1991）演变的特征，揭示了在传统农耕

资料来源：《桂北民间建筑》，第 531 页

图 2–1–2　桂北三江盘贵寨住宅与耕地、河道之间的紧邻关系

时期生产力条件下，由于生产工具、交通工具的限制和生活方式乃至文化的因素，传统村落中的居住生活空间，如居室、厅堂、厨房、便坑等，以及居住生活延伸的重要公共空间，如公共祠堂、祖庙、坟地等，它们与耕作田地、河滩、石桥、集市等生产活动的空间，在距离上非常邻近（图 2–1–2）。从用地布局上看，传统村落的居住生活空间与生产活动空间形成了相对分离但又是有机统一的整体。这种多元功能组合的整体性，成为传统村落空间的典型特征。

2.1.3　建筑群体空间形态的聚合性

传统村落空间的整体性特征还反映在各种建筑所组成的群体空间，具有较为强烈的聚合感。从外部环境来看，村落建筑鳞次栉比，一些建筑山墙相互搭接，建筑构件相互“咬合”，错落有致，形成系列的空间组合，使得传统村落在周边自然环境背景下脱颖而出，具有较为明显的个性风貌特征（图 2–1–3）。这种空间组织的聚合性，在不同的地理、气候和社会文化条件下，有时显得非常“夸张”，例如，福建永定的客家土楼建筑群。由于多种原因，造就了客家土楼通过向心围屋的方式聚居，在空间类型上其聚合性的特征十分显著（图 2–1–4）。

传统村落建筑群体空间组织的聚合性，不仅通过建筑空间组织方式得以实现，而且还采用当地的建筑材料、建筑形式和建造方式所形成的风貌特征来强调传统村落的共识和认知。例如，在江西“晓起”的实例中，可以看到村落中不同规模的住宅建筑，通过建筑墙体

资料来源：《晓起》，第 33 页

图 2–1–3　传统村落建筑群体空间的聚合性

和屋顶的相同材质、多样但有协调的建筑形式（例如门洞、窗洞，封火墙），以及“粉墙黛瓦”的色彩控制，形成连续、丰富、错落有致的建筑天际轮廓线，表达了十分鲜明的空间形态的聚合性。

2.1.4　村落公共中心广场的标识性

从传统村落空间内部来看，公共中心场所的标识性是其重要的整体性特征。几乎所有传承至今的传统村落，在其内部均有村民公共聚会活动的地方。公共中心场所一般具有不同于住宅建筑外部空间肌理的特征，它们往往具有一定规模的场地，配置以较为特殊和重要的公共建筑，如鼓楼、戏台、宗庙等。在一般情况下，这些公共建筑布置在传统村落用地的几何中心，由于它们位置显著，且建筑功能类型特殊，再加上这些建筑高度和样式的突出，使得它们具有明显的标识性。也有一些传统村落，由于地形地貌等原因，其公共中心场地和公共构筑并不一定位于村落用地的几何中心，但是因为它们所起到的地形地貌和构筑高度的控制作用，仍然成为村落的活动中心。例如，桂北的岩寨、鼓楼及其广场偏离村寨一侧，靠着河岸并沿路布置，但是鼓楼的高度明显超过普通住宅，因此，它仍然成为视觉的中心。这种空间的整体性特征，类似于欧洲小镇教堂的建筑功能和景观意象，教堂尖顶打破了小镇建筑群体舒展平缓的天际轮廓线，从而成为公共场所的标识。

资料来源：[日]《住宅建筑》，第 8 页

图 2–1–4　传统村落建筑空间的聚合性——福建永定客家土楼

在少数情况下，传统村落的外部环境条件极为苛刻，其公共中心场所并不一定具有较为宽敞的用地。例如，福建永定客家土楼内部，在几何中心位置设置了祖堂。尽管祖堂占地

资料来源：[日]《住宅建筑》，第 55 页

图 2–1–5　福建永定客家土楼内部祖堂的场所标识性

和高度都十分有限，但是由于其特殊的功能和突出位置，祖堂仍然成为村落的重要场所标识（图 2–1–5）。

2.2　历史文化村落整体性特征表象下的社会学意义

2.2.1　堪舆术和身体宇宙下的“天人关系”

我国传统村落空间布局与自然环境条件的协调性特征，反映出先民对于村落选址过程中朴素的科学认识。在长期的探索实践中，先民逐渐总结出关于如何更好地选择定居地的经验教训，并形成“堪舆术”的基本定律。这种表述“风”与“水”和居住生活关系的科学认识，成为我国特有的“相宅择地”的“风水”理论的重要思想。换言之，堪舆术在我国传统村落选址和布局中发挥了重要作用。前文列举的传统村落在处理与地形、地貌和建筑朝向等方法，一般都符合堪舆术的基本原则。例如，在当时传统农业生产力条件下，由于难以做到远距离管网输送，因此，村落对饮用水及其邻近性、安全性、持久性的依赖，与堪舆术所强调的“得水为上、藏风次之”的原则是一致的。

堪舆术（堪舆学或“风水”理论）对传统村落选址和建造的重要贡献，在于它建立了天、地和人的整体思维，把人的生命规律和活动组织同大自然生态规律相结合，建立了“身体宇宙”与自然宇宙的一致性（图 2–2–1）。“身体宇宙”可以理解为人的个体的生物性与大自然生态规律的同构，个体生命信息带着大自然宇宙的生态规律信息。这种“同构”和“全息”的思想假设，甚至还被延伸到人的身体内部。例如，传统中医学相信，人的耳朵富集了身体的多种重要器官，脚掌底的穴位也被认为与身体器官布局同构。因此，耳朵穴位的治疗和脚底按摩等，常被用来治疗身体疾患的方法。在“身体宇宙”的思想指导下，传统村落的选址布局和定居活动，被认为是大自然宇宙的一个有机组成部分。因此，尊重自然、顺乎自然、道法自然等，成为先人对待村落及其周边自然环境条件的重要原则。这种原则可以被解读为：人的聚居活动，同大自然其他生物种群的聚居生长和活动相类似，都是大自然生态规律中的一部分，是宇宙的一种“分形”，具有与其他生物种群繁衍生长相类似的组织结构。人类的定居活动应该与其他的生物种群协调共生，与自然环境协调共生。

“身体宇宙”的思想和人群聚居的这一生物种群的组织结构，在我国传统村落选址和建造过程中，被先民创造性地“转译”成为特定的空间结构类型。例如，在我国传统村落通常使用的“合院”空间形式中，身体宇宙被诠释为多种围合式的院落空间。四合院的身体宇宙恰当地反映了人与空间的转换关系（图 2–2–2），这种形式又恰好与我国长期传统农业生产力条件下封建社会的社会结构形成呼应，成为我国传统村落整体空间结构中典型的空间单元之一。即使是有的传统村落因为地形地貌条件所限，难以形成四合院形式，但是仍然通过“三合院”或不规则院落等形式，通过空间围合来表达“聚气”的理念。

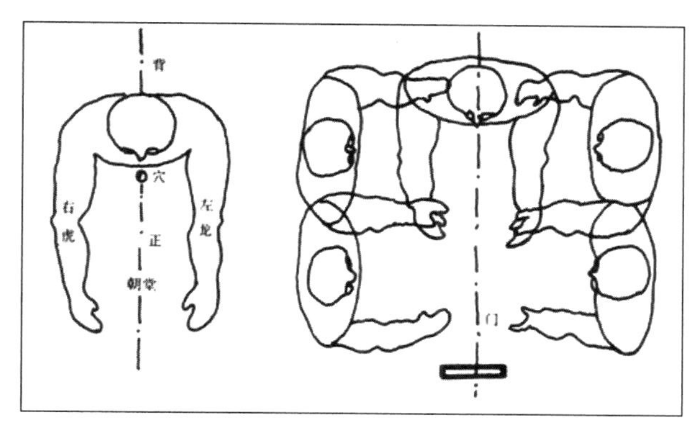

资料来源：《中国古代风水与建筑选址》，第 262 页

图 2–2–1　四合院身体宇宙

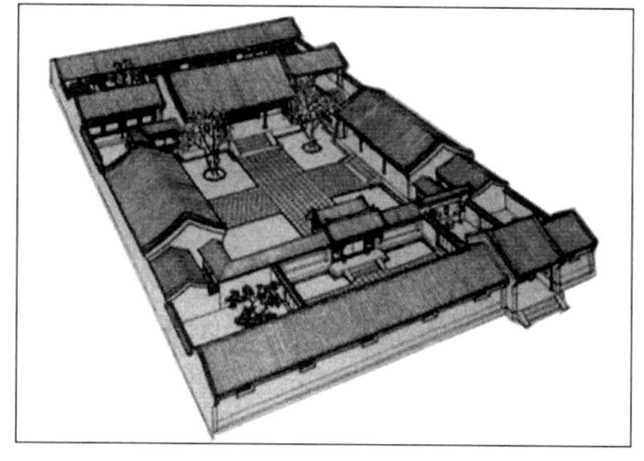

资料来源：《北京四合院》，封面

图 2–2–2　四合院建筑院落的围合形式

2.2.2　特定生产关系下的社会生活结构

我国传统村落居住与生产活动空间组合的有机性，是特定社会生产力发展水平阶段下的反映。由于传统农业社会生产力条件限制，农业生产长期处于“刀耕火种”，“日出而作、日落而息”，在农业生产过程中更多依赖劳动力和牲畜，没有当今机械化的便利。因此，在村落空间布局方面，客观上要求住宅和耕种田地之间处于一个合适的空间距离。如果超越这一合适的出行距离，那么人们难以方便地出行和返回，难以有效地耕作劳动。因此，村落的居住与生产活动空间组合的紧密关系，是当时生产力条件下的必然要求。

传统农业社会的生产力决定生产关系的特征，不仅反映在住宅和耕作生产的空间距离上，而且还反映在其他居住生活的全部。例如，坟地的选择也是位于一个可以被接受的范围内。它既要离开住宅集中的区域，但又不能相距太远。作为生活的重要内容，人们在特定的日子需要祭奠已故的亲人。在没有机动车的时代，所有与定居生活相关联的重要功能，都必定在一个合适的空间距离半径内。如果超越了这个半径，那么，人们在心理上将难以对其构成日常感知的内容，从而最终将选择放弃。因此，劳动力和牲畜合理往返的距离、重要的居住生活功能的联系等人们之间形成的社会关联，均受制于传统农耕社会生产力水平。在传统村落内部，建立在特定生产力基础上的生产关系，反映了特定历史阶段社会生活关系的结构特征，从而形成了诠释传统村落空间整体性特征的社会发展逻辑。

2.2.3 血缘家族关系的脉络及传承延续

我国传统村落建筑群体空间形态所展示的聚合性表象背后，是以“血缘和亲缘”为纽带的家族关系脉络的表达。一般情况下，传统村落由早期先民因各种原因迁徙而定居之后不断发展扩大，子孙繁衍。在我国长期封建社会中，村落中的女性外嫁出去，成年后的男丁往往要迎娶外氏女子，如此传承延续下去。长期下来，村落中的大多数住户之间存在一定的血缘和亲缘关系，形成了较为明晰的族谱结构。在同宗子嗣繁衍传承过程中，长辈和家族对后辈成年结婚分户的照顾，往往通过继承房屋或在邻近用地建造新居的方式来体现。因此，邻近建造屋舍的方式，一方面使得家族的日常生活和联系更为方便，另一方面使得以血缘和亲缘为纽带的家族关系更为紧密和牢固。这种相互依存、共同支撑的家族社会关系，诠释了传统村落建筑群体空间形态聚合性特征的社会意义。

资料来源：[日]《住宅建筑》，第 19 页

图 2-2-3 福建永定客家土楼外墙底层窗户的防卫功能设计

传统村落空间的这种聚合性特征，除了对其内部社会关系起到积极的聚合作用之外，它对于外族的社会意义也同样重要。在自由开放的社会和文化环境中，村落空间的聚合性对外展示了本村落社会力量的强大程度。而在一些偏远和潜在敌意的环境中，村落空间的聚合性则担当了特定的防卫功能。例如，福建永定客家土楼的空间聚合性，对内采用向心开敞式的布局，对外则采用森严的防护外墙，底层的开窗大小已经无法满足人的尺度，只能容纳抵御外部入侵时的枪械（图 2-2-3）。

2.2.4 社会控制作用

我国传统村落空间内部公共中心场所的标识性特征，不仅是景观视觉的中心，而且也是精神生活的重要载体。其位置、高度和布局方式的特殊性，起到了表达社会控制的重要作用。

在长期的封建社会中，村落空间布局和建造受到了自然力量和社会力量的双重影响，并以“拜天祭祖”的社会活动形成村落成员之间团结互助的维系。在自然力量方面，由于生产力水平低下，农田耕种的收成受到自然灾害的严重影响，因此，先民对于敬畏自然、祈求风调雨顺、欢庆丰收等方面极为重视，成为日常生活的重要内容。例如，在一些传统村落内部公共中心或一些重要位置建造的鼓楼及其广场、祈求天地神灵护佑的庙宇等。很多时候鼓楼和广场往往就是用来庆祝丰收活动的场所。在社会力量方面，村落空间布局受到封建社会等级制度和宗法制度的影响。祖堂或祠堂是村落社会生活中精神的象征。一般情况下，这些建筑均位于十分突出的位置，建筑高度和形式也往往有别于普通住宅。传统村落社会控制的过程，是通过在公共中心场地、祖堂或宗族祠堂举办族人的公共活动来完成的。例如族人议事、婚丧娶嫁乃至惩戒不轨行为等等。

前文举例的福建永定客家土楼，在方形、矩形或圆形平面的中轴线对称位置建造祖堂，作为族人议事、婚丧典礼和其他公共活动的用途。由于用地条件所限，祖堂的规模被压缩得十分有限，但由于其位居场地中央的角色，公共中心场所的标识性仍然突出。它以向心的方式表达了家族等级关系和社会控制的力量。因此，村落的社会控制通过空间秩序来表达，反映了空间的社会学意义。

2.3 为旧的物质空间重新定义新功能和新的社会结构

2.3.1 空间形式是社会生活的表达方式

综上所述，我国传统村落空间具有鲜明的整体性特征，这些特征表象背后蕴含着相应的社会学意义。因此，传统村落空间形式是社会生活和社会意义的一种重要表达方式。通过以上的分析，我们可以在空间整体性特征和其社会学意义之间建立相应的关联，如图 2–3–1 所示。

基于上述认识，可以看到：深入分析传统村落空间形态的丰富多样和耐人寻味的表象，可以归纳总结出若干共同意象的整体性特征。这些特征的本质是当时当地社会、经济和文化的发展状态，具有特定的社会学意义。因此，在物质空间和社会学意义之间可以建立相互承载和表达的关联。换言之，只有能够准确表达特定的社会学意义，空间才具有社会性。这一认识要求规划师、建筑师、景观师应深入了解设计使用的对象，体现使用者的日常生活和社会结构的特点，才能从

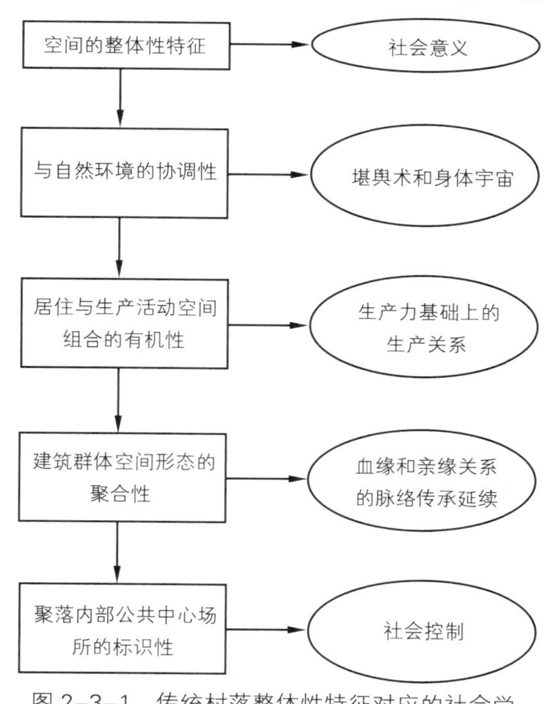

图 2–3–1　传统村落整体性特征对应的社会学意义示意图

根本上形成原创性的规划设计作品，使得作品具有特定意义的多样性，而不是片面追求空间形式的多样化。

2.3.2　旧的物质空间面临传承的挑战

通过传统村落空间整体性特征的社会学意义的分析，可以感受到当今传统村落物质空间保护面临的巨大挑战。因为，在当今我国城镇化快速发展的背景下，农村的生产力条件发生了巨大的变化。如今更多的状况是：传统村落当时当地的生产力和生产关系已经不复存在，现有的空间形式已经成为物质“躯壳”。如果从生产力和生产关系与社会结构的关联性来认识，当下传统村落物质环境和社会活力普遍衰败的困境，则是难以抗拒、难以避免的。因此，对于传统村落的保护和传承，不能只是从美学、建筑学和旅游者猎奇的角度去考虑如何美化，而是要从功能再生和社会动力上去深层思考。巨大的挑战是：现存的村落空间是历史延续下来的，它们能否担当起新时代的功能呢？

从大量的调查研究来看，我国历史文化村落的物质空间难以直接承担新时代的乡村社会经济生活功能。这是因为，传统农耕时代的生产力水平下的物质空间环境反映着当时的经济、社会和技术水平，而当代新的生产力条件下的生产关系已经发生了根本性的变化。在这里，如果我们把传统生产力条件下的乡村社会经济功能比作“A”，把和其相应的物质空间环境比作“a”，那么，“A”和“a”在形态和意义上存在着对应关系。在当今生产力条件下的乡村社会经济功能比作“B”，把和其相应的物质空间比作“b”，那么同样，“B”和“b”之间也存在对应关系。从“A”到“B”是历史发展的进程，具有必然性，不可逆转。然而，承载着过去时代“A”功能的物质空间形式“a”还依旧存在，但是已经难以承担今天“B”的功能。而由于种种原因，我们今天的“b”物质空间形式并没有从“a”中得以很好的传承，相反，无论是农民建房还是大量乡村公共设施建筑的形式，均难以到达令人满意的艺术效果。和传统的“a”相比，当今的“b”十分逊色。“a”既没有过去“A”的支撑，也无法支撑当今“B”的功能，那么，只有对“a”进行适当的改造，形成“a'”，才能和当下的“B”相对应。

在许多情况下，由于“a”已经没有“A”功能的支撑，也无法支撑“B”的功能，“a”所代表的历史文化村落物质空间形态只能被逐渐弃置，并且不断受到风雨侵蚀而破败，没有被再利用的出路。因此，对于当今历史文化村落的物质空间的传承，只有通过适当改造后的“a'”，并且重新定义适合“a'”的新功能和新的社会关系“B”，那么，其物质空间形态才能获得支撑，才能够真正得以赋予新的“生命”。以上分析可以归纳为如下的模式图（图2–3–2）。

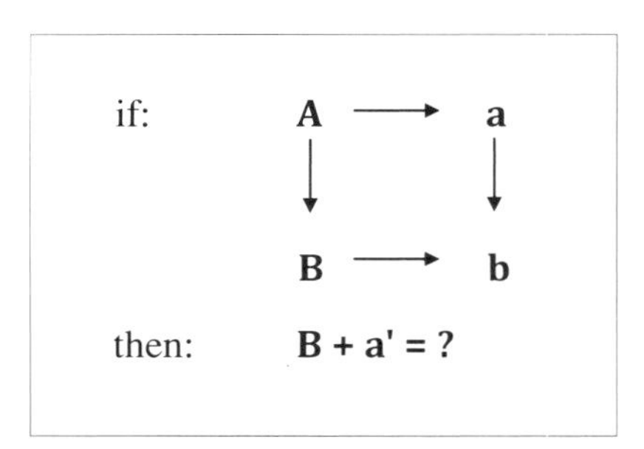

图 2–3–2　社会经济功能与物质形式的对应性示意图

2.3.3　为旧的物质空间传承找寻可持续发展动力

如果历史文化村落的传承是中华文明传承的重要组成的话，那么，当代人就需要努力

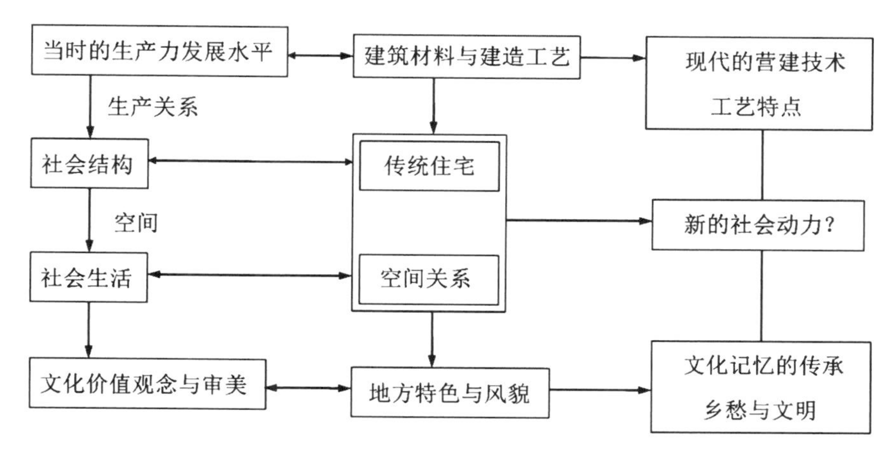

图 2-3-3　历史文化村落再生的逻辑框架

探索那些和传统村落空间整体性特征十分贴切的新的社会经济活力，从而来重新定义村落的社会学意义。只有这样，传统村落物质空间结构形态与社会经济活动之间才能相互支撑，避免成为以传统物质空间为舞台而进行戏剧化表演的形式。

历史文化村落的再生过程具有其自身的逻辑框架（图 2-3-3）。图中央是我们要研究的核心：村落的传统住宅及其外部空间关系。它是由当时的生产力发展水平（农耕时代）及其所对应的社会结构、社会生活做决定的。它反映了一定时期的文化价值观念和审美情趣，并通过建筑及其环境的塑造，固化为地方特色和风貌特征。同时，当时的生产力发展水平也决定了特定的建筑材料和建造工艺。这种以地方材料和建造工艺为基础的建造传统，又通过传统住宅及其空间关系的塑造，成为地方特色和风貌特征的重要因素。

在图 2-3-3 中，我们更要关注的是其右侧的一栏，即“新的社会动力”。传统住宅及其空间环境所依赖的传统“社会结构和社会生活”已经不存在了，照理说传统住宅及其空间环境也已经失去了存在的基础。然而，作为人类文明的重要遗产，传统住宅及其空间环境本身具有地方技术传统和建筑风貌特色的价值，这种价值已经成为地方文化的重要组成部分，应当予以保护和传承。对于成为“历史文化名村”的历史文化村落，可以将它们作为“博物馆”或“文物”式的加以保护和观赏，而对于其他更多不是历史文化名村的历史文化村落，应该予以再生的使用，成为“活着”的空间场所。因此，“新的社会动力”成为历史文化村落再生的重要内核。

那么，哪些新的功能可以为历史文化村落原有物质空间的传承提供新的社会结构支撑？这个答案需要针对不同地区、不同类型的村落对象加以“诊断”之后才能得以知晓。通过对历史文化村落的现状进行全面、深入的调查研究，发掘其历史文化要素特质，针对其区域环境条件和自身条件进行分析，可以梳理出发展机会，进行合理的功能定位，并做好长期和近期、局部和整体、保留和改造等方面的周全考虑，从而走出一条符合该历史文化村落实际条件的再生之路。

在图 2-3-3 的右栏上方，“现代的营建技术和工艺特点”为历史文化村落的再生工程将提供技术支撑，成为实现“a′”的有效途径。“a′”作为支撑“新的社会动力”的物质空间形态，为“文化记忆的传承、乡愁和文明”提供了可持续发展的载体。在实际工作中，对于如何创新旧的物质空间形式，把“a”推向“a′”，将是一项具有创新意义的设计。

3

第3章　历史文化村落再生的内在活力与外部环境

本章在美丽乡村产业经济、社会文化、空间环境“三位一体”的指导思想下，重点阐述历史文化村落再生的内在活力及其关联的外部环境。其内在活力包括村落再生的产业经济活力、社会文化活力和空间环境再创造的支撑。同时，村落再生需要外部政策支持，包括历史文化村落再生工作的组织实施机制，资金保障和土地政策支持，甚至是立法保障。基于上述讨论，本章还将指出当前我国历史文化村落保护利用实践工作中存在的误区，包括对“历史”内涵认识的误区，对“文化”审美认识上的误区，对“利用”历史文化村落资源的误区，以及对再生技术内涵认识上的误区。只有充分认识到这些不足，才能在进一步的实践中避免“建设性破坏”和“破坏性建设”的尴尬。

3.1 历史文化村落再生的内在活力

3.1.1 村落再生的产业经济活力

3.1.2 村落再生的社会文化活力

3.1.3 村落再生的空间环境再创造

3.2 村落再生的外部政策支持

3.2.1 历史文化村落再生工作的组织实施机制

3.2.2 再生工作的资金保障和土地政策支持

3.2.3 再生工作的立法保障

3.3 历史文化村落再生应避免的误区

3.3.1 对“历史”内涵认识的误区

3.3.2 对“文化”审美认识上的误区

3.3.3 对“利用”历史文化村落资源的误区

3.3.4 对再生技术内涵认识的误区

3.1 历史文化村落再生的内在活力

3.1.1 村落再生的产业经济活力

历史文化村落衰败的根本原因在于缺乏自身具有竞争力的产业经济活力。在我国长期传统农耕文明背景下，“耕读”文化价值观引导村民更加注重农业耕作，“读书考官，光宗耀祖”。进入工业文明之后，城市生产力迅速发展，而传统农业生产力滞足不前。由于工业产品和农产品之间不断拉开的价格“剪刀差”，农业生产占总产业比重不断萎缩，农村地区成为落后的代名词，而一度兴起的乡镇工业虽然在短期内改变了农村落后生产力的状况，但是由于种种原因，总体上没有获得产业经济的可持续发展，相反，在一些地区导致了严重的资源浪费和生态环境破坏。因此，如今面对乡村发展，特别是历史文化村落再生，需要思考其内在经济发展动力和再生的活力。

积极培育具有自身特色的产业经济活力，成为当今保护和传承历史文化村落的重要命题。一方面，历史文化村落本身具有的历史、文化内涵和地方传统特色风貌的古旧建筑群及其反映的村落空间天、地、人合一思想的“风水”特色，可以成为当今古村落旅游产业发展的重要基础，以此带动旅游纪念品、当地特色农副产品、农家乐餐饮和民宿等一系列衍生经济类型；另一方面，历史文化村落还应当及时调整原有乡镇工业的产业类型，特别是对于生态环境有着污染的乡镇、村办企业，应当下决心予以调整甚至关闭。同时，夯实乡村经济发展的基础地位，提倡因地制宜，发挥乡村产业多样性，重视农村社区资金援助，以实现乡村经济发展的可持续性。

3.1.2 村落再生的社会文化活力

历史文化村落发展应当积极建构乡村社区组织机制，发挥自下而上村民自治的活力。村民委员会是村落社会组织的核心，而村民委员会主任、村支书等是村落发展成败的关键。要看一个村是否能够进一步发展，只要看这个村的村支书、村主任是否把精力投入村庄整体、长远发展的事情上，要看他们之间是否能够和上级行政主管部门进行积极有效沟通，争取外部发展资源，并获得村民的积极拥护，甚至还要看他们之间是否团结。村落再生的社会活力来自村落自治，因此，代表着过去村落中“乡绅”角色的村支书或村主任，其大局意识和认知水平就显得非常重要。历史文化村落再生应结合地方情况的适宜性，加强村民参与，注重培养、提升村支书、村主任的管理能力和文化艺术素质，通过各种喜闻乐见的形式开展对村民教育、培训，积累积极的乡村“社会资本”。

充分挖掘村落的历史文化内涵，提升文化活力。历史、文化内涵是历史文化村落最重要的灵魂，它是有别于其他村落的独特性、不可替代性。一般来说，能够获得历史文化村落冠名的村，都有其自身的历史发展轨迹和文化资源积累。村落保护和发展，应当基于这些资源并加以发扬光大。同时，要系统整理和深入挖掘村落的历史、文化要素，分析这些资源要素对于当代人的新的价值，并结合村落的保护，融合到新的发展中去，成为较为固定的历史文化品牌，从而产生远近闻名、生生不息的历史文化传承。

3.1.3 村落再生的空间环境再创造

历史文化村落的基础设施应予以积极配置。当前村落保护改造建设过程中，尤其要注重村落的各项基础设施建设和提升，特别是注重饮用水管网、生活污水排放管网的接户敷设，彻底消除室外简陋的旱厕。对于那些暂时无法接入户排污管网的村庄，当务之急要建设好服务半径合理的公共厕所，满足村民基本生活设施条件。其他基础设施，诸如电力、电讯、供热、燃气等，结合村落各自经济条件和地理条件轻重缓急地加以改造和提升。

历史文化村落的空间景观环境应予以积极整治和再现。在对村落建筑性质、建筑质量、用地和建筑权属等进行深入调查的基础上，分别列出保护等级和具有潜在改建再生价值的各类建筑，充分利用集体权属性质的建筑和场地。根据保护和再生规划所确定的新功能和活动内容，对建筑室内和室外场地进行整治和设计建设，再现历史文化村落的空间格局和历史景观特色，塑造宜居、宜业、宜游的乡村人居环境。历史文化村落的景观特征再现，应当注重村落整体空间格局与周边自然山水的相互关系，充分尊重先人关于“风水理论”中朴素的科学原理和选址智慧，应当注重村庄整体风貌特色的协调。此外，通过提升重点街巷空间和场所节点的环境品质，为村民公共活动和旅游者观光游览参与互动提供具有认知特色的场所空间。对于那些有条件的传统村落，可以考虑将架设电线改造地埋方式，以提升传统村落街道空间的景观品质。

3.2 村落再生的外部政策支持

3.2.1 历史文化村落再生工作的组织实施机制

作为村落再生工作强有力的外部政策支持，组织机制和实施机制十分重要。首先，应进一步发挥省级农村工作办公室作为政策制定和引领的核心作用。通过大量深入调研、实践反馈，可以及时总结政策实施的经验并予以推广借鉴，同时可以及时归纳问题予以告知警示，避免破坏性建设行为。其次，进一步发挥县市区党委、政府在行政区划内统筹和组织作用，并通过县市区农村工作办公室的协调推动下，结合包括住建局、文化局、旅游局等相关部门的合力，全面部署历史文化村落的保护和再生工作。第三，应积极发挥乡镇组织实施的重要作用，并充分调动有关村组织和村民的积极参与，以避免“一头热、一头冷”，即只有政府重视，而村民袖手旁观，热情不高。

此外，应多方面发挥规划设计专家团队的持续指导作用。各地开展历史文化村落保护再生工作的文化认知、规划技术和施工技术等十分缺乏，急需规划、建筑和文物保护等方面的专家进行全过程监督和指导，以避免在改造过程中破坏了历史文化遗存。因此，需要通过适当途径鼓励规划设计团队积极参与并全程指导历史文化村落保护规划建设实施，避免规划师设计和建设施工“背靠背”的局面。在具体改造建设过程中，建议积极倡导“参与式、互动式、渐进式”的规划实施方法，即在规划设计和实施阶段采用多方面共同参与的方法，包括对村民满意度和发展意愿问卷调查或专题访谈；在规划实施阶段采用“互动式”的方法，包括视实施改造项目难易程度及时调整规划设计方案，而非一味地按照原有的规划方案强行实施。例如，在本书案例浙江黄岩宁溪镇乌岩头村，原先设计的传统村落主要入口小广场，在实施过程中临时遭到一户村民的反对，使得原方案无法实施。规划设计团队随即改变了方案，避开这一户村民的场地，顺利完成了入口小广场的建设。互动式实施方法也包括当村民提出积极完善的合理化意见后被采纳，修改了原先设计方案。“渐进式”方法则考虑到传统村落改造的近期、远期相结合。由于资金有限或近期实施的技术难度或村民配合难度较大，改造建设不得不采用暂时过渡方案，但是基于远期目标下的近期实施方案，仍充分考虑远期提升和全面建设的可能性。

3.2.2　再生工作的资金保障和土地政策支持

地方政府应进一步加强历史文化村落的建设资金力度。以浙江省为例，近年来包括历史文化村落保护规划建设在内的村庄整治和美丽乡村建设，其资金投入已经超过 1 200 多亿元，其中各级财政投入资金 526 亿元[①]。作为省级历史文化村落保护和利用项目，每一个村落可以获得大约 700 万元左右建设资金的支持力度，加上县市区财政 1：1 甚至 1：2 的配套，为传统村落保护建设提供了强有力的资金保障。

然而，对于历史文化村落保护再生的建设，资金缺口依然是困难所在，这就要求应当注重建设资金的使用效率。一方面需要把不同途径对传统村落保护建设的资金进行整合，把历史文化村落保护建设和各项美丽乡村工作有机结合起来，另一方面，把有限资金更为集中投入提升公共服务水平的民生项目，以及这些民生项目在建成之后设施运营、维护和环境保洁。此外，应当积极引导市场民资跟进。浙江省这些年在美丽乡村建设方面，吸引了各类社会资本投入 770 亿元[②]。政府资金的投入，如果能够带动市场资本的积极响应，才能获得历史文化村落再生的可持续发展。

除了资金保障外，土地政策支持也不可缺少。由于种种原因，历史文化村落中村民新建住宅未能得以合理规划和风貌控制，使得村庄风貌无序杂乱，需要对部分不协调的村民住宅加以整治和拆除。土地指标的支持为安置新建村民住宅提供了保障。近些年来，浙江全省新增建设用地指标总量的 10% 以上用于新农村建设[③]。每一处省级历史文化村落保护和利用项目可以获得新增 15 亩的用地指标，促进了传统村落能够获得较好的改造提升。

3.2.3　再生工作的立法保障

历史文化村落再生的相关立法工作已经受到重视。相对于“历史文化名镇、名村”、中国传统村落、各级文物保护单位等，“历史文化村落保护和利用”尚没有相关的国家或省级法规依据，使得工作缺乏一定的法律支撑。因此，建议可以通过省级相关部门制定有关“历史文化村落保护和再生”的法规、实施办法，使得历史文化村落再生工作具有法律保障。

① 夏宝龙 . 美丽乡村建设的浙江实践 [J]. 求是，2014（5）：6–8.
② 夏宝龙 . 美丽乡村建设的浙江实践 [J]. 求是，2014（5）：6–8.
③ 夏宝龙 . 美丽乡村建设的浙江实践 [J]. 求是，2014（5）：6–8.

3.3 历史文化村落再生应避免的误区

3.3.1 对“历史”内涵认识的误区

究竟什么是历史文化村落的“历史”价值？这一点往往在实践中存在一些错误认识。一些地方历史文化村落保护的做法，是把村落的风貌特征回归到某一个“历史”时期，然后以这个特定历史时期为标准，把不符合这个时期的其他年代的特征和依存全部清除干净。有的地方甚至采用“整齐划一、统统刷白”的办法。这种做法不能一概推广运用。这是因为，某一个特定历史时期的历史价值固然重要，但是也要尊重不同历史时期的文明遗存。历史文化村落发展至今，是不同年代累计的产物。例如，某一个历史文化村落主要民居建筑是在200多年之前的清代留存至今，但同时周边也有民国时期的建筑，以及在新中国成立以后人民公社时期、“文革”时期等多个年代留存下来的建筑，这些不同历史时期和不同年代留存下来的建筑，都属于历史文化村落的历史价值。

因此，“多样性”对于历史文化村落保护和再生工作来说应该予以重视。如果某一个历史文化村落在历史上某一个特定历史时期留存的建筑最多，可以以这一个年代的建筑风貌为主体，兼具其他不同年代建筑的风貌。做到“统一中有变化，变化中有协调”。这种认识也同样适用于对村民建筑立面改造方面，即对于历史文化村落核心区域周边比较杂乱的近十年左右的村民建筑，要视其不协调的程度加以区别对待。对于一看就不协调的要素，例如屋顶色彩五花八门、不锈钢材料光亮刺眼、欧陆风格照搬照抄等毫无风貌思考、样式低俗的建筑做法，应当予以坚决改造。而对于虽然看上去老旧或者色彩不一致，但是从整体上仍然比较协调的建筑，应当予以保持原来的样式，不必刷成统一的颜色。如果整齐刷新，反而抹杀了多样性和历史厚重感。因此，多样性和协调统一可以有机结合起来。

多样性和统一性兼具的原则，还可以促进保护再生工作的创新，即改变对历史传统“被动式”消极保护为“创新式”积极保护，通过对传统村落建筑和空间特征的调查研究和风貌特征要素提取，再运用到新功能的建筑和场所的规划设计中。这样做，既可以尊重历史传统，又通过保护和再生工作传承了历史文化。

3.3.2 对“文化”审美认识上的误区

对于历史文化村落保护存在文化审美上的诸多误区，尤其是对于如何再现村落的文化内涵方面。一些地方的做法令人担忧。例如，在历史文化村落的入口处，往往规划建设一处大广场，设计建造一个标志性的构筑，这些标志性构筑有的是提取传统建筑符号之后变大尺度的大门，有的是堆砌一些带着传统要素的坛坛罐罐，等等。这些做法本意上是希望展示村落的文化内涵，标志着这一村落的品牌和旅游景观。但是，这种做法并不妥当。

首先，宜人的空间尺度十分重要。传统村落建筑、院落和外部街巷空间组织的尺度是十分宜人舒适的。不应当采用大尺度的广场，标准的几何图形也不适合传统村落的公共场地设计，相反，应当采用小尺度小规模做法。

其次，新建筑或新构筑的功能十分重要。过去历史文化村落中的任何建筑或构筑，都具有其特定的使用功能。村落的大门应当是行人可以通过穿越，而不是放在一个广场上仅作为观赏。村落入口之门让行人步行通过穿越，一方面可以起到村落内外空间有别的效果，形成村民心理上的认知，产生村落的归属感；另一方面，入口门廊（或有“路廊”的形式）可以让路人稍作休息之功能，同时提供了村民见面交流的机会，对于形成乡村社区网络具有积极的作用。因此，尽可能避免去做没有任何使用功能的建筑或构筑，要警惕把历史文化村落做成纯粹的旅游景区，失去了它作为“活着”的乡村人居类型的内在价值。

第三，新建筑或新构筑的风貌样式十分重要。一些地方的新建筑或构筑存在风格单调、内容杂乱、拼凑、装帖，十分琐碎和生硬，有的试图形成强烈的视觉冲击，满足外来游客的猎奇心理，这样做的结果在视觉上显得突兀和不协调。新的建筑和构筑物和历史文化村落原来的大气和融合特质相比较，显得小气和低俗。这样做反而削弱了历史文化村落的内涵和品质，导致建设性破坏、破坏性建设。应当通过对历史文化村落风貌特色要素进行认真研究和分析提取，深入领会传统村落空间尺度和文化内涵，把最优秀的村落传统文化要素展示出来，让人领会和学习，并再现到新建筑或新构筑上，从而实现历史文化村落的保护和再生目标。

3.3.3 对“利用”历史文化村落资源的误区

当前在一些地方，对于历史文化村落保护的做法是导入各种新的功能，使其产生经济效益。这种做法本身并没有不妥，但是，如果是因为要保护和利用这个村落，而把原有村民通过拆迁、搬迁、置换等途径全部转移出去，那么，保护和利用传统村落的工作就会变相成为“驱赶”原村民的行动。

应当在历史文化村落保护和再生工作中尽可能多地引导和融入原来村民参与，不仅可以让村民通过再生工程获得就业和转型发展的机会，得到更多的实惠，而且尽可能居住在村里，继续他们的日常生活，让村民成为历史文化村落的主人。应当警惕历史文化村落资源的全面私有化、专有化，应当避免历史文化村落的保护和利用成为“中产阶级化（gentrification）”的过程。由于遗存至今的历史文化村落一定具有其历史和文化方面的优秀资源，其保护和利用可能成为富人对于乡村文化资源的“入侵”，甚至是在文化上对农村和农民的“掠夺”。历史文化村落所积累的乡村文明作为公共资源，应该为社会共同拥有。一些地方的传统村落被市场资本整体买断，用来开发度假区或私人俱乐部，而且还将动用政府资金为其配套建设道路和市政基础设施，这样做有悖于历史文化村落的保护和再生目标。

3.3.4 对再生技术内涵认识的误区

一些地方由于历史文化村落保护建设措施不当而造成了破坏令人痛心。通过调查发现，大量依存至今的历史文化村落一般都有其内在规律，不仅反映在关于历史和文化要素方面的林林总总，而且更重要的是在于它们与自然地形地貌、周边山水环境的有机结合，从而形成抵御自然灾害的、可供子孙繁衍生息的可持续发展的生态支持系统。这种朴素的“风水”思想和防灾能力的智慧应当予以深刻领会和提炼认识。如果不考虑到这一点，那么，对于村落的保护和利用，可能导致“好心办坏事”的结果。例如，某些建设行为可能导致村落水系遭到破坏，一些地方广场铺地采用大石板为了风貌上的协调，但是施工方法采用大石板下面铺满水泥的做法，导致雨水无法渗入地下，甚至由于施工粗糙，雨水排放的坡度坡向不合理导致大石板地面积水，等等。这完全有悖于古人早就具有的地面渗水入地“海绵”吸收雨水的思想。

完全采用“修旧如旧”的做法，不适用于历史文化村落保护和再生工作。如果历史文化村落被定格为“历史文化名村”或是其中的一些建筑被确定为国家各级“文物”的，那么，这些建筑应当依照相关的法律法规予以严格保护，不得损坏其“原真性”。然而，对于大量历史文化村落及其村落中的传统民居，不宜采用保护文物的办法。且不必说资金有限的问题，更重要的是指导思想不妥当。历史文化村落是“活着”的人居环境，应当根据时代发展生活需求加以合理改造。在过去生产力条件下的村民建筑，已经无法满足现代人对于生活便捷和卫生程度的需求。不应当采用静止、停滞的观点对待村落建筑保护和再生，而应当在保持村庄风貌格局的前提下，通过适用技术对村落市政基础设施、建筑内部使用功能加以积极改造，以满足新的功能和现代生活需要。

适用技术的归纳和推广十分重要和迫切。适用技术主要是指因地制宜地采用当地的传统技术优势、材料和加工特点进行村庄规划和建设，而不是采用虽然是先进的但十分昂贵的技术，那样做就不切合当地生产力水平和经济条件①。我国东、中、西部农村地区的经济发展水平差异很大。在东部沿海发达地区的农村，可能认为不是十分昂贵的规划和建造技术，但是对于西部农村地区来说就可能在经济上无法承受。例如，关于村庄生活污水治理问题。发达地区的农村，村庄生活污水可以排设污水管网运送至相邻城市的污水管网系统进行统一处理，而经济贫困地区的村庄，就需要采用简便、灵活、生态化处理方式；在传统村落村民住宅建造方面也是如此。村民住宅是传统村落保护改造的主要组成部分，其墙体建筑材料技术是生态节能发展的大用武之地。根据各地气候条件不同，应分别研究采用当地建筑材料和适用技术工艺，进行墙体、屋顶保温、隔热、防水等技术处理，从而达到“价廉物美”节能的效果。

① 杨贵庆等. 黄岩实践——美丽乡村规划建设探索 [M]. 上海：同济大学出版社，2015.

中篇　规划篇

4

第4章　浙江台州黄岩区宁溪镇乌岩头村现状发展概况

在前面理论篇的基础上，以下将结合乌岩头村的案例，展开规划篇的内容。本章将全面、概要介绍乌岩头村的区域位置和交通区位条件，从区位视角认识这一黄岩西部山区的偏远村落特征；对现状村落人口、经济发展、土地使用、公共设施、道路设施、市政基础设施、建筑质量、建筑总体风貌和村落周边景观风貌特征等方面做较为系统的介绍和分析，以便读者全面了解这一历史文化村落的现状概况。

4.1 村落的区位关系

4.1.1 乌岩头村区域位置

4.1.2 地形地貌条件

4.1.3 交通区位条件

4.2 村落社会经济发展现状

4.2.1 村庄人口现状

4.2.2 村庄经济发展现状

4.3 村落土地使用现状

4.3.1 村域和村庄土地使用分类及用地平衡

4.3.2 公共设施现状

4.3.3 道路设施现状

4.3.4 市政基础设施现状

4.4 村落建筑质量现状与风貌特征

4.4.1 建筑质量现状

4.4.2 建筑总体风貌特征

4.4.3 村落周边景观风貌特征

4.1 村落的区位关系

4.1.1 乌岩头村区域位置

乌岩头村位于浙江省台州市黄岩区宁溪镇（图 4-1-1 至图 4-1-5）。宁溪镇距离黄岩区中心距离约 32 公里。乌岩头村地处黄岩区宁溪镇西北山区，距离宁溪镇镇区约 4.5 公里。

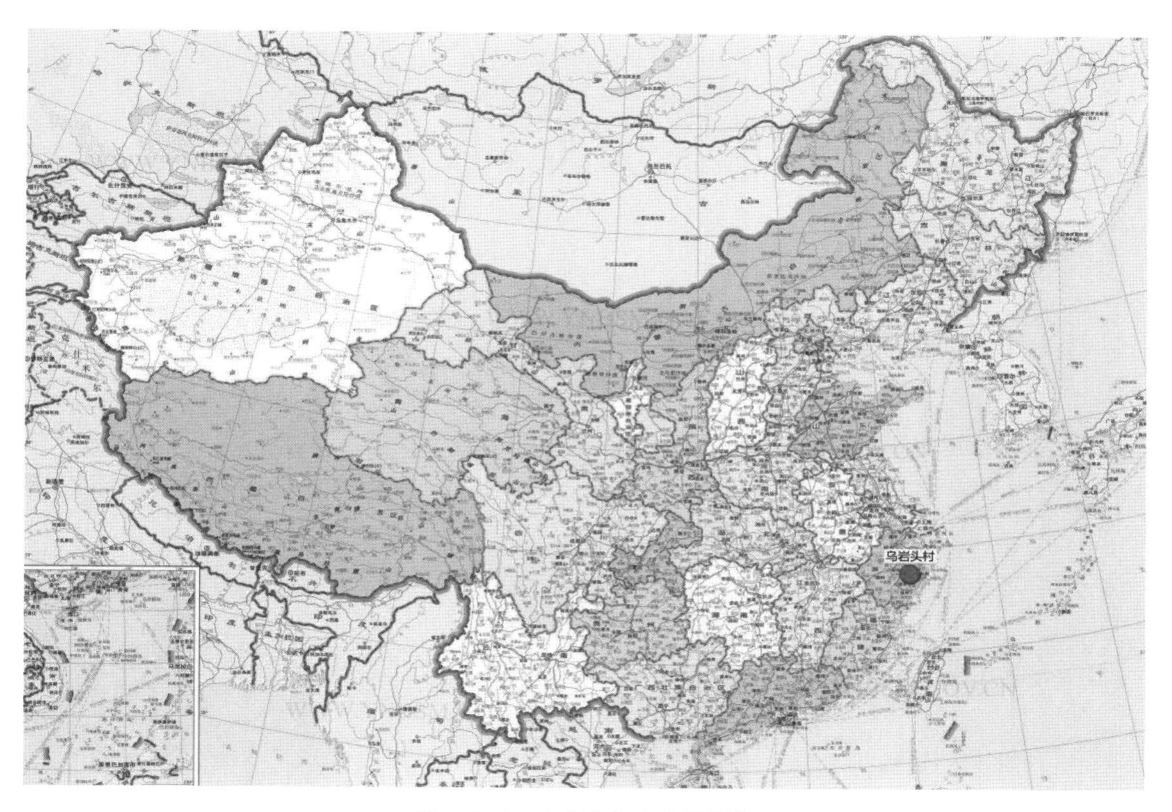

图 4-1-1 乌岩头村在全国区位

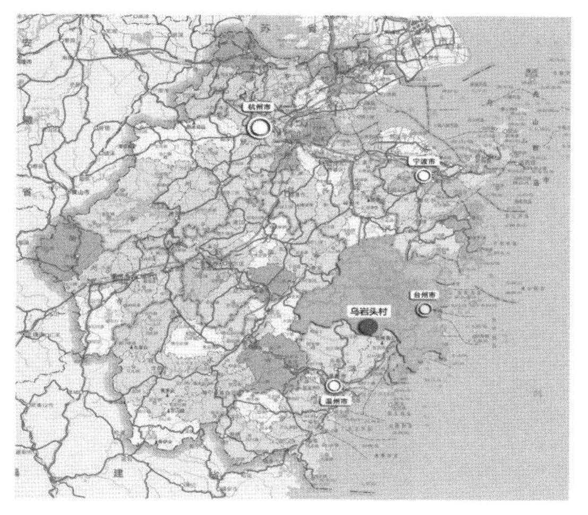

图 4-1-2 乌岩头村在浙江省的区位

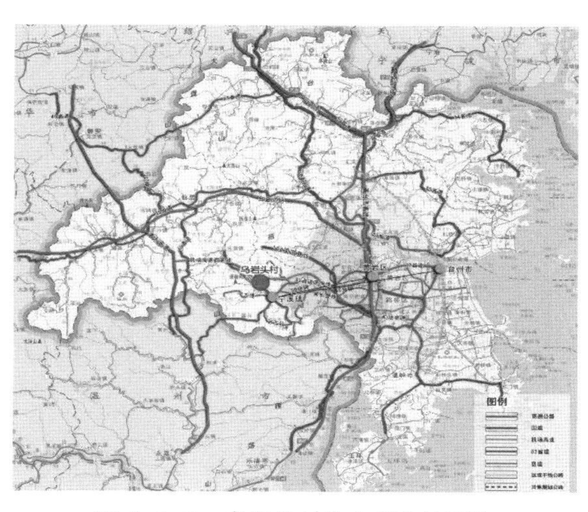

图 4-1-3 乌岩头村在台州市的区位

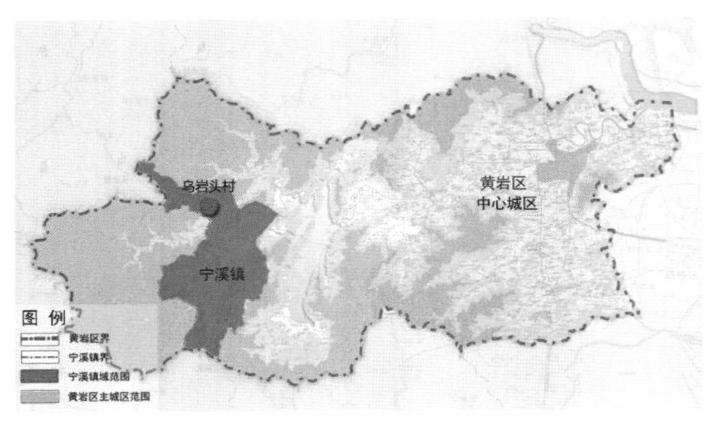

图 4-1-4　乌岩头村在黄岩区的区位

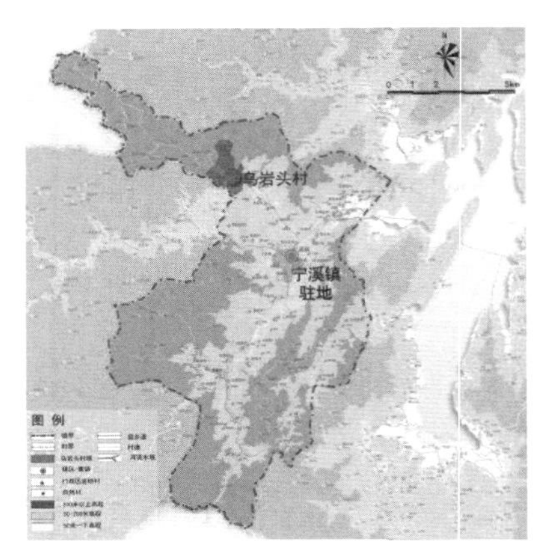

图 4-1-5　乌岩头村在宁溪镇的区位

4.1.2　地形地貌条件

乌岩头村所在的宁溪镇地形以山地、丘陵和盆地为主。村域地形西北高，东南低。境内峰峦叠嶂，诸峰耸立，山脉延伸，构成诸多山沟和山间盆地，村庄建设用地主要集中在盆地地形中。该地区属亚热带季风气候，温和湿润、雨量充沛、四季分明，气候条件优越。村域内五部溪穿流而过，五部溪属山区性河流，其水量随季节变化较大。五部溪向东与永宁溪汇合注入长潭水库。

4.1.3　交通区位条件

乌岩头村现有一条东西向道路作为对外联系的主要交通性道路，向东直通宁溪镇镇区，向西北达半山村。村庄内部主要以步行交通为主，古村内有宽度不等的街巷。

4.2　村落社会经济发展现状

4.2.1　村庄人口现状

乌岩头村户籍人口 285 人，有 6 个村民小组，农户 90 户。常住人口约 100 人，劳动力 20 人。其中 15.9% 为青少年，20.6% 为 60 岁以上老年人，人口老龄化程度严重。根据《台州市黄岩区宁溪镇城镇总体规划（2011—2030）》，2001 年至 2010 年乌岩头村人口规模呈稳定略有浮动，整体呈下降趋势（图 4-2-1）。

4.2.2　村庄经济发展现状

乌岩头村以第一产业为主，有少数老人从事节日灯制作的第二产业。村中大多数的劳动力选择在宁溪镇区从事工业服务业。乌岩头村位于五部“乡野游憩区”，具有开发旅游业的潜力，目前除了一处农家乐建成，村内无旅游配套设施（图 4-2-2 至图 4-2-3）。

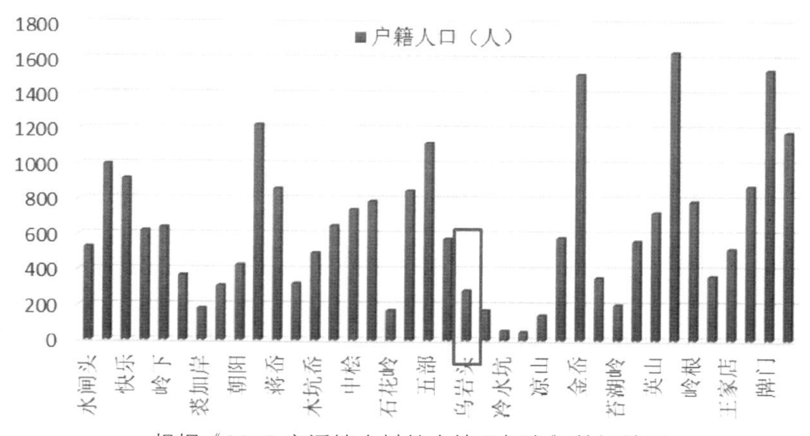

根据《2010 宁溪镇农村基本情况报表》数据绘制

图 4-2-1　乌岩头村 2010 年户籍人口在宁溪镇的地位关系

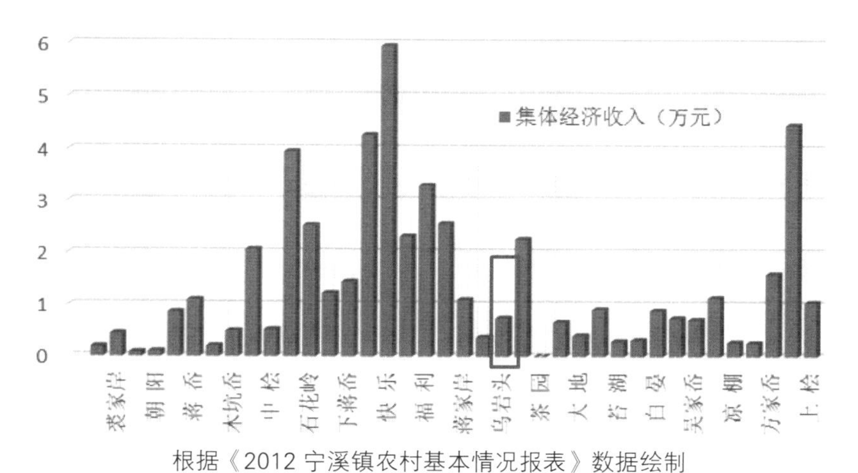

根据《2012 宁溪镇农村基本情况报表》数据绘制

图 4-2-2　乌岩头村 2012 年集体经济收入状况在宁溪镇的地位关系

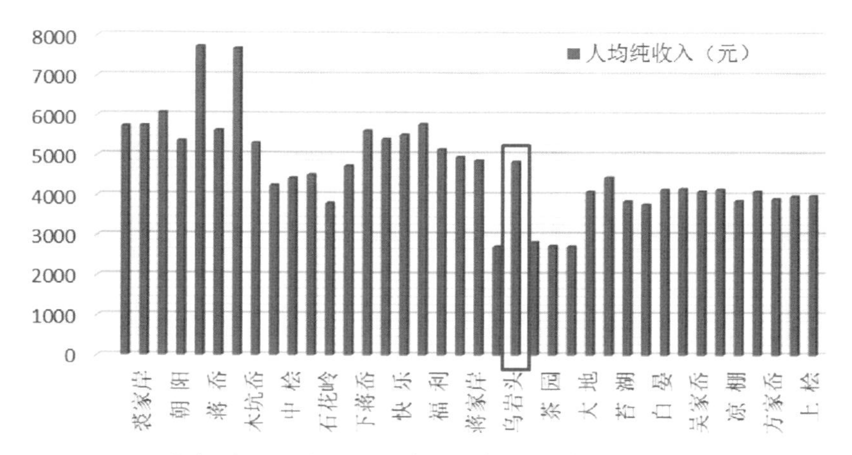

根据《2012 宁溪镇农村基本情况报表》数据绘制

图 4-2-3　乌岩头村 2012 年农村人均收入状况在宁溪镇的地位关系

4.3 村落土地使用现状

4.3.1 村域和村庄土地使用分类及用地平衡

4.3.1.1 村域土地使用总体情况

乌岩头村村域总面积148公顷。其中村庄建设用地占3.19公顷、对外交通设施用地占1.53公顷、农用地占141.33公顷、水域占1.94公顷。对外道路向东至宁溪镇区，向西至五部半山村。村域内土地使用情况具体如表4-3-1所示。村庄土地使用现状如图4-3-1所示。

表4-3-1 乌岩头村村域土地使用现状平衡表

用地编号	用地性质			代码	面积（公顷）	比例
01	村庄建设用地			V	3.19	2.2%
02	对外交通设施用地			N	1.53	1.0%
03	农用地			E2	141.33	95.5%
04	其中	农田		E21	26.18	17.7%
		其中	一般农田	—	4.61	3.1%
			基本农田	—	8.75	5.9%
			标准农田	—	12.82	8.7%
		林地		E23	115.15	77.8%
05	水域			E1	1.94	1.3%
–	总计				148.00	100.0%

4.3.1.2 村庄建设用地情况

乌岩头村村庄建设用地现状由东侧新村和西侧古村（亦称老村）组成。村庄范围内村民住宅用地占1.96公顷，目前村庄建设联立式住宅约120间。另有村庄公共服务用地0.41公顷，村庄基础设施用地0.46公顷，对外交通设施用地0.12公顷，水域1.16公顷和农林用地5.52公顷（图4-3-1）。乌岩头村村庄土地使用情况具体见表4-3-2。

表4-3-2 乌岩头村村庄土地使用现状平衡表（2015年）

用地编号	用地性质		用地代号	面积（公顷）	比例	人均（平方米/人）
01	村民住宅用地		V1	1.96	20.3%	68.60
02	其中	住宅用地	V11	1.85	19.2%	65.05
03		混合式住宅用地	V12	0.11	1.1%	3.94
04	村庄公共服务用地		V2	0.41	4.2%	14.23
05	其中	村庄公共服务设施用地	V21	0.09	0.9%	2.99
06		村庄公共场地	V22	0.32	3.3%	11.16
07	村庄基础设施用地		V4	0.46	4.8%	16.14
08	其中	村庄道路用地	V41	0.43	4.5%	15.09
09		村庄公用设施用地	V43	0.03	0.3%	0.96
10	对外交通设施用地		N1	0.12	1.2%	4.21
11	水域		E1	1.16	12.1%	40.70
12	其中	自然水域	E11	1.14	11.8%	39.95
13		坑塘水域	E13	0.02	0.2%	0.58
14	农林用地		E2	5.52	57.3%	193.55
15	其中	农用道路	E22	0.10	1.1%	3.56
16		其他农林用地	E23	5.42	56.3%	190.04
总计			—	9.63	100.0%	337.76

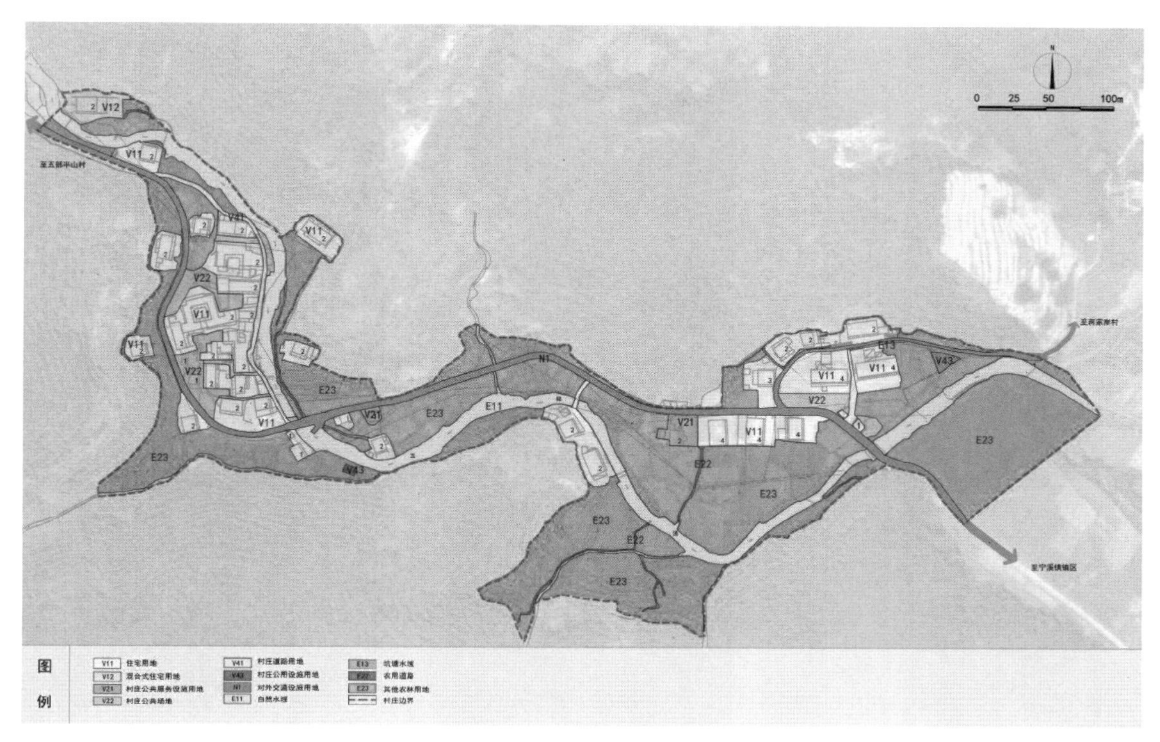

图 4-3-1　乌岩头村土地使用现状图

4.3.2　公共设施现状

公共设施包括村委一处，兼村民活动室的功能。村委西侧的室外场地有体育健身器材。村庄内商业、文化娱乐、教育、医疗和社会福利等公共服务设施均未配置。

4.3.3　道路设施现状

现有东西向对外联系道路，向东直通宁溪镇镇区，向西北到达半山村，宽度约 4 米，采用水泥路面。村庄内部主要以步行交通为主，新村内的主要步行道路宽约 2 米，采用水泥铺设。老村内有宽度不等的街巷，铺装沿用了乌岩头当地石材。

4.3.4　市政基础设施现状

目前村庄的给水设施建设尚不完善，村民饮用水主要来自山溪水过滤。村内有两处污水处理系统，分别位于新村东端和老村南侧的林地中。村庄现在没有设置雨水管道。现状供电有两个 10kV 变电站。村内建设有 1 座移动基站。

村内共设置有 2 处垃圾收集点，新村和老村各有一处。新村收集点位于村委会北侧，沿道路设置。老村收集点位于在老村村口桥头处。

村内建有 1 处公共厕所，位于老村南侧，建于 2015 年，公共厕所的建设改善了多年来老村居民如厕难的困境。

乌岩头村的灾害易发区集中在老村的西侧和新村北侧。由于山体坡度较陡，且距离居民住宅较近。村庄现状中有两处挡土护坡，位于老村西北角和西侧。五部溪河岸深度大部分在 0~3 米之间，老村东侧的河岸段超过 3 米。详见图 4-3-2。

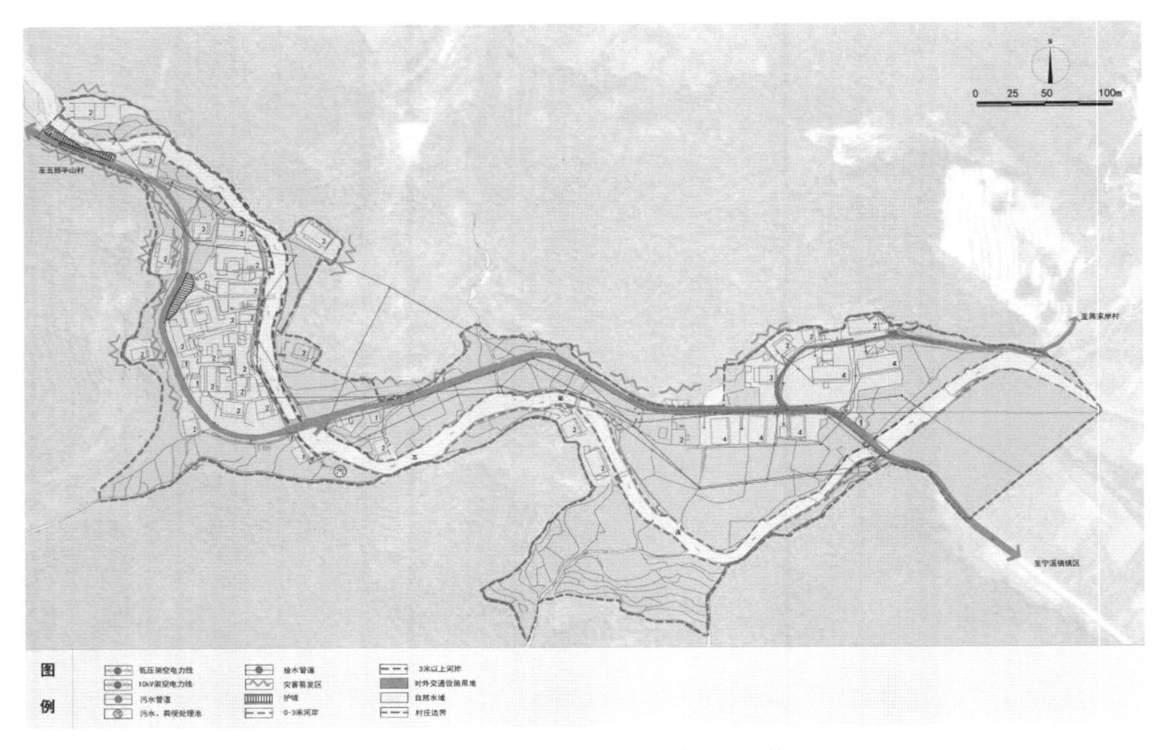

图 4-3-2　乌岩头村市政基础设施现状图

4.4　村落建筑质量现状与风貌特征

4.4.1　建筑质量现状

经调查，乌岩头村的建筑结构形式多样，根据实际情况，将建筑按结构分成8类：木结构、土木结构、石木结构、砖木结构、砖结构、砖石结构、砖混结构、砖石木结构。古村范围内以木结构和砖石木结构建筑为主，新区以砖混结构建筑为主。详见图 4-4-1。

根据现场观察以及全面比较分析建筑的年代和保存情况，将建筑按质量分成好、一般、差 3 类。老村中除了 1 栋已经保护修复的四合院质量较好外，其他建筑均为一般或差，有 4 栋建筑已出现倒塌的情况。详见图 4-4-2。

4.4.2　建筑总体风貌特征

建筑总体风貌特征包括村民住宅建筑及其所形成的院落、街巷空间（图 4-4-3 至 4-4-11）。

老村中保留有110间晚清民国时期的居民建筑，是区域范围内保存较为完整的传统村落，呈现了典型的传统村落格局。

村内现有桥 4 座，其中位于老村村口的古桥历史最为悠久，建于清咸丰年间。因为该地偶尔有山洪发生，该桥为一孔桥，跨半条河，另外半边由石板搭建，已被大水冲走，未及时修复。乌岩头村的民居具有典型的地方风格。老村及周边共有房屋约 30 幢，村内最早的建筑迄今已有上百年的时间，多数建筑建于清末和民国时期，少数建于新中国成立后，不同

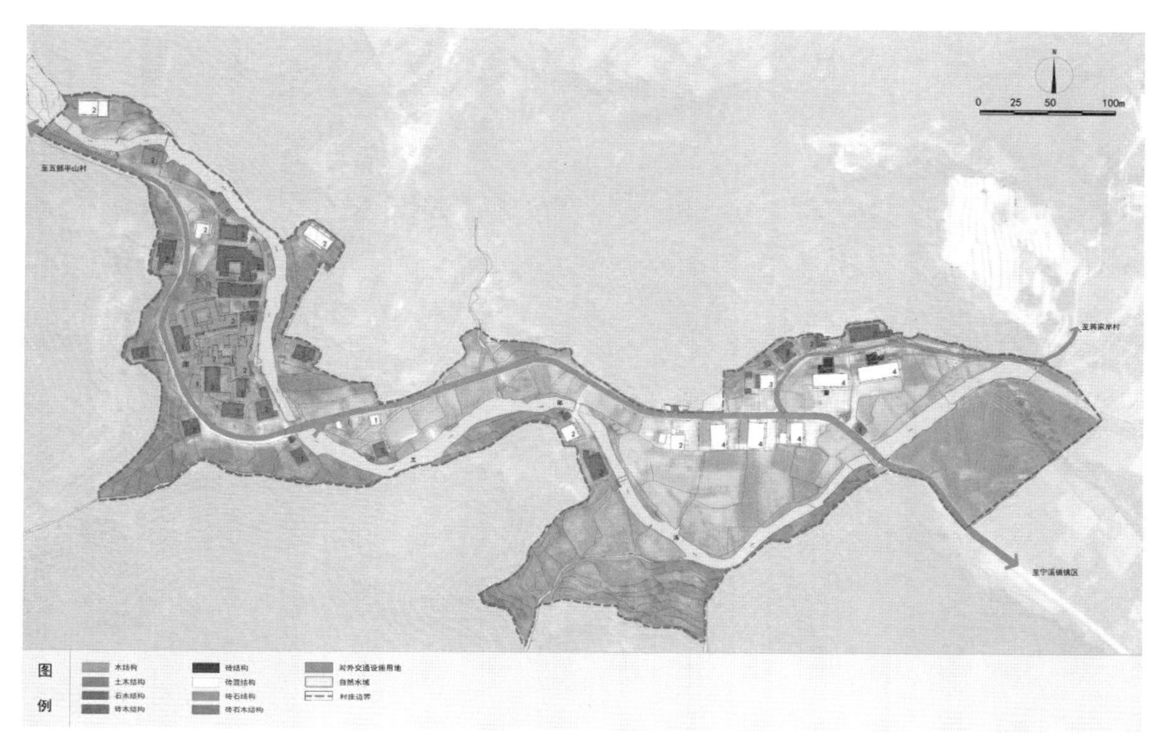

图 4-4-1　乌岩头村建筑结构现状图

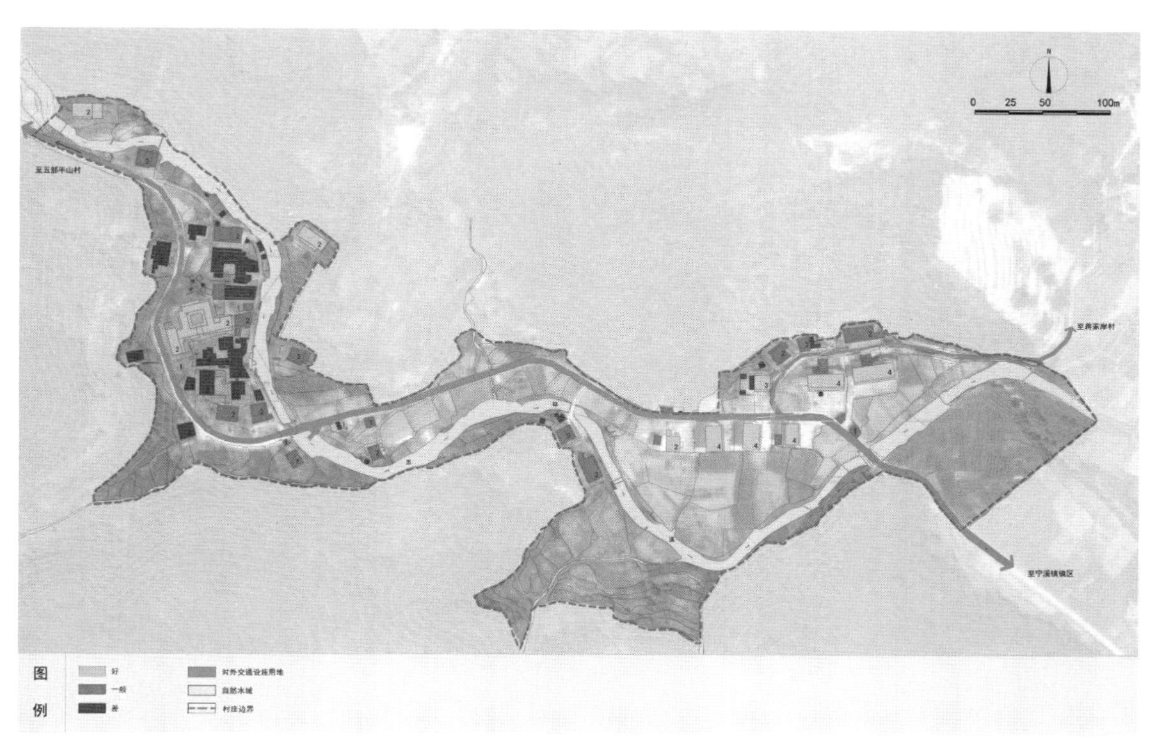

图 4-4-2　乌岩头村建筑质量现状图

图 4-4-3　古村格局

图 4-4-4　历史建筑群

(a)

(b)

(c)

图 4-4-5　古村街巷空间

图 4-4-6　兼具中西风格的窗

图 4-4-7　传统的重檐

图 4-4-8　古朴的景窗

图 4-4-9　即将倒塌的房屋

图 4-4-10　台门 1

图 4-4-11　台门 2

年代的建筑在高度、形态、材料使用等方面有一定的差异。由于民国时期村内有人曾留洋读书，回来后将国外的拱券形式应用在乌岩头的建设上，因此部分建筑上还会看到西洋元素的痕迹。重要的建筑元素包括门窗、建筑装饰、立面、砖石木拼接手法等历史文化风貌。民居建筑中也有一些包含特殊历史意义的空间形式，比如祖屋、台门、宗堂。目前乌岩头古村落内多数建筑保存良好，但仍有部分建筑破损严重。

4.4.3　村落周边景观风貌特征

村落周边景风貌特征主要包括古树、溪水、农地、花地、园地和林地等多种景观资源（图4-4-12 至 4-4-17）。

乌岩头村古树景观分布于老村和溪流两侧，古树种类有黄檀，香樟等，大约百年左右的树龄，长势良好，树形优美。

溪水景观水质清澈且绵延不绝是乌岩头村重要的村庄景观要素之一，现状河道较为整洁，风貌保存较好。

农地、花地、园地与林地呈现了乡村土地使用的多样性。四周环山，地势多变。竹林和松树生长茂密，是乌岩头村另一重要的村庄景观要素之一，现状风貌较好，树林茂密。村域范围内农作物种类多样，果树资源丰富，如枇杷、桃树、山茶等，目前以自给自足为主要生产方式。

位于黄岩西部山地丘陵地区的乌岩头村具有较好的山林资源，形成了优美的山林环境。林地植被丰富，主要植被有毛竹、松树、樟树等。依托独特的山林环境，是发展旅游业的资源。同时环长潭水库的绿道将丰富宁溪镇西部村庄的景观风貌。借助对风景景观资源的保护和利用，是乌岩头村成为西部旅游线路上重要的节点。

图 4-4-12　古树

图 4-4-13　溪水

图 4-4-14　农田

图 4-4-15　花地

图 4-4-16　园地

图 4-4-17　林地

村庄景观风貌上也存在一些问题，例如部分古民居损毁严重、道路破损、野草丛生、溪流缺乏整治，非雨季水流量小等。杂乱的电线架设对村庄的风貌存在一定的影响。乌岩头村建筑和周边景观风貌资源分布状况参见图 4-4-18。

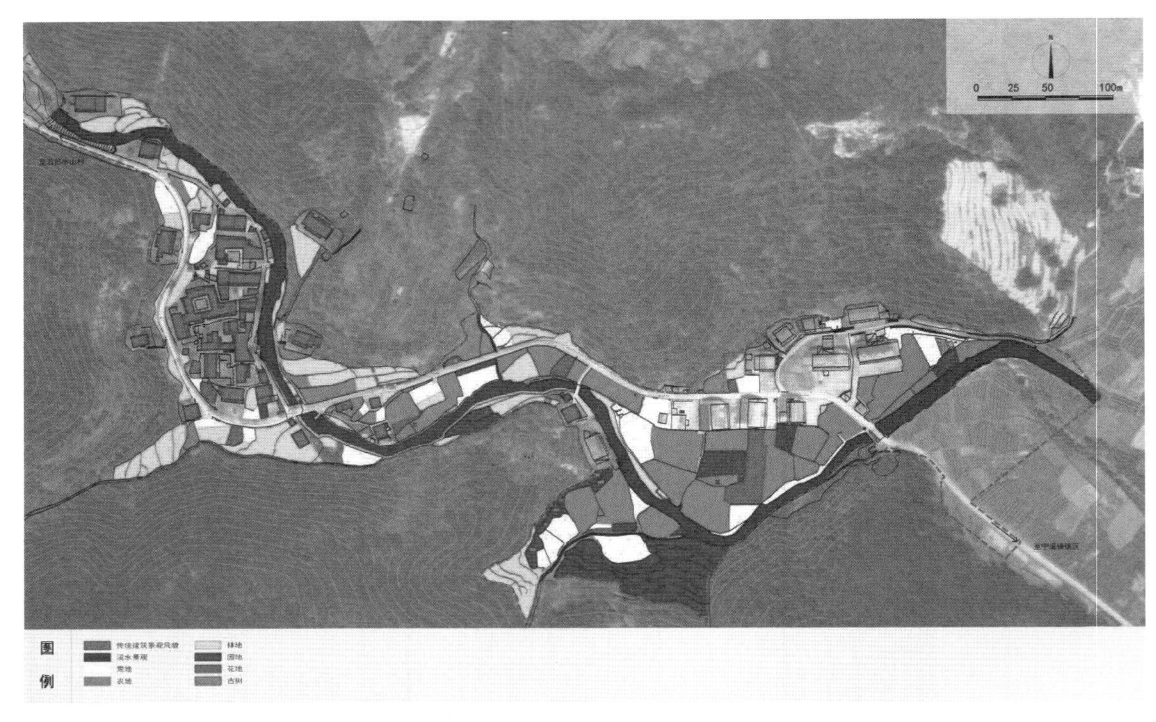

图 4-4-18　乌岩头村建筑和周边景观风貌资源分布现状图

5

第5章　乌岩头村落空间与社会意义解析

在前面一章现状发展概况的基础上，本章将着重展开关于乌岩头村落空间及其表象下的社会意义分析，对应本书第二章关于历史文化村落空间整体性特征及其社会学意义的一般性理论研究。首先从村落空间布局的历史沿革，分析村落与山地、五部溪水等自然环境条件的协调性，村落与耕地分布的空间关系，以及建筑群体空间聚合特征；其次，进一步从“空间生产”的视角认识乡村社会空间以及特定生产力条件下的乡村空间组织和空间生产。通过乌岩头陈氏家族社会关系及其建筑布局的对应分析，揭示建筑和院落空间秩序和社会秩序的关系，探讨基于社会关系构成的村落外部空间，以及建筑外部空间结构所蕴含的社会性。

5.1 乌岩头村落空间的整体性特征

5.1.1 乌岩头村落布局的历史沿革

不同历史时间下的村落空间受到乡村社会系统和家族关系的变化而逐步演化。不同层级的外部空间结构与不同的家族社会结构相联系，其中村落格局与家族整体结构的变化有关。

乌岩头村清末时期由于灾难暴乱而迁徙后，家族开始在乌岩头村扎根生存，祖屋位于村落中心。民国时期，由二十五世孙陈敬纯家族开始传到二十六世熙字辈五兄弟。空间上以祖屋为中心向四周扩散。19 世纪 50 年代之后，从二十七世广字辈开始，子嗣延续逐步分家。空间格局沿袭家族父子大宗关系发展并沿南北主轴延伸，旁系后代继而向四周扩散。村落规模扩大，聚集程度降低，空间格局拉开（图 5–1–1）。聚落空间格局的拓展本质上是家族结构的复杂化及其在空间占有权上的扩展，空间的分解也是分家和财产传递的体现。家族结构从单中心的家族结构逐步变为以房族关系联系的多中心结构，在空间上的也有相应的位置结构。

图 5–1–1　乌岩头村陈氏家族建筑空间分布推演图

5.1.2 村落与山地、五部溪水等自然环境条件的协调性

基于生产生活的需要，村落格局与自然资源关系紧密。作为村落公共资源的五部溪水资源和山地资源，和村落相互协调。

五部溪作为重要的水资源自北向南流淌，村落格局沿河流南北方向展开。水资源供应相对宽裕，分配也相对平均。巷道空间选择了最短到达水系的路径，分布相对均质。

受到山地地形的限制，村庄选址从改造地形由易到难的顺序，村庄选址更多考虑高程因素建于低洼之地，逐渐突破自然地形的限制在高处建房。建筑在坡地平缓的地方更加集聚，

图 5-1-2　路径与水资源分配图

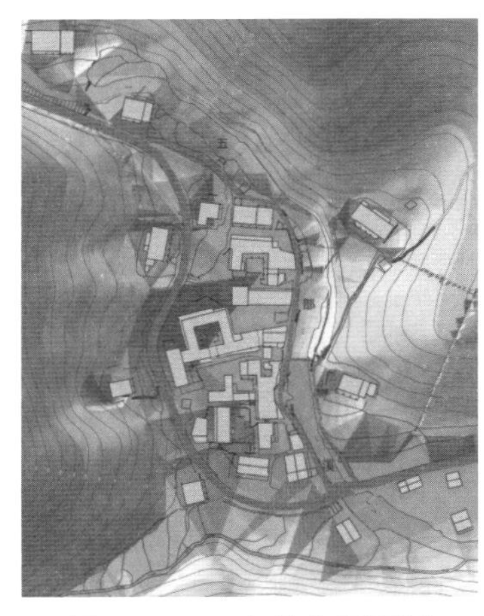

图 5-1-3　山地高程限制

图 5-1-4　山地坡度限制

南侧的建筑也考虑顺应山地地形以东西朝向建造，减少坡度的影响。从外部空间边界拓展的动态过程来看，在地形的影响下房屋和院落为适应自然环境条件都做了相对位置的调整（图 5-1-2 至图 5-1-4）。

5.1.3　村落与耕地分布的空间关系

由于山林环境的限制，耕地向外开垦的机会有限，生产逐步活动外溢，向外寻找更优良的土地资源，耕地粮食种植与周边拓展的林业种植相结合，形成“住屋环境”的总体概念。从耕地资源的整体空间分配来看，耕地资源位于村庄边缘和外部，家族紧密联系的日常生活优先于每户各自的生产生活，生产生活空间相对分开。同时，随着村落空间的扩展，村落的边缘逐渐形成了生产和生活相结合的空间特征，如图 5-1-5 所示。

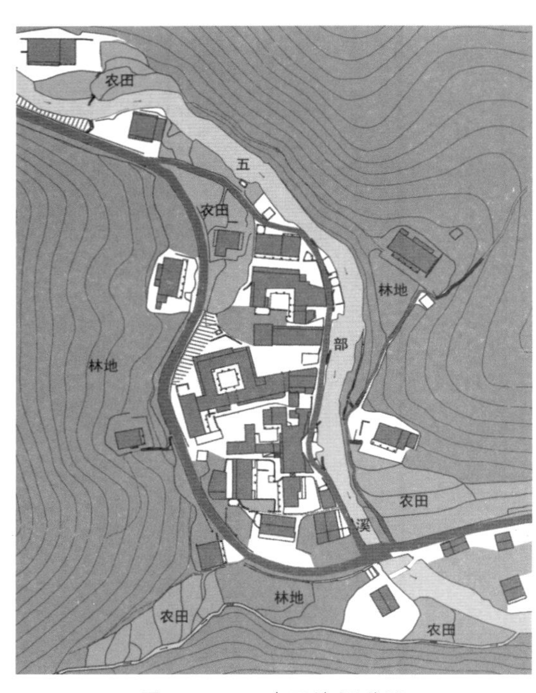

图 5-1-5　农田资源分配

5.1.4　建筑群体空间的聚合特征

现有建筑群体空间从民国时期开始基本成形，以下以民国时期为切片进行建筑群体空间整体性特征的分析。

基于具有凝聚力的血缘联系的社会关系，建筑群体空间上具有明显的聚合特征。通过对空间的定量分析和图底关系可以看出，村落的建筑群体和外部空间呈现较为均质的状态。建筑外部空间分为边缘空间和流动空间，村落具有明显的边界以对外族进行防御，流动空间则具有很好的渗透性和流动性，成为建筑群体之间的空间联系（表 5-1-1，图 5-1-6）。

表 5-1-1　　乌岩头村整体空间特征分析

类型		面积	所占比例
建筑空间（平方米）		4 003	40.32%
外部空间（平方米）		5 925	59.68%
其中	边缘空间面积（平方米）	2 907	29.28%
	流动空间面积（平方米）	3 018	30.40%
总面积（平方米）		9 928	100%

图 5-1-6　乌岩头村整体空间特征分析图

5.2　特定生产力条件和社会制度下的乡村空间生产

5.2.1　从“空间生产”认识乡村社会空间

乡村空间不仅限于物质空间，其物质空间环境背后受到当时社会制度、家族宗法制度和自然观等方面的深刻影响，总体上看，它是一种“社会生产”的过程。正如法国社会学家列斐伏尔在《空间的生产》中提到的“空间是社会的产物”，社会性也成为空间的内在属性。

乡村的空间生产受到社会影响，也成为社会关系的容器，是产生社会生产关系的必要条件。

当然，乡村空间的生产除了受到特定社会结构的必然影响，同时也受到村落内部发展的偶然性限制。社会关系结构是否能够完全通过空间转移实现，还存在自然基地条件的偶然性。从特定时期的空间生产而言，其必然性因果力包括特定生产力条件和社会制度。

5.2.2 特定生产力条件下的乡村空间组织

处在农耕时代的背景之下，乡村的生产力相对应于生产者、生产对象和生产资料，主要基于家族成员、自然资源和手工劳作。特定生产力的影响一定程度上不仅在物质空间范畴，同时在社会空间意义上都一定程度决定了乡村空间组织的结构。

在物质空间的组织中，因家族关系需要所确立的防御性和私密性空间；因自然资源需要所确立的选址和路径；因劳作需要协调考虑生产生活的空间组织方式，都成为特定生产力条件作用于空间的表现。其中生产者作为重要的生产力，其固有的家族结构决定了生产者之间不同的空间需求和公共资源分配，从而形成空间组织中的相对差异。

生产力所依赖的家族关系也成为社会生产的组织方式，这种因特定生产力所形成的乡村社会空间不仅是家族结构的表现，也是社会生产关系的真实反映。我们可以认为乡村社会空间的组织不仅限于血缘联系，也有因为社会生产所建构的社会联系。

5.2.3 特定社会制度下的乡村空间生产

基于乡村农耕社会的特定时期，乡村社会制度主要表现形式有宗教礼制和土地制度，这两种形式将乡村空间意识形态化和权力化。

宗教礼制是乡村空间生产的重要因素，传统观念往往直接体现在乡村空间生产中。虽然空间随着乡村社会系统的演化而消逝，但这些失落的空间恰恰反映了特定社会制度下的乡村空间生产，比如旧时祠堂的建立。单姓的家族村落重视以祠堂作为家族权利和纽带的载体，大多置于村中心或是村口的位置。乌岩头村从前的祠堂建在老村村口，是家族重要的宗教公共资源。这种空间中所体现的意识形态是特定时期所形成的，同时在单姓家族中也是群体意识形态的体现。同样，宗教礼制也影响了建筑轴线关系和公共祭祀的中堂等空间的生产。除了宗教礼制之外，空间生产还受到风水等影响。特定的土地制度决定了每户获得耕地权利，而这种物质空间的分配也成为社会权力分配的体现。同时，耕地在面积和位置上的差异也受到山地地形的偶然性因素影响。

5.3 乌岩头陈氏家族社会关系及其建筑布局

5.3.1 乌岩头陈氏家族社会关系

毛德传《和黄岩陈祖源流》有言："陈道，字决斯，号慕山，是东汉陈实二十九世孙。唐代宗大历三年（768）进士，后授浙东观察使判官、调镇海节度使推官。曾以判事至黄岩，悦其风土山川之美。唐德宗建中四年（783），避李希烈之乱，自河南颖许迁居黄亚楠城东柔桥，是开黄岩祖。""黄岩陈自慕山公自颖许迁来，已 1 200 多年，历四十余代。有慕山公所撰之《陈氏源流世系行实略节亦序》，另有《民国丙辰重修黄岩四厅城市家谱》（1916），黄岩（含今椒江、路桥）子孙繁衍，分居全国。盛哉！”又根据《陈氏重修谱序》中记载，陈氏从光忠公世在襄汉唐时为官，第三世阡公是玄宗朝状元，永四世叟公宋朝因王事艰难协父兄避至黄岩五部。《五部陈氏重修宗谱序》中也记载：“宋用代叟公以王事艰难由根溪迁居五部，厥后瓜绵椒衍源源。”所以黄岩五部陈氏将叟公作为第一世鼻祖，之后十七世的敬则和清则二公从嘉靖二十六年（1547）一脉相延，川流不息。国朝甲寅遭乱，二十三世东升公在乾隆癸未年（1763）整理百余年遗篇，于道光乙酉年（1825）由二十四世孙廷亳重修家谱。壬戌年（1862），匪贼从乌岩到宁溪一带，陈氏居住地的新屋和百头牛化为灰烬。之后流离迁居各地无暇（修宗谱），至同治十二年次癸酉五年（1873）再重修宗谱。

乌岩头村陈氏都是二十四世孙陈廷亳的后人，主要以二十五世孙陈敬纯一脉为主开始驻扎发展，此外还有陈纯忠和陈纯孝两兄弟的旁系后人。从现在村中延续到锡字父辈和景字小辈，其中有始祖的直系后代和旁系兄弟。详见表 5–3–1。

表 5–3–1　　　　乌岩头村陈氏家族谱系表

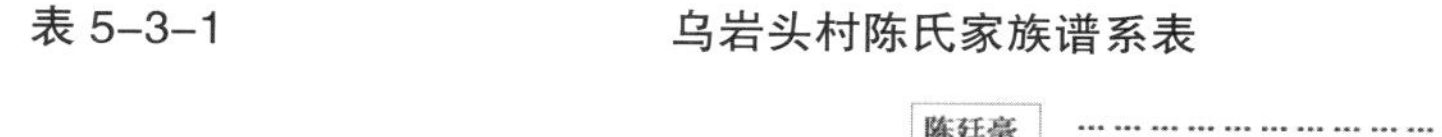

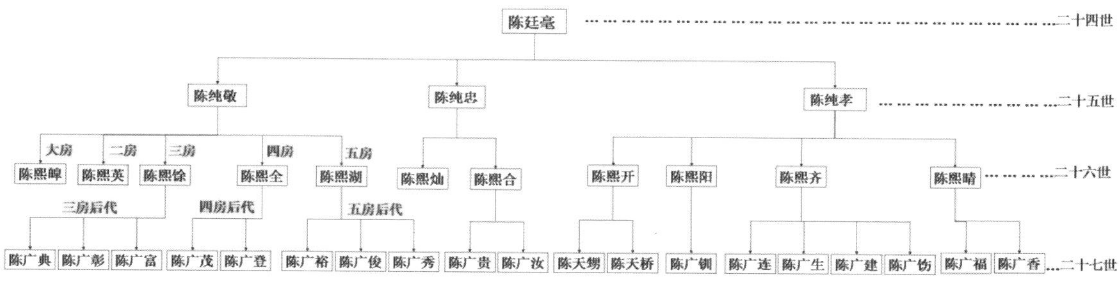

陈锡云 陈伸义 陈锡福 陈失雨 陈锡朝……二十八世

旁系兄弟：陈锡通、陈锡禄、陈锡华、陈锡荣、陈锡军、陈锡导、陈锡定、陈锡尚、陈锡福

（待补充完善）

5.3.2　乌岩头陈氏家族建筑布局分析

建筑外部空间结构是日常社会生活的轨迹的写照。空间上以主脉家族的祖辈为中心，根据血缘亲疏远近和家族社会关系特征向四周递减。

内部由于亲缘关系的疏远形成了各自的分区。以祖辈居住为中心的大宅自成一区，建筑体量较大。中间祖屋具有中心性，祖辈的住所由大宗关系构成呈现南北向纵向主轴，与祖屋有很好的联系。北侧分给三房后代，空间内部相互联系。北侧三房后代区有明确的南北轴线，由子孙关系建立的小宗关系呈现了次主轴的特点。东侧居住二房和五房后代，共享一个内院空间。南侧为旁系兄弟的居住片区，由东西向路径串联，沿轴线灵活自由伸展，呈现向村庄外部的方向感，后期建造的旁系兄弟住所在村落边缘逐步扩散。

家族社会关系特征中地位辈分、财富、家庭规模影响了建筑实体的选址、规模、形式及其之间的相互关系，同时也影响了建筑联系热度和建筑外部空间。从家族地位辈分来看，辈分越高选址越靠近中心或靠近主街。家庭财富和家庭规模越大，建筑规模越大，相应的院落越大且形式越具有公共性（图 5–3–1 至图 5–3–4）。

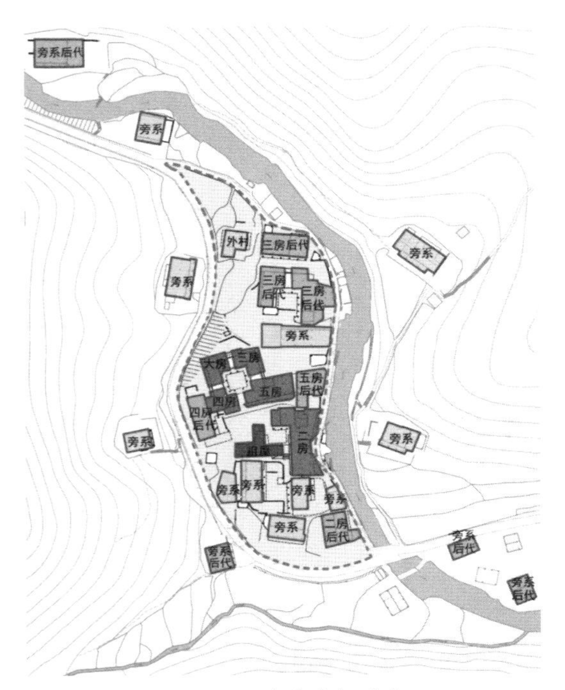

图 5-3-1　家族空间分布图

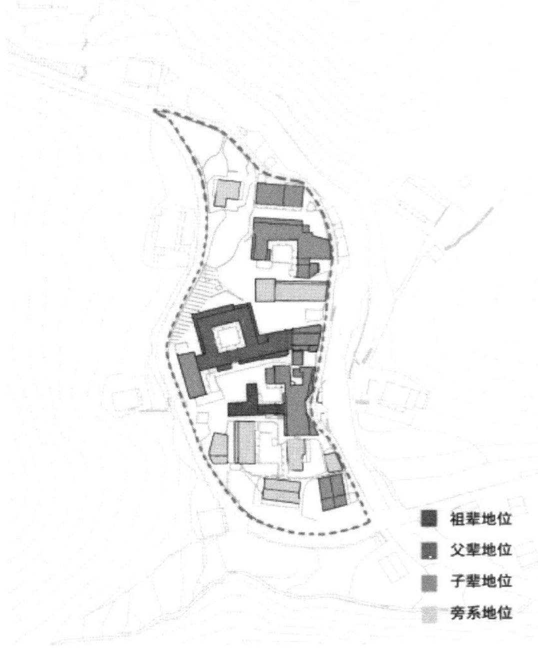

图 5-3-2　辈分高低差异

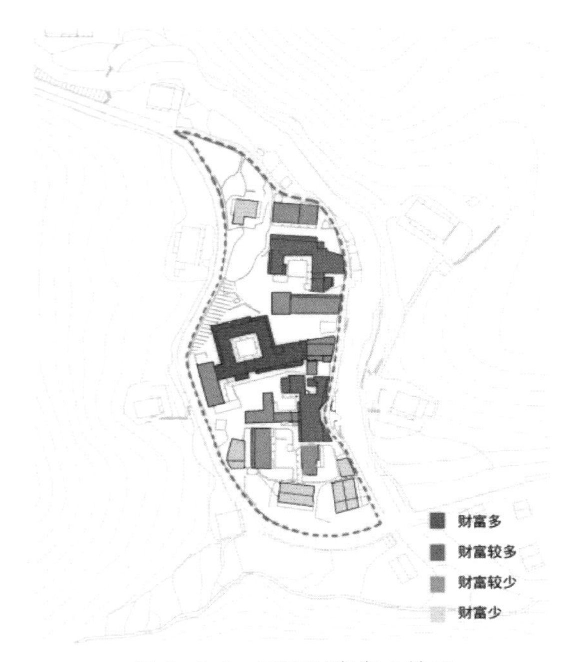

图 5-3-3　家庭财富多少差异

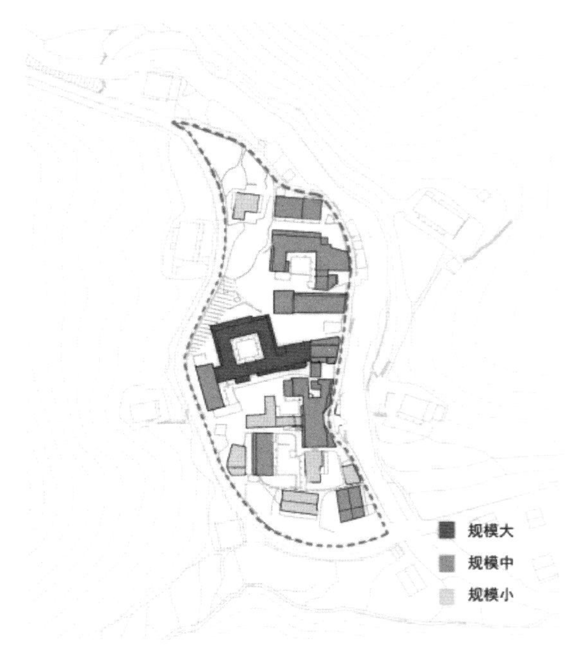

图 5-3-4　家庭规模大小差异

户作为一个社会单位，在空间上表现为一栋独立的建筑。每户之间的社会关系与建筑间空间也存在对应关系。通过建立两个网络系统分析血缘联系强度与空间联系强度之间的对应关系。建筑网络关系以主体建筑的形心作为节点，节点大小反映建筑面积的大小差异，并以建筑单体间空间联系强度建立关系。其中空间联系强度以门到门的最短路径距离作为建筑间联系强度的量化指标。家族网络关系以血缘之间的联系程度联系，联系程度从强到弱依次为直系兄弟关系、直系父子关系、非直系父子关系、旁系兄弟关系。

建筑网络密集度集中在村落南部，建筑联系热度更高的也集中在南部。家族网络以四合院为中心呈发散状，与外部空间关系具有类似的拓扑关系（图 5-3-5）。

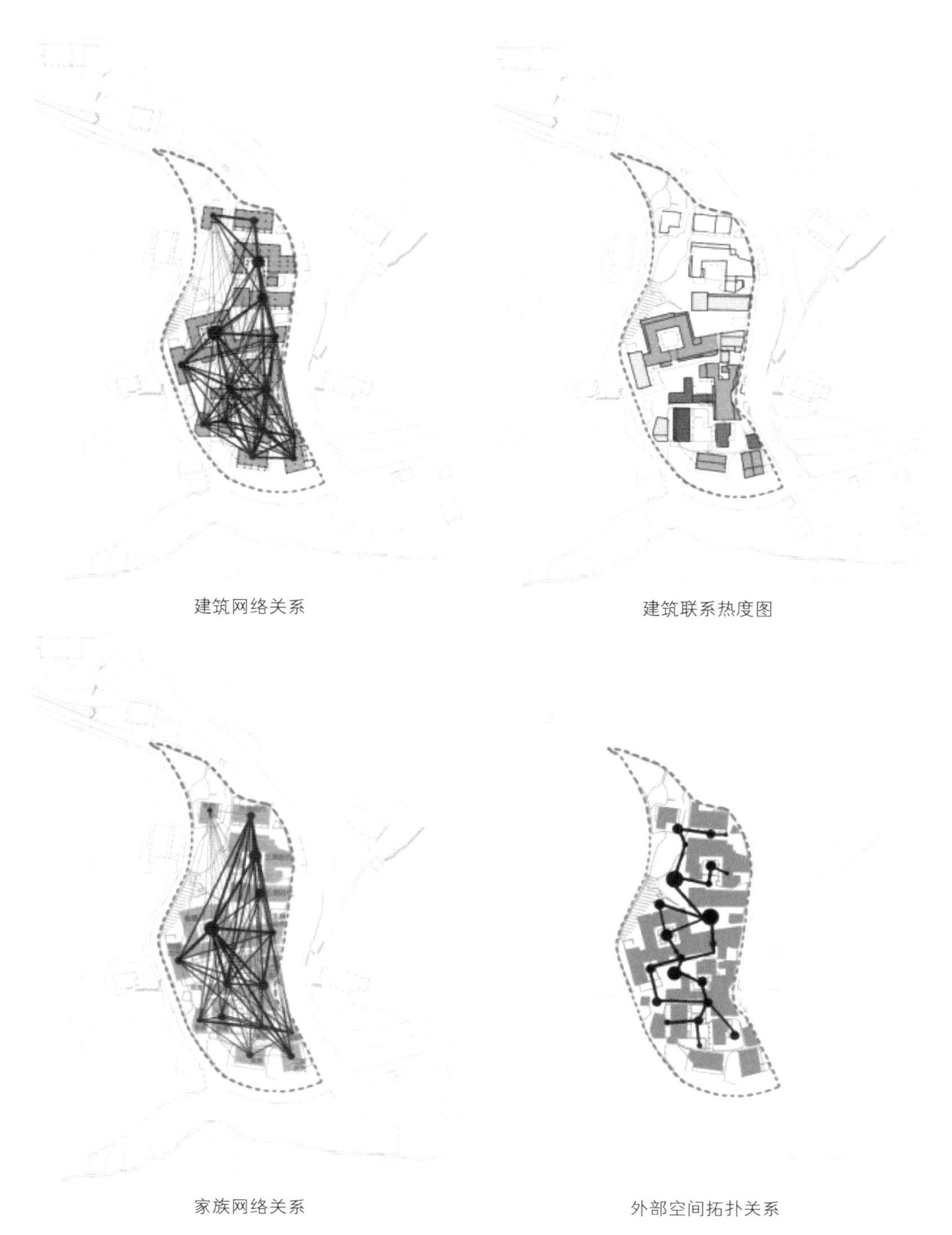

图 5-3-5　乌岩头村落建筑关系与家族网络关系分析图

费孝通认为乡土社会里每个人都是一个中心，每个人都有一个以亲属关系布出去的网，像水纹波浪向外扩张一般，从而形成一个社会的体系，所涉及的范围要依着中心的势力厚薄而定。同样，空间实体之外也有自己的场域，即所谓的乡邻范围，是村民们日常拜访帮忙、办婚事送喜糕、办丧帮忙的范围。剖析房族为中心的社会场域和邻里范围的对应关系。由家族关系建构的空间关系由于家族关系的亲疏远近形成了各自的房族中心。以各房中心为圆心，日常活动半径 30 米划定不同房族的日常活动范围可以发现不同房族活动范围的交叉区域与外部空间的外院存在一定的对应关系。公共程度越高的外向性院落空间，渗透性越低，即围合度越高。外院面积大小也与房族活动人数存在显著的对应关系（表 5-3-2，图 5-3-6）。

表 5-3-2　开敞空间与房族活动的对应关系分析

序号	面积（m^2）	活动户数	渗透性（开敞度）	公共程度	日常活动的房族构成
外院 1	341.21	10	17.13%	50%	祖辈房族、三房后代、四房后代、五房后代
外院 2	333.99	12	10.42%	50%	祖辈房族、二房、三房后代、四房后代、五房后代
外院 3	221	9	40.83%	37.5%	祖辈房族、二房、四房后代、五房后代
外院 4	121.9	10	17.97%	62.5%	祖辈房族、二房、二房后代、四房后代、五房后代
外院 5	146.83	8	26.51%	37.5%	祖辈房族、二房、四房后代

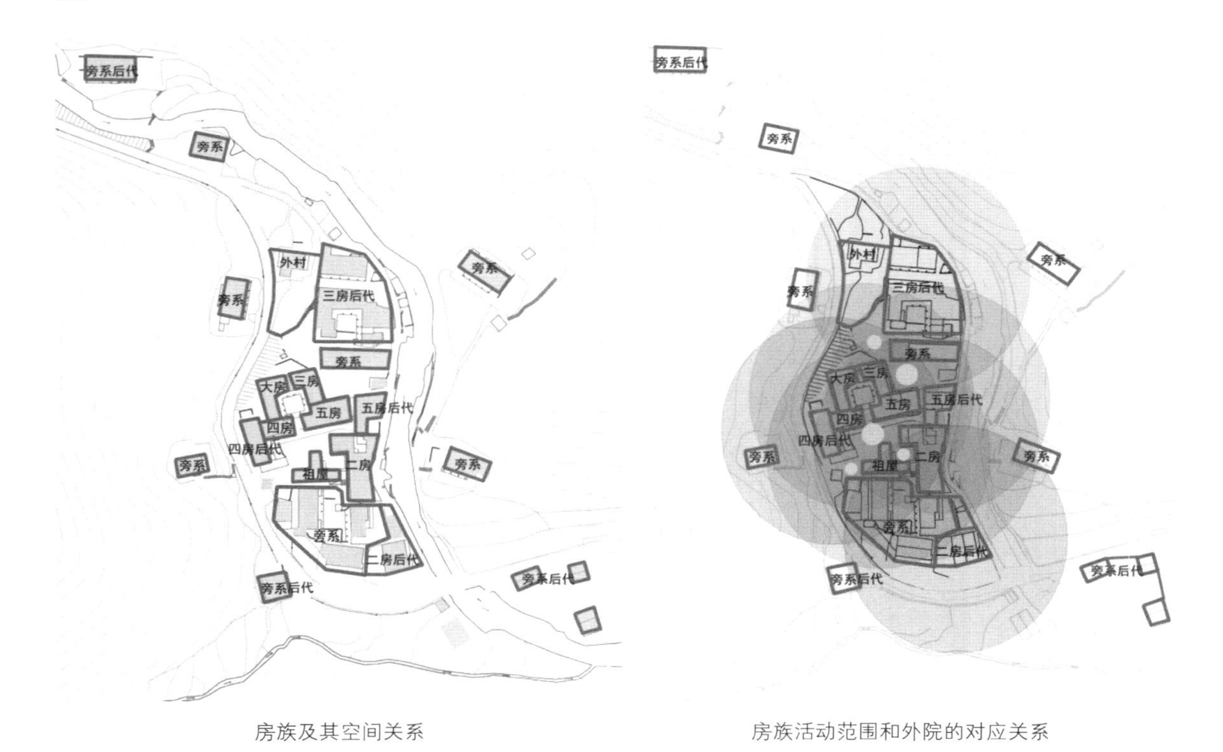

图 5-3-6　乌岩头村家族建筑与院落组合关系分析图

5.4　建筑外部空间层次特征及其社会语义表达

5.4.1　基于社会关系构成的外部空间

传统村落的外部空间是考虑图底关系的产物，因此具有双重含义。一方面外部空间是实体之间的关系，特定的家族社会关系存在于外部空间结构之中；另一方面，外部空间本身也具有其特定的社会性意义，生动的建筑外部空间语汇不仅体现了传统家族社会关系的宗族血缘联系，也是空间社会性的体现。通过对传统村落建筑外部空间结构与家族社会关系的对应分析，有助于我们理解社会的空间性以及空间的社会学意义，并在空间实践中有意识把空间作为回应时代语境的真实表现。

家庭社会关系和主脉关系较弱旁系家庭更多的是由外部空间定义的实体空间。实体空间依附于外部空间中的劳作活动空间（农田），实体与虚体之间呈现相对独立对等的序列关系。相反与主脉家族关系紧密的大多是虚体定义的实体空间，虚体和实体之间的关系呈现融合的嵌套关系（图 5-4-1）。

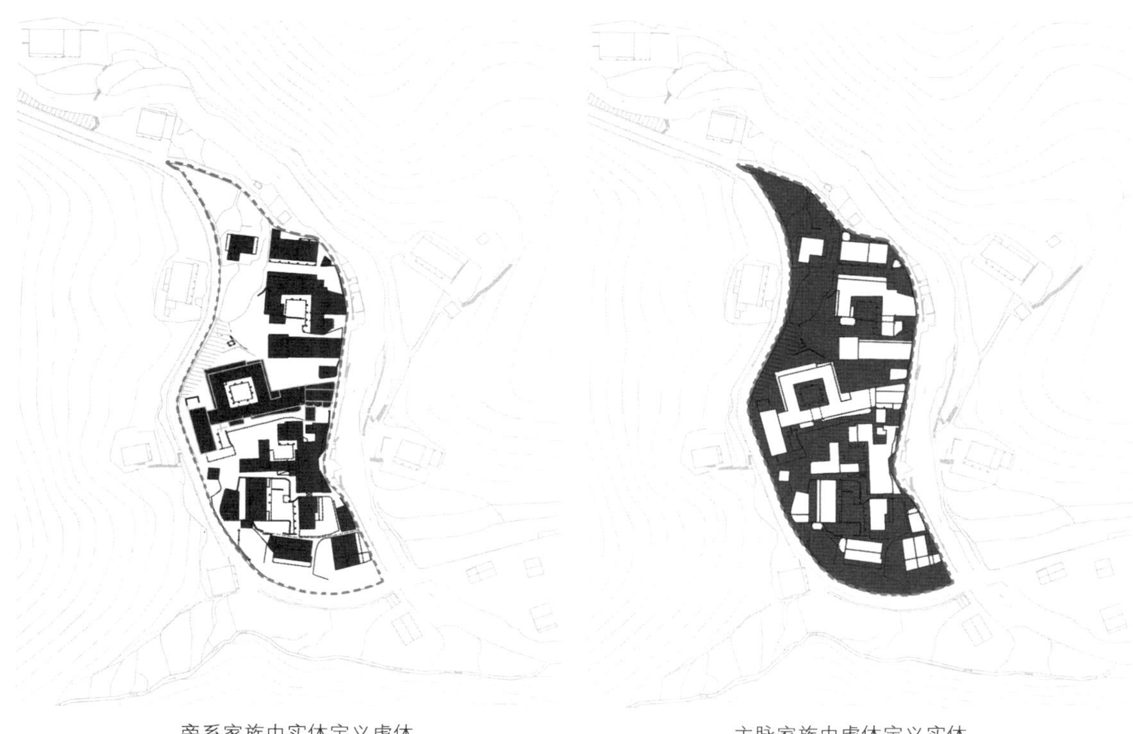

旁系家族中实体定义虚体
（相对独立对等的序列关系）

主脉家族中虚体定义实体
（相对融合的嵌套关系）

图 5-4-1　乌岩头村落建筑图底关系与社会关系分析

5.4.2　建筑外部空间结构蕴含的社会性

传统村落建筑外部空间除了是家族社会关系的产物，也是其生产者。建筑外部空间中所容纳的个体或群体行为构成了不同层次的社会关系。根据社会活动特征对核心流动空间进行空间原型分解，将核心流动空间分为 19 个空间原型，其中包括 7 个巷道空间、7 个内院空间、5 个广场空间和 5 个台门空间。其中点（台门）、线（街巷）、面（广场和内院）三类外部空间本身都具有不同的空间社会性（图 5-4-2 至图 5-4-4，表 5-4-1 与表 5.4-2）。

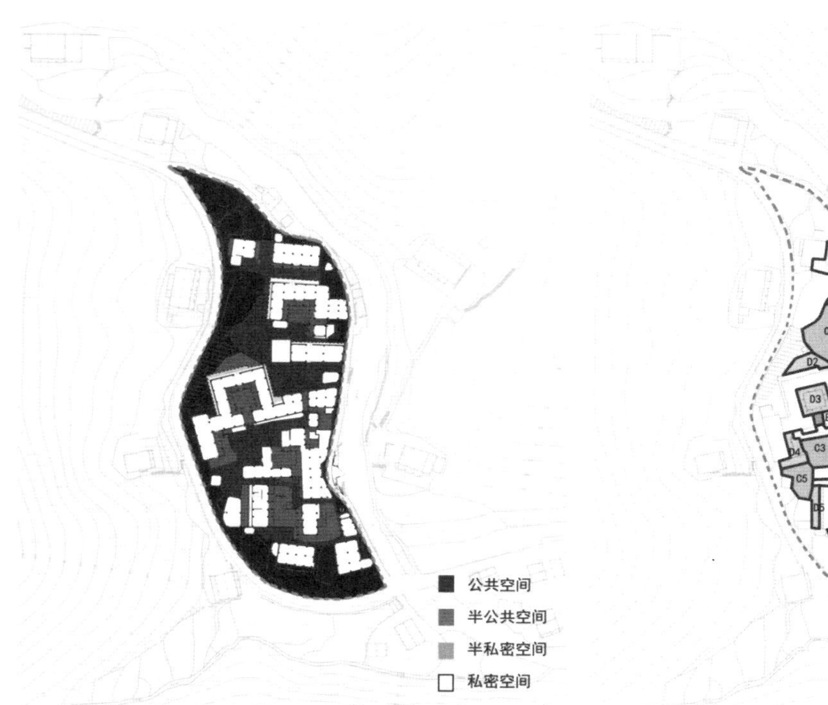

图 5-4-2　乌岩头村整体空间层次图

图 5-4-3　乌岩头流动空间原型分解示意图

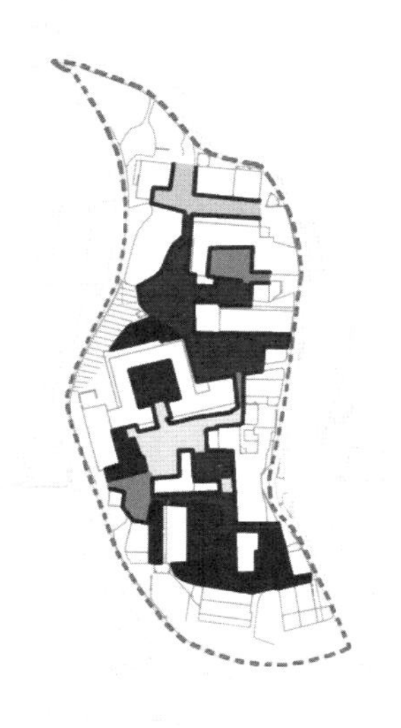

图 5-4-4　乌岩头流动空间边界与渗透性分析图

表 5-4-1　乌岩头村整体空间秩序层次分析表

空间类型	面积（m^2）	比例
私密空间	3551	35.77%
半私密空间	1280	12.89%
半公共空间	1821	18.34%
公共空间	3276	33.00%
总面积	9928	100%

表 5-4-2　　　　　　　　乌岩头村流动空间原型渗透性分析表

空间类型	空间原型	面积（m^2）	总周长（m）	开口长度（m）	开敞度（渗透性）	各项比例	比例
	A1	140.4	55.3	14.0	25.4%	4.7%	
	A2	129.2	53.9	12.4	23.0%	4.3%	
	A3	28.5	30.9	6.1	19.8%	0.9%	
街巷	A4	126.2	55.3	6.0	10.8%	4.2%	28.9%
	A5	133.6	95.4	43.7	45.8%	4.4%	
	A6	146.3	105.3	12.1	11.5%	4.9%	
	A7	168.2	102.2	4.4	4.3%	5.6%	
	B1	44.2	26.7	12.9	48.1%	1.4%	
台门	B2	15.7	17.0	5.3	30.9%	0.5%	
	B3	22.2	22.7	5.5	24.0%	0.7%	4.7%
台门	B4	25.9	20.6	8.4	40.7%	0.8%	
	B5	12.9	14.6	6.8	46.4%	0.4%	
	C1	341.2	89.1	15.3	17.1%	11.3%	
	C2	334.0	91.1	9.5	10.4%	11.1%	
广场	C3	221.0	71.1	29.0	40.8%	7.3%	38.6%
	C4	121.9	44.6	8.0	18.0%	4.0%	
	C5	146.8	52.6	13.9	26.5%	4.9%	
	D1	140.3	48.1	13.8	28.8%	4.7%	
	D2	144.7	52.9	1.6	3.0%	1.9%	
	D3	160.7	50.7	4.1	8.0%	5.3%	
内院	D4	11.2	53.7	3.8	7.1%	0.4%	29.6%
	D5	97.5	48.3	0.9	1.9%	3.2%	
	D6	259.9	81.2	7.3	9.0%	8.6%	
	D7	166.4	65.7	3.2	4.8%	5.5%	
总计		3138.9	1348.9	247.8	21.1%	100.0%	100.0%

注：开敞度（渗透性）= 开口长度 / 总周长

5.4.3　外部空间分析

5.4.3.1　点空间

点空间主要指台门。台门空间所具有的防御性和私密性，是家族社会性需求的考虑。台门空间位于聚落的边界或不同家庭之间的边界。位于聚落边界的台门相对封闭，具有较高的防御性，而家庭间的台门考虑家庭私密性相对开放。

除了已有的清晰的物质空间，我们需要再从乡村社会系统寻找失落的残存空间看社会关系的本质，对不完整的未清晰的空间进一步进行解读。一些空间随着乡村社会系统的演化而消逝，比如祠堂。旧时的宗教礼俗传统中，单姓的家族村落重视以祠堂作为家族权利和纽带的载体，大多置于村中心或是村口的位置。乌岩头从前的祠堂建在老村村口，是家族重要的宗教公共资源。

5.4.3.2　线空间

线空间主要有街巷空间。作为联系通道，街巷是社会关系的串联，也是生产生活的联系。街巷空间呈东西向鱼骨状较为平均的分布，是家家户户能够平等获取水资源的通道，也是通往相邻亲属的通道。位于中心的街巷指向不明，开敞度高更具公共性，边缘的街巷更具有指向性，开敞度较低。线性空间的连接度从村落中心到边缘逐渐递减，构成家族整体所需要的对外防御形成了街巷空间的曲折，同时空间连续性建立了家庭个体间的联系。

5.4.3.3　面空间

面空间主要有广场、内院。广场空间中的宗教祭祀、节日庆典和家族互动等社会活动，使得家族从血缘性联系成为社会性联系。

6

第6章　村民日常生活及发展意愿的问卷分析

村民意愿问卷调查应该是历史文化村落再生规划和实践的重要基础工作之一。本章汇总了在2015年3月至6月期间开展的村民意愿调查资料，包括调研问卷及其样本基本情况，基于调研对村民家庭生活状况、村庄公共服务情况进行了综合分析，并了解了村民关于村庄发展方向、村庄文化资源的认知情况。村民意愿的结果，将有助于村落再生规划和实践更加准确地反映当地村民的切身利益，有助于把村民融入到再生规划和实践的工作中来，体现村民参与村庄建设发展的社会价值观。

6.1 调研问卷及其样本情况

6.1.1 村民问卷调查内容

调查问卷针对宁溪镇乌岩头村村民，发放 40 份问卷，回收 30 份。乌岩头村现状户籍人口为 281 人，实际在村中居住的村民则更少。因此问卷发放数量已超过村民人数的 10%，比较具有代表性。调查问卷的内容主要分为三个部分：

（1）村民家庭基本情况，包括年龄、性别、职业情况、居住情况，等等。

（2）村民对村庄现状的评价和生活情况调查，包括定居意愿调查、配套设施需求与满意度调查、景观环境满意度、出行方式、主要活动等。

（3）村民对美丽乡村建设的愿景与期望，包括对“美丽乡村”的认知与理解，未来求职意向，对村庄发展状况的预估等。

6.1.2 受访村民基本情况统计

1. 问卷问题 1：“性别”

有效问卷中男女比例为 43：57（图 6–1–1）。

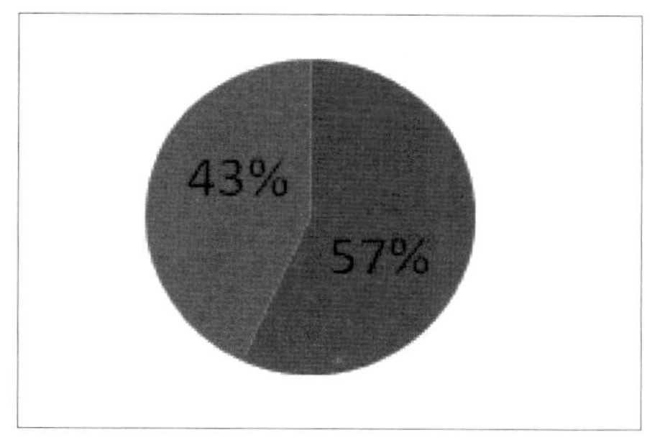

图 6–1–1 男女性别比例

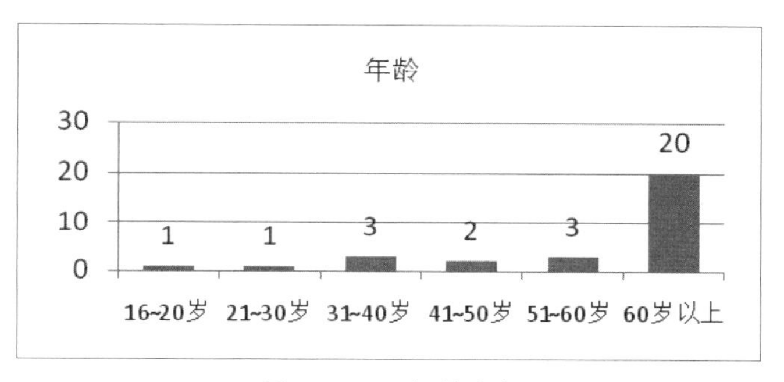

图 6–1–2 年龄分布

2. 问卷问题 2：“年龄”（图 6–1–2）

年龄	16 ~ 20 岁	21 ~ 30 岁	31 ~ 40 岁	41 ~ 50 岁	51 ~ 60 岁	60 岁以上	总数
样本数量	1	1	3	2	3	20	30
比例	3.33%	3.33%	10.00%	6.67%	10.00%	66.67%	100.0%

6.1.3 村庄现状与村民生活调查

1. 问卷问题 3：“您是否常年居住在乌岩头村？”

受访村民中，大多数都常年居住在乌岩头村，占 83%。有 10% 的村民一年内一半左右时间在村内，7% 的村民仅在节假日在村内（图 6–1–3）。

2. 问卷问题 4：“您的家里一共多少人，其中外出打工有几人？”

53% 的受访村民家中有 6 人以上，其次有 23% 的村民家中有 5 ~ 6 人，17% 的村民家庭为 3 ~ 4 人，其余 7% 的村民家中仅有 1 ~ 2 人（图 6–1–4）。

在这些家庭中，23% 的家庭有 60% 的人在外打工，23% 的家庭约有一半的人在外打工，34% 的家庭中有 20% ~ 30% 的人在外打工，20% 的家庭中 10% 的人在外打工（图 6–1–5）。

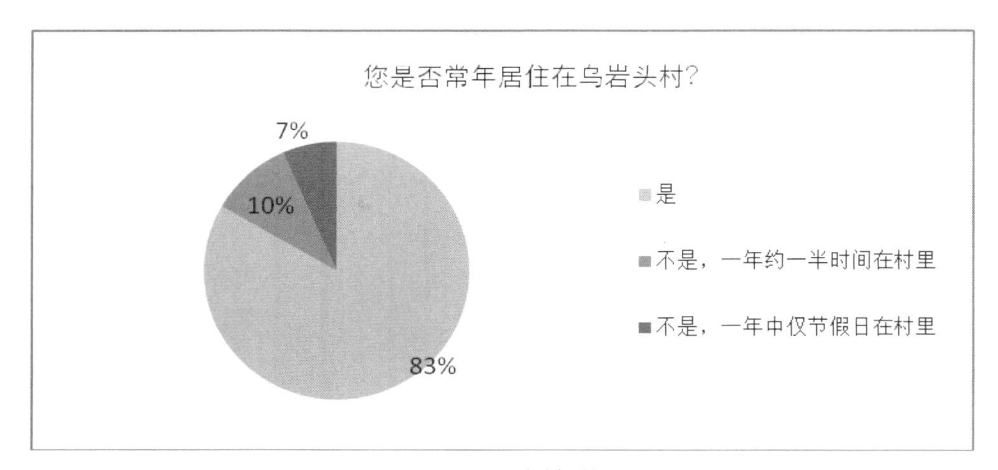

图 6-1-3　在村时间

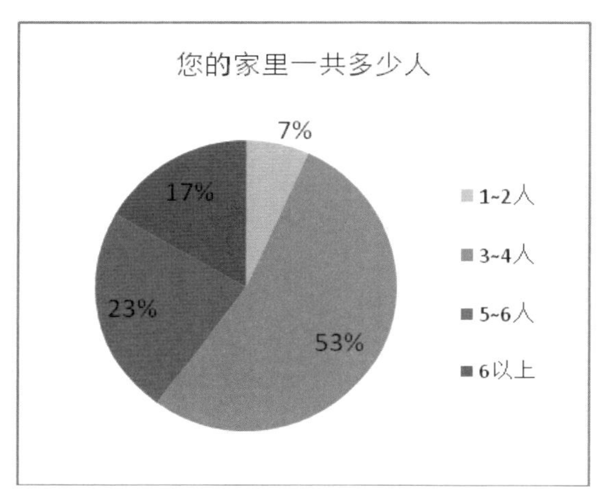

图 6-1-4　家庭人口

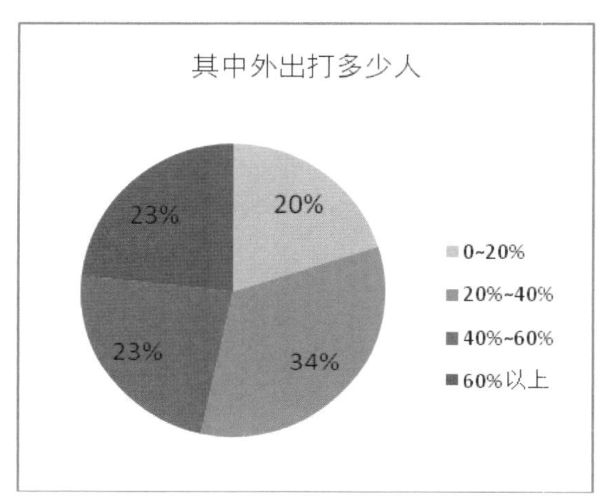

图 6-1-5　外出打工人员

3. 问卷问题 5："现在在本地从事什么职业？"

受访村民中大多数从事的职业为务农，占 43%，其次有 18% 的受访者已退休，12% 的受访者目前无业，12% 从事服务行业，9% 在工厂打工，还有 6% 做生意（图 6-1-6）。

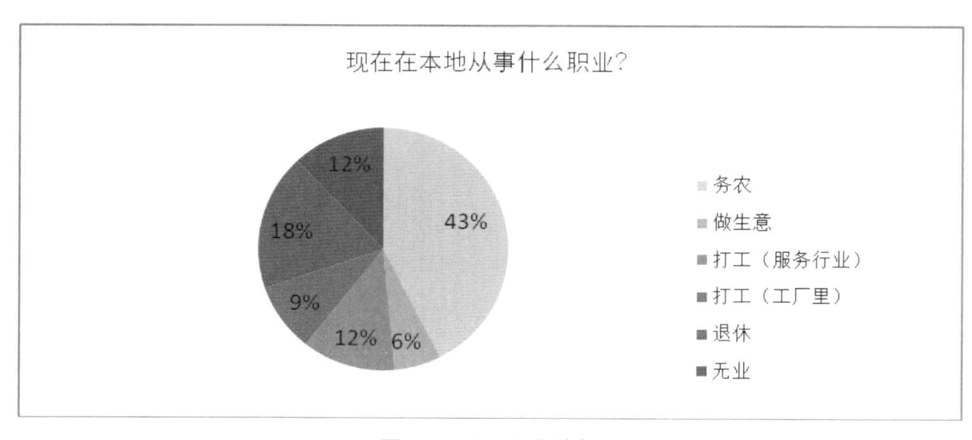

图 6-1-6　职业选择

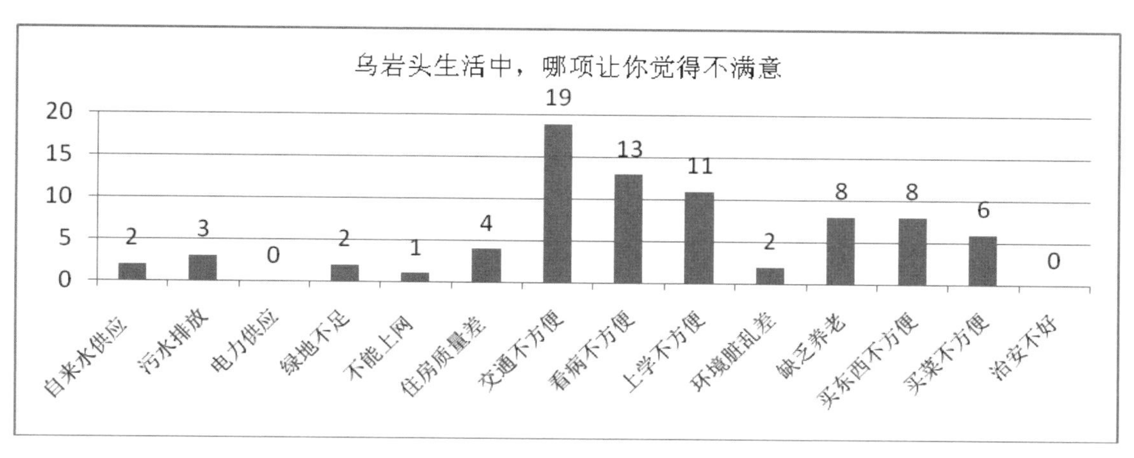

图 6–1–7　生活满意度

4. 问卷问题 6：“乌岩头生活中，哪项让你觉得不满意？”

受访者反映最多的对乌岩头村生活不满的地方是“交通不方便”，其次为“看病不方便”和“上学不方便”，另外，“缺乏养老”“买东西不方便”“买菜不方便”也有较多的反映（图 6–1–7）。

5. 问卷问题 7

1）“看病方便吗？”

37% 的受访村民表示看病不方便，17% 的认为一般，36% 的受访村民认为方便，10% 的村民认为很方便（图 6–1–8）。

2）“孩子上幼托所方便吗？”

43% 的受访村民表示孩子上幼托所不方便，17% 的认为一般，37% 的受访村民认为方便，3% 的村民认为很方便（图 6–1–9）。

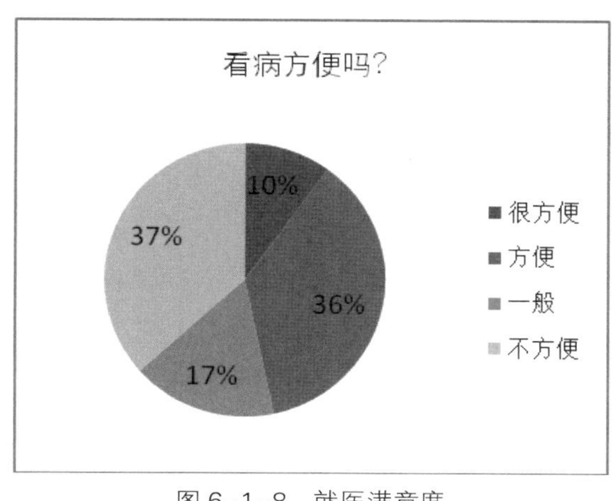

图 6–1–8　就医满意度

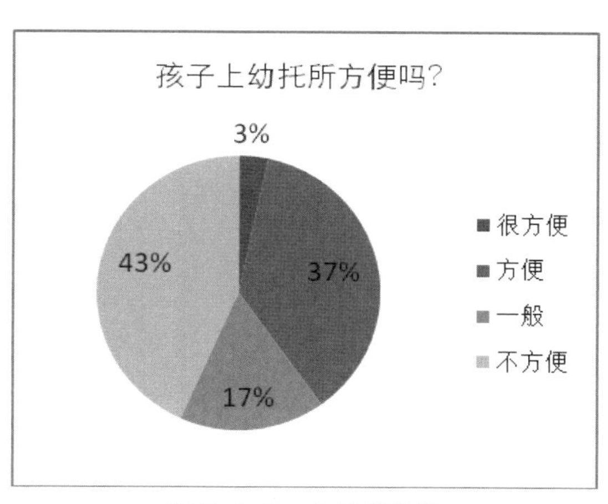

图 6–1–9　入托满意度

3）“孩子上小学方便吗？”

40% 的受访村民表示孩子上小学不方便，13% 的认为一般，40% 的受访村民认为方便，7% 的村民认为很方便（图 6–1–10）。

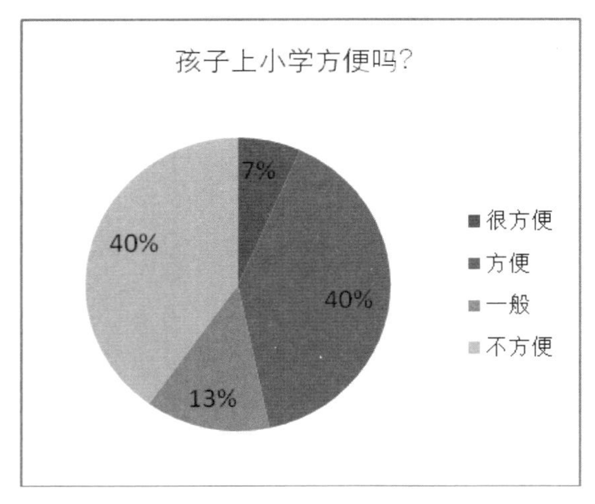

图 6-1-10 基础教育满意度

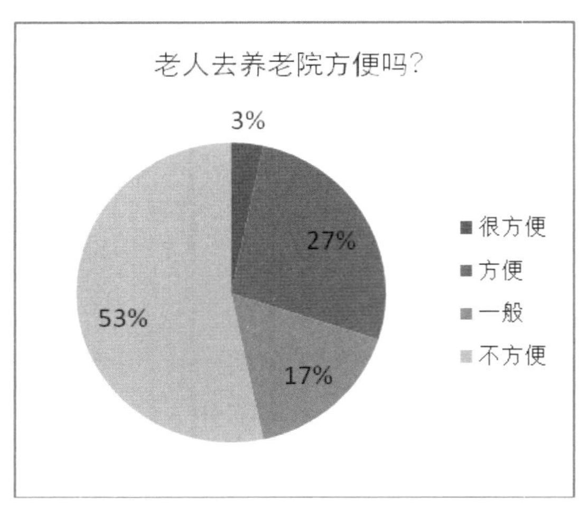

图 6-1-11 养老满意度

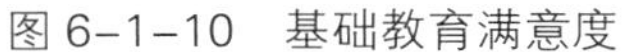

4）“老人去养老院方便吗？”

53% 的受访村民表示老人去养老院不方便，17% 的认为一般，27% 的受访村民认为方便，3% 的村民认为很方便（图 6-1-11）。

5）“去赶集买菜方便吗？”

27% 的受访村民表示赶集买菜不方便，20% 的认为一般，40% 的受访村民认为方便，占大多数，13% 的村民认为很方便（图 6-1-12）。

6）“去老人文化站、活动室方便吗？”

3% 的受访村民表示孩子上小学不方便，20% 的认为一般，43% 的受访村民认为方便，占大多数，34% 的村民认为很方便（图 6-1-13）。

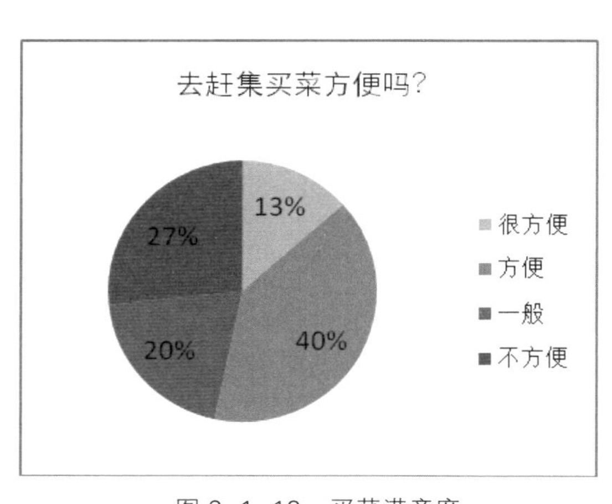

图 6-1-12 买菜满意度

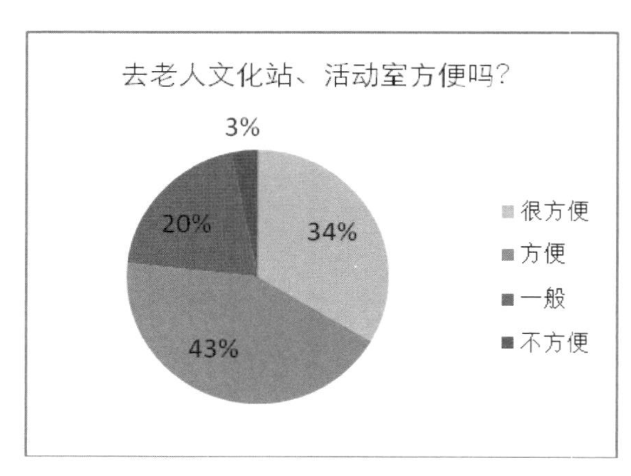

图 6-1-13 老人娱乐活动满意度

6. 问卷问题 8：“平时会有哪些休闲活动？”

最多的受访村民表示会参加体育锻炼，占 35%，其次有 23% 的村民没有休闲活动，22% 的村民选择看报读书，17% 的村民选择打牌打麻将，3% 的村民选择唱歌跳舞（图 6-1-14）。

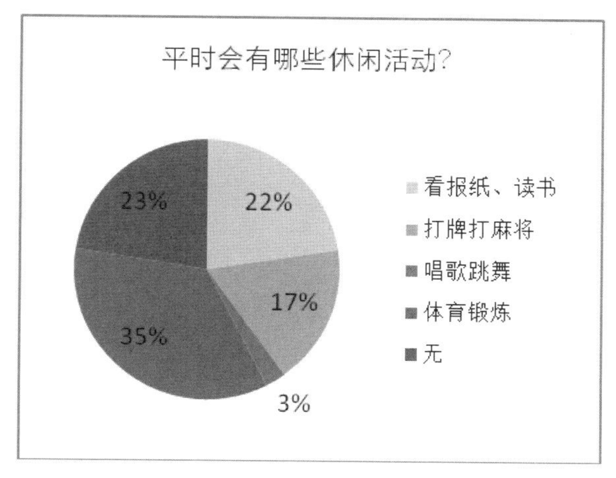

图 6–1–14　休闲活动满意度

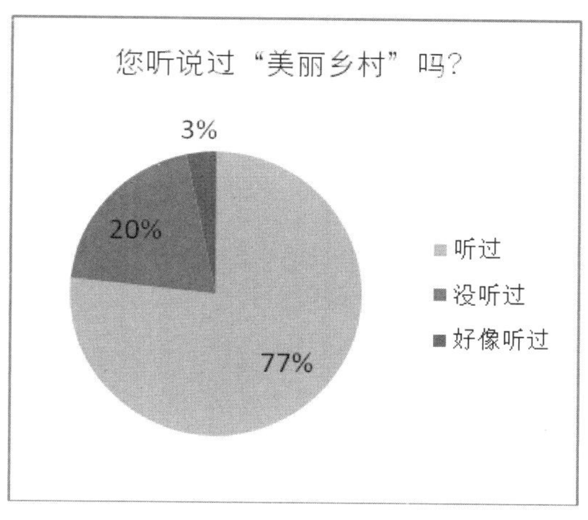

图 6–1–15　“美丽乡村”知晓度

7. 问卷问题 9：“您听说过“美丽乡村”吗？”

77% 的受访村民表示听说过“美丽乡村”，20% 的受访村民表示“没听过”，其余 3% 的村民表示不确定（图 6–1–15）。

8. 问卷问题 10：“您觉得“美丽乡村”是做什么的？”

当问及对于“美丽乡村”的理解，村民普遍的反馈是关于乡村环境美化的，包括环境卫生、环境整治、风景风光、景观美化等方面，还有关于建筑的修缮、居住条件改善的愿景，以及理解为村庄对外来观光者的吸引力，村民生活条件改善。

9. 问卷问题 11：“您觉得政府应该怎么对待乌岩头老村？”

对于乌岩头老村态度，受访村民中 54% 认为应采取“坏的拆，好的留”，43% 认为应“全部保留”，其余 3% 认为应该“全部拆除”（图 6–1–16）。

10. 问卷问题 12：“您觉得以后怎么发展乌岩头村？”

对于乌岩头村未来的发展，受访村民中有 27 名认为应当“开发旅游”，占最大多数，其次有 12 名村民认为应继续“作为本村村民住宅”，还有 7 名认为应发展商业娱乐，4 名村民认为可以建设住宅出售（图 6–1–17）。

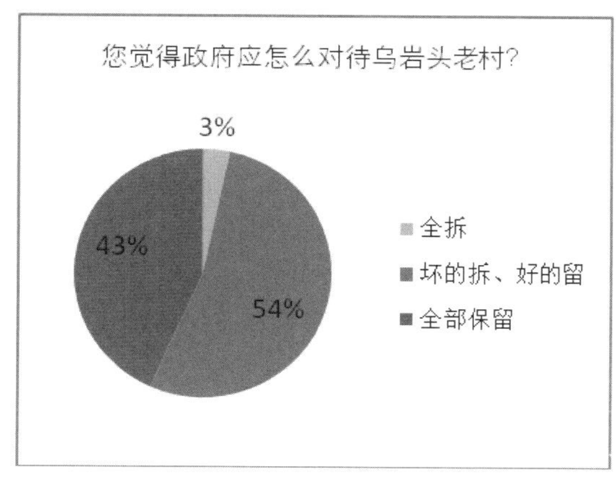

图 6–1–16　对待老村的态度

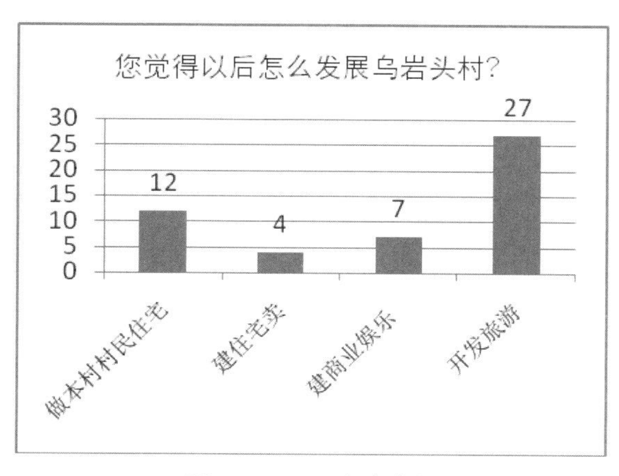

图 6–1–17　未来发展

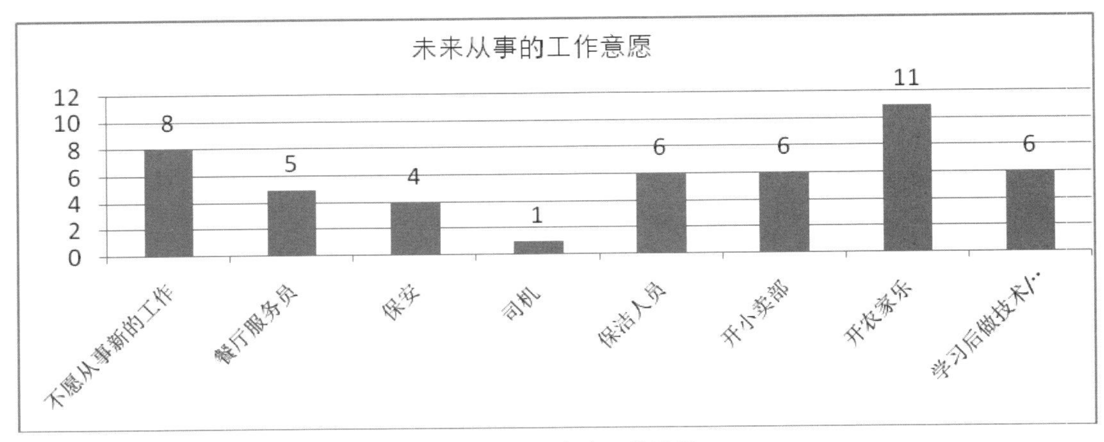

图 6-1-18　未来工作选择

11. 问卷问题 13：“乌岩头村重新开发以后，需要开商店、旅馆、餐馆等，您是否愿意在里面从事一份工作？有可能从事什么工作？”

假设在乌岩头村重新开发以后，会有相应的新的就业岗位，有 11 名受访村民希望从事于农家乐经营，8 名村民不愿从事新的工作，“保洁人员”“开小卖部”和“学习后做技术人员或管理人员”的选项各有 6 名村民选择，“餐厅服务员”的选项有 5 人选择，其次是“保安”有 4 人选择，最后“司机”选项有 1 人选择（图 6-1-18）。

12. 问卷问题 14：“您选择工作主要考虑？”

关于选择工作的考虑因素，最多的受访者选择了“离家远近”，有 12 名，11 名村民还要考虑“收入高低”，5 名村民会考虑工作的辛苦程度，4 名村民表示要考虑“是否体面”，1 名村民考虑自身知识水平限制，另有 9 名村民选择了“其他”（图 6-1-19）。

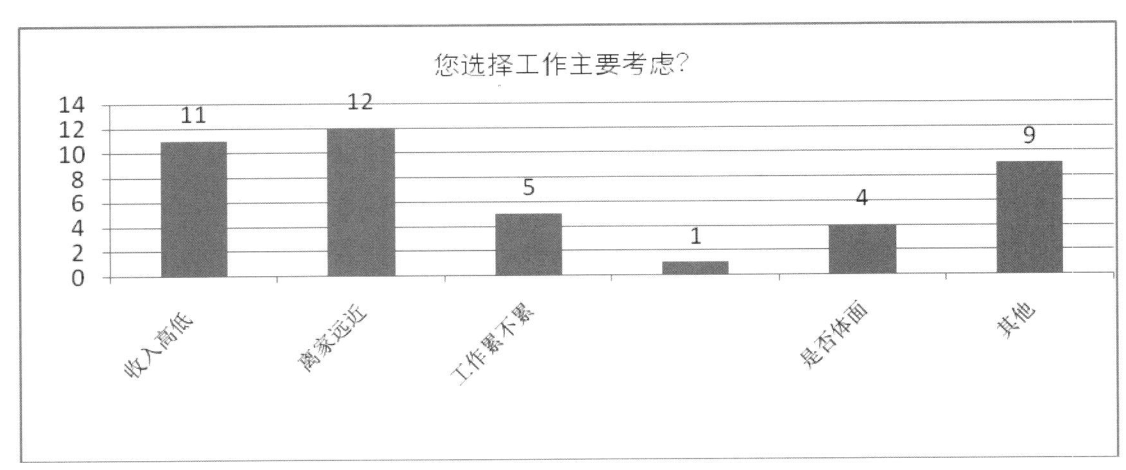

图 6-1-19　未来工作因素

13. 问卷问题 15:“未来开发后乌岩头村发展良好，您或家人会回到乌岩头老村工作吗？”

54% 的受访村民表示，如果未来乌岩头村开发发展良好，会希望自己或者家人回到乌岩头老村工作，33% 的村民仍表示不会回来，另外 13% 的村民表示不确定（图 6-1-20）。

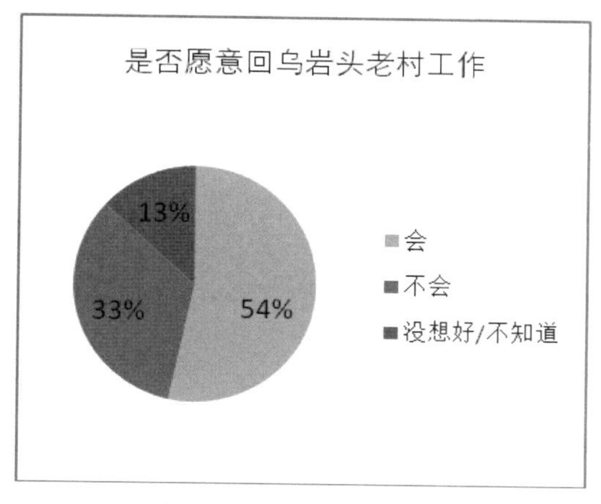

图 6–1–20　未来工作意愿

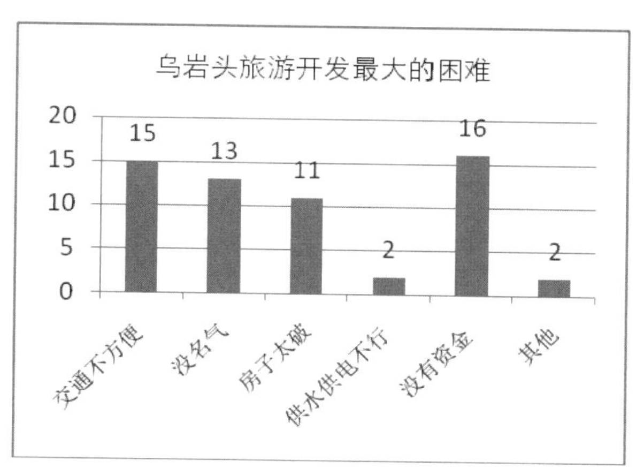

图 6–1–21　未来的困难

14. 问卷问题 16：“您认为乌岩头旅游开发最大的困难是什么？”

当被问及乌岩头旅游开发的困难时，受访村民反映最突出的问题在于“没有资金”，有 16 人选择，其次为“交通不方便”有 15 人选择，而后“没名气”和“房子破旧”分别有 13 人和 11 人选择，2 位受访村民还指出“供水供电不足”，另有 2 人选择了“其他”（图 6–1–21）。

15. 问卷问题 17：

1）“在您的印象中，宁溪有哪些重要节日？”

对于宁溪的重要节日，受访村民提及“二月二”“三月三”“八月十四”“清明”等。

2）“您参加过宁溪“二月二”灯会吗？”

83% 的受访村民参加过宁溪的“二月二”灯会，17% 的没有参加过，没有村民不知道这个节日活动（图 6–1–22）。

3）“节日什么最吸引你？”

“二月二”灯会上，受访村民表示最有吸引力的因素是“人多热闹”，有 15 人选择，其次是“灯笼”有 13 人选择，“民间歌舞”有 9 人选择，“好吃好玩”有 6 人选择，还有 1 人选择了“其他”（图 6–1–23）。

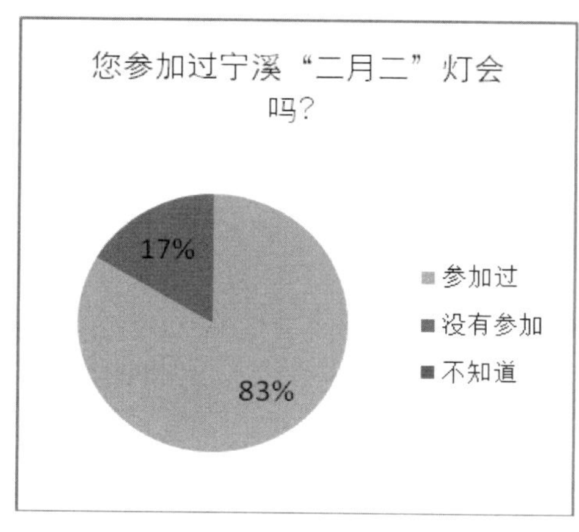

图 6–1–22　“二月二”灯会

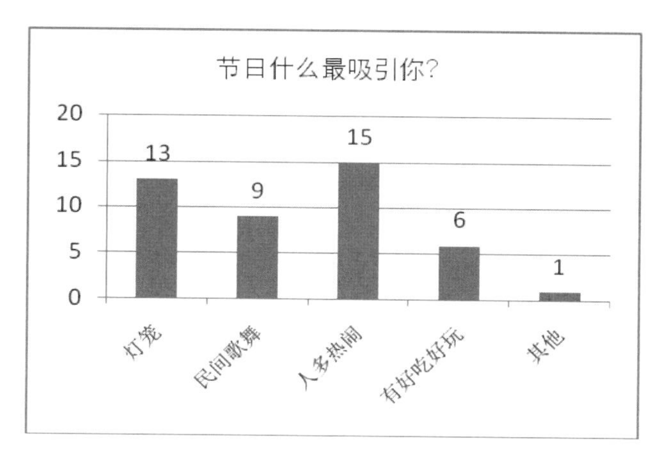

图 6–1–23　节日的吸引力

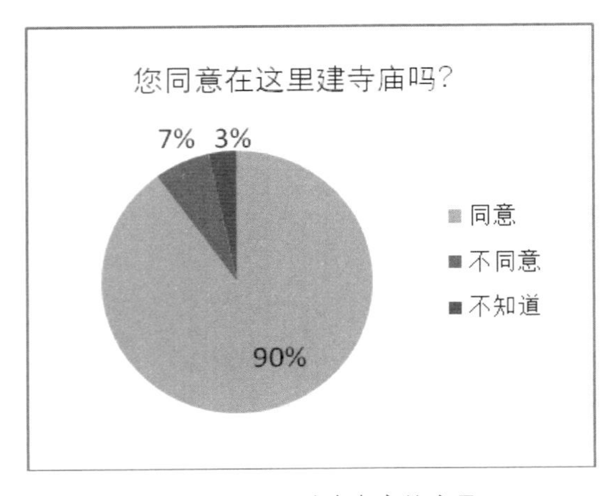

图 6-1-24　对建寺庙的意见

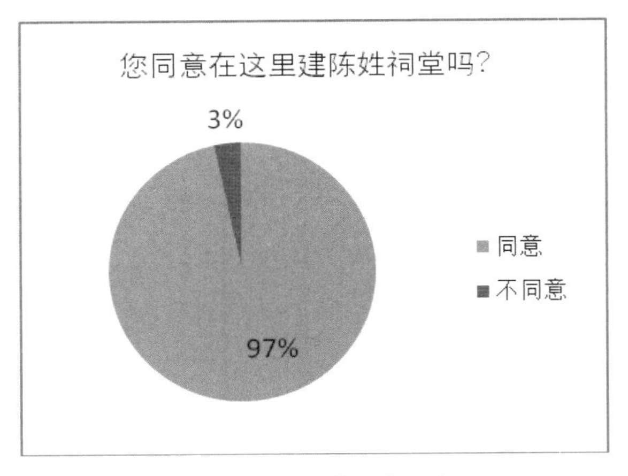

图 6-1-25　对建祠堂的意见

16. 问卷问题 18：

1）“您同意在这里建寺庙吗？”

90% 的受访村民同意在村中建寺庙，7% 的受访村民不同意，还有 3% 的受访村民表示“不知道”（图 6-1-24）。

“您同意在这里建陈姓祠堂吗？”

97% 的受访村民同意在村内建陈姓祠堂，3% 的村民表示不同意（图 6-1-25）。

17. 问卷问题 19：“您所知道的传统工艺有哪些？您会哪些？您喜欢哪些？”

A. 黄岩翻簧竹雕　　B. 黄岩竹纸工艺

C. 黄岩漆金木雕　　D. 宁溪毛竹工艺（斗笠，地毯，底箬）

E. 宁溪民乐《作铜锣》　　F. 黄岩绣花

G. 番薯庆糕制作工艺　　H. 酿酒

I. 民国风格服饰制作　　J. 茶艺

关于当地传统工艺，在受访村民中知晓度最高的是“宁溪毛竹工艺”和“番薯庆糕”，分别有 27 人选择，并且分别有 11 人和 8 人会这项技术。其次是“酿酒”，有 26 人表示知道，13 人会这项工艺。其余的项目均有一定知晓度，知道人数最少的是“茶艺”，仅有 8 人，但其中有 1 人表示掌握该项目。而“黄岩翻簧竹雕”和“黄岩漆金木雕”则没有人会（图 6-1-26，图 6-1-27）。

18. 问卷问题 20：“您日常的活动范围一般在多远的距离？”

67% 的受访村民，日常的活动范围在 3 ~ 4 公里，即经常会到镇上去，20% 的受访村民则通常在村里，13% 的受访者则基本只在家周围活动（图 6-1-28）。

19. 问卷问题 21：您觉得乌岩头适合人们健身休闲吗?

A. 很适合　B. 适合　C. 一般　D. 不适合　E. 很不适合（图 6-1-29）

20. 问卷问题 22：“如果是老人，孩子多久回家看您一次？”

在受访村民中的老年人中，42% 的家庭中，孩子一年会回家几次，31% 的孩子则经常

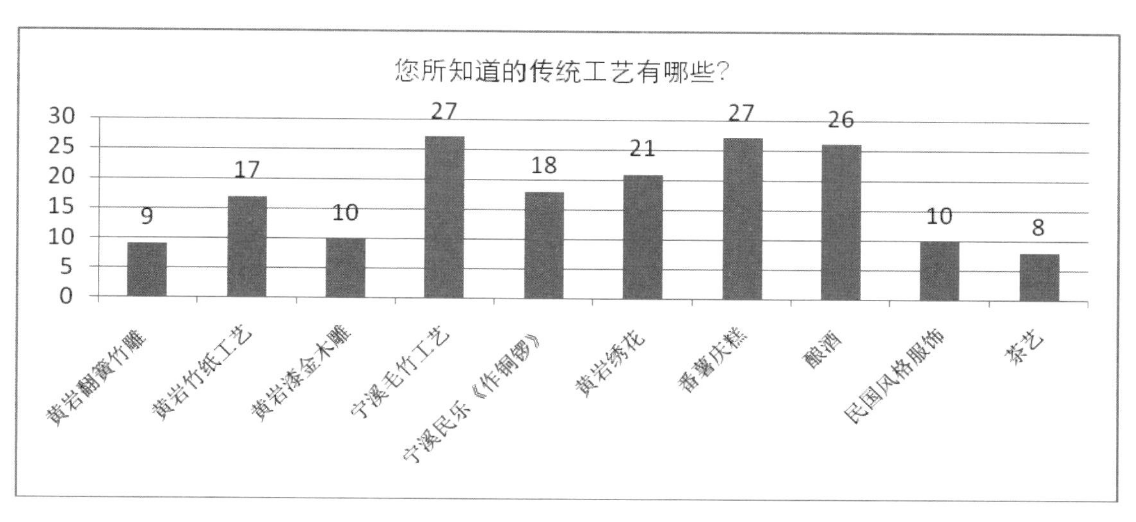

图 6-1-26　对当地传统工艺的了解

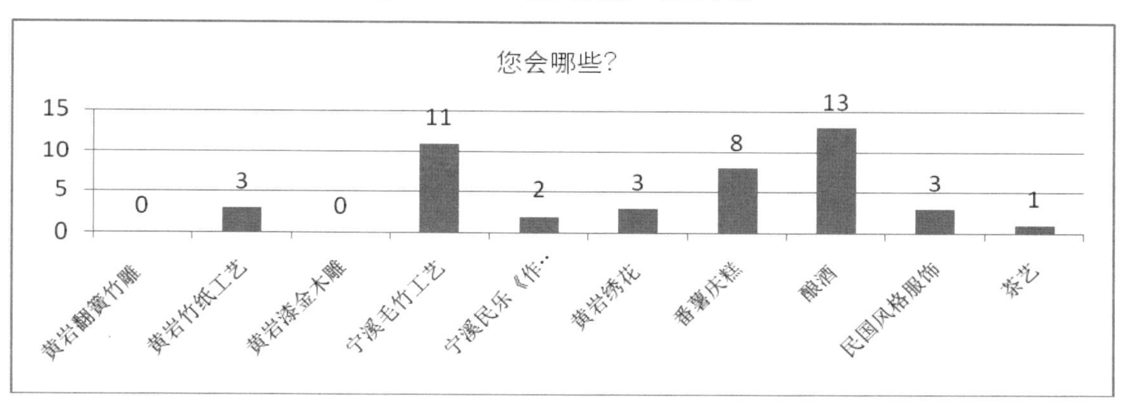

图 6-1-27　对当地传统工艺的掌握

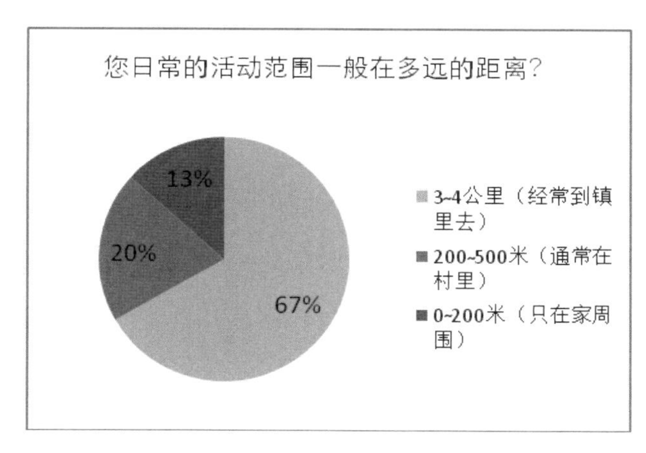

图 6-1-28　活动范围

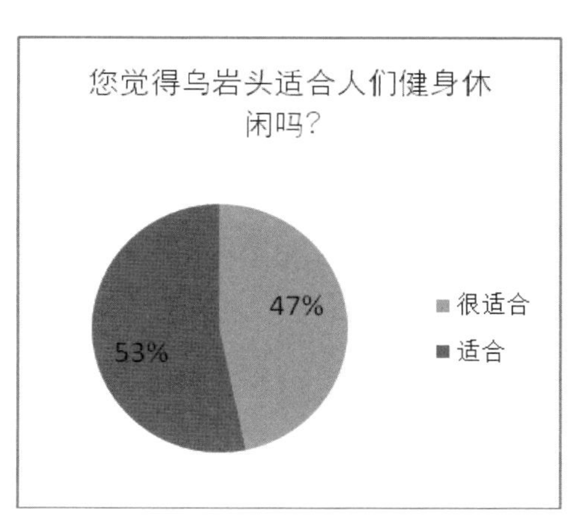

图 6-1-29　健身需求

回家，10% 的家庭是长辈和小辈住在一起，7% 的家庭中，小辈仅在过年期间回家一次（图 6-1-30）。

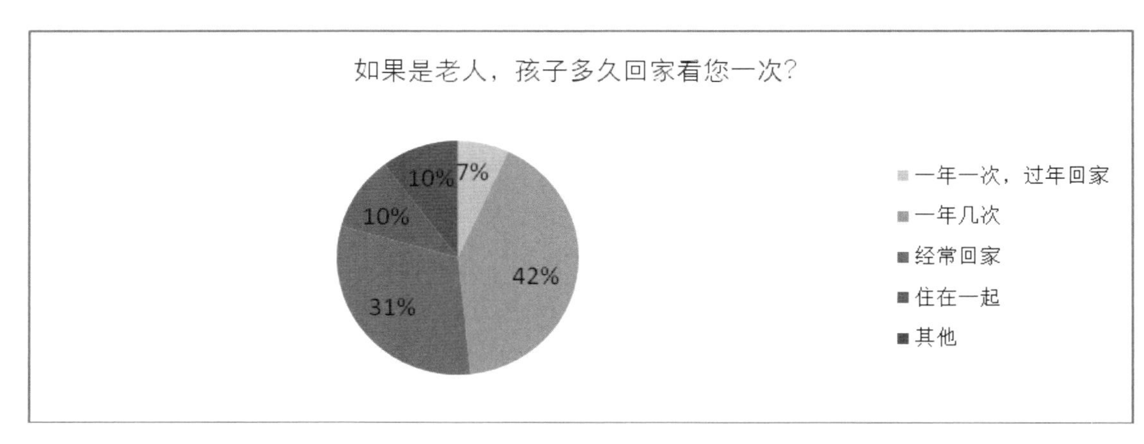

图 6-1-30　子女返家状况

6.2　村民日常生活的状况

6.2.1　村民家庭生活状况

问卷调查在乌岩头村的新村居民点进行，接受调查的村民性别比例较为均衡，但值得注意的是年龄层次的分布趋于老年化，三分之二的受访者为 60 岁以上，其余受访者主要分布在 30~60 岁之间。而受访村民中 83% 是常年居住在村中的，另一小部分是偶尔回村。从这两个问题的结果和实地调研的情况来看，常年居住在村中的的确以老年人为主。

大部分受访者的家庭中都有 6 人以上，其余受访者的家庭成员也在 3 人以上，仅有很小部分受访者家中只有 1~2 人。因此可以得出，虽然村中已经鲜见传统的大家族形式，但仍有较多的主干家庭形式，也出现了核心家庭的形式。但是几乎所有家庭都有人外出打工的，超过一半的家庭中有 50% 以上的家庭成员在外打工。而住在村中的村民主要还是从事农业劳动，受访者中还有一部分无业或退休的村民，另有一小部分村民做生意或其他行业。就村民的日常活动范围来说，大部分村民会经常前往镇里，20% 的受访村民则主要待在村中，少部分受访村民只在家的附近活动。

在受访村民中的老年人中，42% 的家庭，孩子一年会回家几次，31% 的孩子则经常回家，10% 的家庭是长辈和小辈住在一起，7% 的家庭中小辈仅在过年回家一次。因此可以看出，虽然大多数家庭中年轻人倾向于外出打工，但是与家中仍保持较好的联系，大多数年轻人不会去很远的地方打工，主要集中在省内甚至区内，对村中的老家也较为挂念。

6.2.2　村庄公共服务情况

问卷中针对基础设施及公共服务设施提出了一系列问题，征询村民对现状的意见和需求。面对给出的一些设施不足之处的选项，村民们最为认同的是“交通不方便”，将近三分之二的受访者选择了这个选项，其次便是就医、上学、购物不便的问题均有所反映，而这些问题也都是与交通不便相联系的；另外养老问题也有村民反映，目前村内老年人口越来越多，而青壮年却多外流，村内和附近却都无法提供养老服务，这便是问题的现实所在。

之后的问题还针对特定的服务设施。对就医、幼托、小学这三个方面的公共服务，村民的意见分布较为均衡，且并没有突出的不满，虽然都有 40% 的村民认为不方便，但也有相当数量的村民认为早已经较为方便，剩余的村民也主要认为服务情况尚可，这很可能与不同家庭中使用的交通工具以及主要的居住情况有关。毕竟以村内现状而言，并无这几项设施，村民均需要前往村外寻求这些服务。而在购物方面，大多数村民认为还是比较方便的，不过仍有三分之一的村民认为“不方便”，鉴于村中目前几乎没有商业设施，村民购物通常前往镇区，因此对购物便捷程度的感知也很大程度上取决于家中的出行习惯和出行工具。

而在养老院的问题上，超过半数的村民表示“不方便”，认为方便的村民占了较少数，显然，在村中老年人口占多数的情况下，养老问题也是村民较为担心的，加之老年人外出能力和意愿都较弱，因此养老设施较之其他公共服务更加会引起村民的不满的意识。不过，村中的新村委会建筑中，有公共的老年活动室，因此在老年活动室的问题上，大多数的村民都表示方便，只有极少的村民仍有不满。就日常休闲活动的问题而言，村民的活动主要有体育活动、读书看报、棋牌麻将，这三类均各占四分之一左右，而也有将近四分之一的村民表示没有休闲活动。这几个活动项目体现了村民对于村内活动设施的利用情况，以及的确存在对这样的空间的需求，而另一方面也体现了仍有一部分村民没有享受到村中的休闲设施，无论是主观还是客观的原因，都反映了生活质量仍有提高的空间，这也是未来规划更好的公共服务设施的意义和努力方向。

6.3 村民对发展意愿问卷的分析

6.3.1 村庄发展方向意向

在对村民的调查中，发现村民对于“美丽乡村”的知晓度较高，将近 80% 的村民表示听说过“美丽乡村”建设。而在进一步采访中，询问了村民自己对于“美丽乡村”的理解，村民普遍的反馈是关于乡村环境美化的，包括环境卫生、环境整治、风景风光、景观美化等方面，也就是主要停留在字面意义上；还有村民提出关于建筑的修缮、居住条件改善的愿景，这一点与村容改善是相联系，也可能受到乌岩头老村实际在进行的建筑改造项目的影响，让一部分村民注意到了这一点；也有理解为村庄对外来观光者的吸引力，村民生活条件改善等偏向产业发展层面的，这就反映了村民理解的“美丽乡村”中存在的对改善未来生活的展望。

而在对待乌岩头老村的问题上，略多于半数的村民认为可以全部保留，而另一部分的村民认为可以视建筑实际情况部分拆除部分保留，而仍有很小一部分村民认为可以全部拆除。可以看出，总体而言，村民还是对乌岩头老村存有感情且认识到其历史价值的。与之相关的，可以看到大多数村民都认为未来乌岩头村要开发旅游，可以说，大部分村民意识到了乌岩头老村在未来开发旅游产业中的重要地位，同时在对村庄的整体未来发展上，大多数村民也认同发展旅游产业，这样高附加值的产业。而坚持在老村中仍需要村民自身住宅的则人数较少，也仅有小部分村民提出需要商业娱乐建设，还有极少部分村民提出村庄可以通过建设住宅售卖，这些都反映的是村民对村庄未来发展的一些设想，也反映了他们的利益诉求，总体上而言都是希望获得更好的经济回报，从而改善生活，但对具体的发展途径是处于茫然的。

但是较为明确的一点是，超过半数的村民表示如果未来乌岩头村发展良好，自己和家人会希望回到乌岩头村，在本村工作、生活，当然也有三分之一的村民暂时表示并不想回村。而在选择回村工作会考虑的因素中，村民选择最多的是收入高低和离家远近，其次是工作的辛苦程度和是否体面。在具体工作的选择上，最多的村民选择了“开农家乐”，显然也是符合最为主要的考虑因素的；其次还有希望开小卖部、从事保洁，或者学习相关专业技术成为技术或者管理人员，也有一部分村民表示并不愿从事新的工作，相比其他各种工作的意愿，这部分村民的意见也值得注意。

另外，村民也对乌岩头发展的困境有自己的见解，超过半数的村民认为乌岩头村发展的最大障碍是缺乏资金，其次是交通不便。同时，村庄的名气不足和房屋破旧也都是村民主要认为的困难之一。这样的意见，反映了村民对村庄建设的顾虑，也是他们在村庄建设中的关注点。因此规划工作必须与之应对。

6.3.2 村庄文化资源认知情况

乌岩头村作为历史文化村落，其传统文化资源也是较为重要的。因此规划也希望通过对村民的调查，获取更多传统文化的信息，也了解村民对于村庄文化的认知情况，以及村民所可能倾向的文化内容与载体。

首先是向村民询问了重要的传统节庆日，受访村民主要提到了“二月二”“三月三”“八月十四”和“清明”。根据已经了解的当地情况，我们得知宁溪镇会举办“二月二”灯会，乌岩头村的受访村民也全都知晓这个活动，且大多数村民都会参加。对于灯会上的要素，最多的村民表示最为吸引他们的是“人多热闹”，其次是观灯，另外还有民间歌舞和餐饮也是较为吸引人的要素之一。可见村民对于节庆类活动，最为主要的诉求是活动的氛围，这样的氛围本身就是一种文化传统，也是大家所期待也乐于参与的。

而乌岩头村中也有一些遗留的宗教、宗祠文化，因此也以此询问了村民，绝大多数村民都同意在村中建寺庙、建陈姓祠堂。

民间传统工艺也是村庄传统文化资源的重要部分，同时也是未来产业发展考量的部分，就现状了解到的当地相关的传统工艺有：黄岩翻簧竹雕、黄岩竹纸工艺、黄岩漆金木雕、宁溪毛竹工艺、宁溪民乐《作铜锣》、黄岩绣花、番薯庆糕制作工艺、酿酒、民国风格服饰制作、茶艺。在受访村民中知晓度最高的是“宁溪毛竹工艺”和“番薯庆糕”，并且分别也有 11 人和 8 人会这个项目，其次是“酿酒”，有一部分村民知晓却能操作，其余项目均有一定知晓度，不过“黄岩翻簧竹雕”和“黄岩漆金木雕”两项并没有村民会操作。

6.4 调研问卷的启示

6.4.1 村民调研问卷对规划设计的意义

对于一个村庄内的村民，由于在同一地域范围内生产生活，其物质设施和环境条件、人际关系的状况以及管理的效率等，都涉及每一个定居者的切身利益，它反映了农村社区认同存在的客观必然性。因此，共同体的特征为农村社区公众参与、村民自治，从而维护自身利益的权利奠定了理论基础。也因此村民公众参与，是乡村规划设计中必然的部分。

如上文所述，公众参与包含了多种形式，村民问卷调查作为其中的方式之一，可以在规划之初较为直接简便的获得来自村民的信息，伴随着调查还能更多的接近村民，在其他的闲谈、采访中获得更多的信息。不可否认的是问卷调查有着诸多局限性，例如问题涵盖不全面，对问题解释不明确，样本数量选择的困难等等，但在乡村规划中，问卷调查从一定程度上是获取村庄信息的敲门砖，以此为契机来从村民处获得更多信息。另一方面，也是对村民参与精神的号召，使村民对自身的、村庄建设的权利和责任有所认知。

总结本次规划前期对村民进行的调研问卷，其内容制定是建立在对村庄情况有了一定了解的基础上，旨在以规划为导向，提供来自村民视角下的村庄信息。就问卷结果和规划过程的互动来看，这些信息起到的作用主要集中在以下三个方面：

（1）了解现有资源

规划者作为村庄的“外来者”对于村庄实际情况是无法迅速深入了解的，而村庄的相关资料可能存在缺失和偏差，也仅仅能反映村庄的一部分情况。因此，村民问卷是了解村庄现有资源真实情况的重要来源。在本次乌岩头村的村民问卷中，反映了物质层面和文化层面这样两个维度的村庄资源。物质层面的现状资源包括，现状老村的闲置空间，新村现状基础设施资源，而现有公共服务设施中老年活动室也明显受到村民的认可；文化层面，从村民的回答中，可以看出村民对于村庄“陈”姓宗族观念的认同，这对村庄未来对外的文化形象打造和村庄内的社会凝聚力都有所启发；在一些当地的文化资源项目中，乌岩头村村民有较好基础的主要是毛竹工艺和番薯庆糕，而有一些项目的认知度很低，可能就不适于在乌岩头村利用。这样获得的现状资源信息，才能更加切实地指导规划。

（2）排查现状需求

规划最根本的出发点，就应该是村民的需求；而最为直接的方法，就是直接听取来自村民的声音。本次问卷中很大一部分都是关于村民生活需求的内容，如果说“资源”在问卷中的体现是对“已有”的事物的认同，那么“需求”的体现就是对“未有”的事物的迫切需要。本次问卷中，村民都提到了对于乌岩头村交通相对不便的意见，这反映了一种可达性的需求，但是交通区位很大程度上作为一个外部条件是无法简单迅速更改的；而在这样的可达性条件下，村民对于不同服务的需求层次才有进一步体现，大多数村民对于购物的便捷程度都能接受，但对于医疗、教学这两项公共服务有着强烈的需求。而作为规划回应，则是建立在对村民需求充分了解的基础上，分析现有条件和能够采取的措施，在可行的范围能加以满足。显然通过村民问卷，不仅获得的是现状“缺什么”的信息，更重要的是村民的需求与需求之间的关系，从而能指导规划在解决问题过程中的缓急。

（3）综合发展意愿

村民作为村庄真正的主体，村庄未来的发展与村民的生活休戚相关，因此对村庄未来发展的规划离不开村民的意愿。但是村民本身限于知识与技术能力，并不一定能完全对村庄的发展方向给出明确合理的设想；而村民问卷调查从形式，通过规划师预判的一些村庄发展相关问题的选项，提供村民表达自己想法的途径。在本次问卷调查中，村民对于未来村庄发展的意愿有集中体现，村民都对老村的保留价值有所认同，也都对未来进行旅游发展抱有信心。而在村庄整体发展的愿景下，问卷调查更能关注村民个体在未来村庄发展中自身价值定位的意愿。从调查结果来看，有很大比例的村民还是愿意回村工作的，其选择工作所考虑的因素主要是到家的距离和收益，因此对村庄发展乐观的情况下，村民都有意愿在村庄经营农家乐和相关产业。另外，也有一部分村民愿意学习相关技术，从事其他服务行业，但是前提是对工作的"体面"性有保证。村民的意愿是规划实施的基础，因此针对村庄发展的调查结果，是对规划有重要价值的，一方面是对村庄发展方向预判的引导，另一方面更为重要的是村民的个体发展意愿，这样的意愿如何集合成村庄未来的发展导向。

值得指出的是，问卷调查的结果不可能也不可以直接用以决定规划结果，一方面村民内部的诉求就有一定矛盾，互相存在牵制，另一方面新村建设还包含了超越村庄当下利益的潜在诉求，也有非村内的利益相关群体的介入，规划师在其中也必须选取公平公正价值取向引导村庄的发展。而问卷调查的结果，基本反映的是村民较为现实的利益诉求，也是当时情况的想法，这能提供给规划师以大致方向上的参考。

6.4.2　村民调研作为"三适原则"的落实

"美丽乡村"建设的实施策略，自始至终都贯彻着"适合环境、适用技术、适宜人居"的"三适原则"，而这其中就是贯彻了因地制宜、以人为本的理念，反对"一刀切"、"生搬硬套"等做法。从规划者的角度出发，一个切合实际、符合"三适原则"的规划，离不开对当地情况的充分认识和了解。历史文化村落城乡规划中，尤为注重公众参与，参与式设计，渐进式规划等方法，强调"自下而上"的民意。这种公众参与的做法，本质上是对人的关怀的回归，是规划过程中，对"三适原则"落实的形式之一。

就"适合环境"而言，村民调研是了解现状的很好的途径，相较于传统规划中来自于书面资料的信息，以及出于规划者主观视角的考察，通过村民调研能更快获得较为全面的村庄信息，尤其是在经验性的知识、非物质层面的信息上，弥补书面资料的不足。以此才能更好地指导规划"因地制宜"地进行。村民调研还能更为直接地反映出当地生产力水平和经济条件，因此能对"适用技术"加以引导。对于"适宜人居"的目标，村民调研也更直接的获得村民的诉求，才能实现对各项服务设施的精准配置。

6.4.3　村民调研作为"三位一体"的体现

历史文化村落的再生，渗透着产业经济、社会文化和物质空间环境三者的整体发展的"三位一体"理念，以此为指导思想进行的"美丽乡村"规划，其内涵超越了简单的空间规划，而是旨在建设多要素互相支撑、可持续发展的乡村人居环境。

"三位一体"的出发点和落脚点，都是统一在作为活动主体的"人"本体上。因为人们的生活是建立在产业经济、社会文化和物质空间三者叠合的社会环境中，所以规划建设的合理可行都要建立在这三个层面的贯通上；要将"三位一体"的思想加以落实，也势必需要回归到关怀人本身。

而村民调研，一方面，对规划者而言，旨在规划过程中获得的是来自于"人"的多维度的现状信息，从而能够剖析现状村庄多要素的全景，提出切实的规划设想，保证规划中“三位一体”互相支撑的牢固性，也就是在规划层面实现乡村的可持续发展；另一方面，对村民而言，允许村民自主发出声音，有助于农村社区自治机制的培养，将村民的意见充分纳入规划过程中，既扩张了规划方案实施中的弹性，也保证了未来村庄发展中村民自身积极性的延续，从而在实施层面实现历史文化村落的可持续发展。

在乌岩古村的再生“美丽乡村”规划设计中，就是从多个角度渗透公众参与。除了对乌岩头村居民点进行问卷调查，以便系统性地征询一些村庄建设相关问题的意见以外，在此之前规划人员就已经开始长时间驻扎在乌岩头村中与村民进行交流，期间包括了正式与非正式的访谈。另外，整个规划设计过程都以参与式、渐进式、互动式的形式进行。村民直接参与一些规划设计的过程中，并提供意见。在这样多维度的公众参与的背景下，规划建设中的多要素支撑才得以体现，村庄的永续发展也望得以实现。

7

第7章　乌岩古村规划发展的主题探索及其规划方案

在上一章村民意愿调研的基础上，本章开展了关于乌岩古村再生规划发展的主题研究。基于村落本身的空间环境特征和历史文化积淀，规划主题确立了三条基本主线：（1）以“民国印象”为主题的影视基地和衣、食、住、行的生活体验；（2）以艺术活动和节庆场所为内涵的“艺术村”；（3）以农家闲趣和森林氧吧为特点的“慢生活”主题。以上三条主线分别展开论述，并提出了相应的规划方案设想。最后，本章综合提出了关于乌岩古村整体发展的功能定位，从单一主题向多元主题融合，充分反映再生实践与市场响应的交互，通过渐进式、互动式的功能再造，描绘出乌岩古村的发展愿景。

7.1 “民国印象”：民国生活体验及影视基地

7.1.1 功能定位研究

7.1.2 民国生活体验

7.1.3 村庄规划结构与功能分区

7.1.4 以民国背景为题材的影视基地

7.1.5 “民国印象”主题规划设计方案

7.2 艺术村：艺术活动和节庆场所

7.2.1 功能定位研究

7.2.2 艺术活动

7.2.3 节庆场所

7.2.4 规划设计方案

7.3 慢生活：农家闲趣和森林氧吧

7.3.1 功能定位研究

7.3.2 农家闲趣主题探索

7.3.3 森林氧吧主题探索

7.3.4 慢生活主题规划设计方案

7.4 乌岩头村整体发展的功能定位

7.1 “民国印象”：民国生活体验及影视基地

7.1.1 功能定位研究

从历史发展过程看，乌岩头村属于基于自身资源逐步发展的内生型农村社区。曾经的黄仙古道通过乌岩头村，黄仙古道是通往仙居的必经之路，大量的私盐客经此前往仙居、金华、义乌等地，受到黄仙古道的影响，乌岩古村一度繁荣。但一百年以来的几次外界影响，导致乌岩头村突变式的衰落。一是新中国成立以前，浙东、浙南游击队常经过此地，战争的影响导致民生凋敝、村庄衰落；二是新中国成立后，由于大区域交通系统的建设完善，黄仙古道地位下降，因此乌岩头村再次衰落；三是由于乌岩头村在民国时期出过国民党军官，因此在“文化大革命”时期被大肆破坏，村内祠堂等被拆毁。乌岩头村的衰败导致的直接结果就是不少村民离开村庄迁往他处。直到今天，虽然乌岩头村的人口有 290 人，但大多数人住在东侧新村新建的楼房里，仅有极少数人仍住在老村中。人口的流失带来两方面的影响，其一是村庄劳动力的缺失，劳动力缺失必然导致村庄产业经济发展疲软；其二是村庄的传统文化缺失，这也解释了为什么在问卷调查中虽然多数受访村民听说过当地的传统手工艺，但实际上掌握运用的人很少。产业经济、社会文化、空间环境是村庄建设发展的三个要素，三者是一个整体，相互支撑、不可分割，但目前来看，乌岩头村在社会文化这一要素上出现了问题，从而导致产业经济的衰落，进而导致空间环境也发生衰败，三者的纽带关系被打破，因此未来若想使乌岩头村再生，依托自身资源渐进式发展的内生型农村社区单元构造类型便不再适用了，而应当在社会文化方面注入外来的新鲜血液，通过社会文化的再生带动产业经济和空间环境的复苏，从而实现乌岩头村的整体再生（图 7–1–1）。

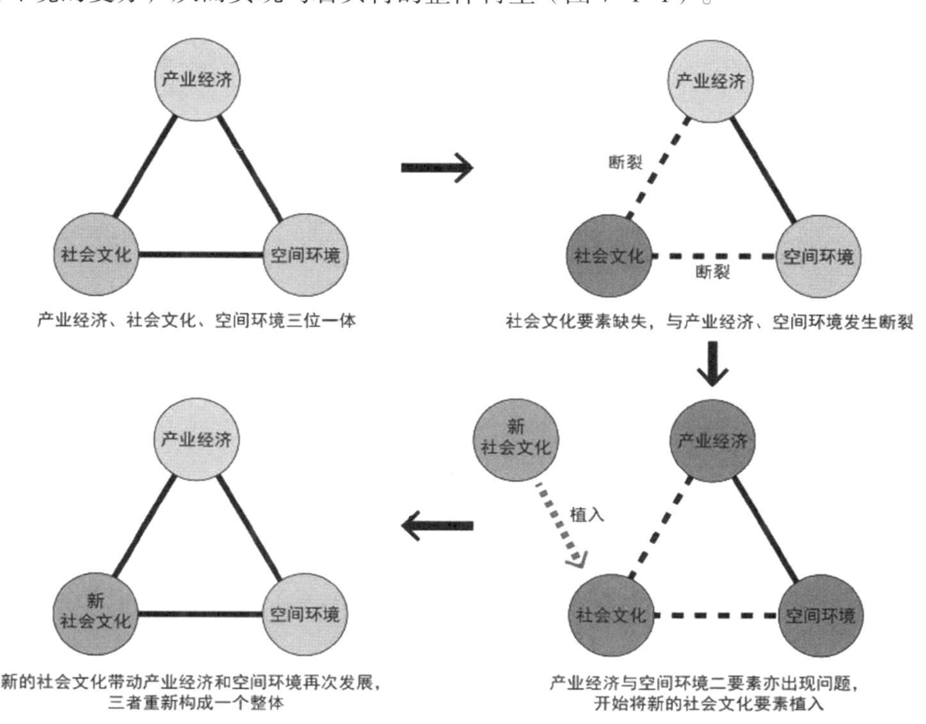

图 7–1–1 乌岩头村三要素面临问题及解决方案模式图

“民国印象”主题是指人们对于清朝灭亡至中华人民共和国建立这一特定时间段内的历史文化村落风貌的印记和形象。“民国印象”主题演绎中包括两大功能，一部分依托留存历史文化村落的非物质要素，比如生活习俗和地方文化为游客提供民国生活的体验场所；另一部分依托保留较为完好的物质要素,包括建筑街巷空间等为电影人提供民国题材的影视拍摄场所。

乌岩头村现状中具有丰富的民国时期的历史文化资源，可以从物质和非物质层面对乌岩头村历史文化风貌价值进行提炼。为了最大程度的保护村庄历史风貌使历史文化价值再利用，同时在功能上有所创新使历史文化村落得到再生，提出“民国印象”主题的定位。

7.1.2　民国生活体验

从乌岩头村非物质层面来看，当地很大程度上保留了民国风味和浙西特色的生活方式，可以从最简单的衣、食、住、行、玩五个方面进行阐述。

当地相当一部分老人穿着的还是民国风格的传统服饰，而且大部分老人会自己制作这类服饰。老人们穿着布鞋，衣服系有盘口，袖口处较为宽大，这些民国元素竟让我们仿佛有穿越之感。详见图 7–1–2。

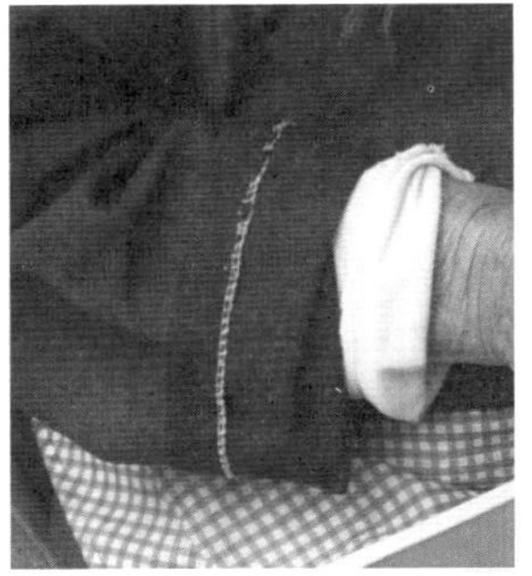

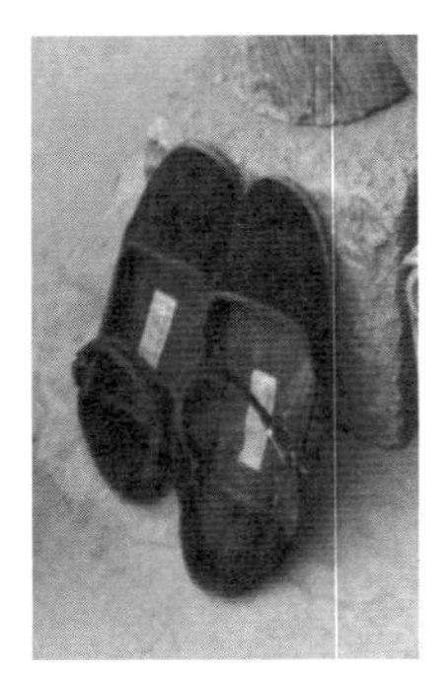

图 7–1–2　当地村民所穿着的民国风格服饰及其细部

乌岩头村里没有菜场超市，村民日常吃的食物通常是自己种植，饲养，或是上山采摘野味。当地的特色食材有冬笋、竹笋、各类野菜、芋头、番薯等。中老年人有的会自己制作当地特色的番薯庆糕、烧饼、豆腐；酿制米酒、黄酒；炮制宁溪白茶；制作当地特色的麦面、米面、绿豆面。详见图 7–1–3。

在乌岩头老村中常住的居民仅有三户，但有几户人家会时不时回到村中居住，或是自己进行整修，保证过节时可以回家。这些建筑通常比老村中其他建筑要坚固、也更为适合改建为农家乐。乌岩头村的宅子里基本都还使用旧时的家具，如五斗橱、木床、各种竹编制品等（图 7–1–4），村民的生活也都十分规律，早睡早起，早上干农活，下午坐着串彩灯，或是打打麻将，生活节奏较慢。

由于乌岩头村处于山坳之中，虽然村庄已经通车，但要通往山上的一些建筑或上山采野菜挖笋等仍是通过最传统的步行，运送货物会使用扁担和骡子等工具。另外，乌岩头村是黄仙古道中的一段，经过实地考察，黄仙古道上风景秀丽，适宜徒步游览。详见图 7–1–5 和图 7–1–6。

图 7-1-3　乌岩头村当地特色传统美食

图 7-1-4　乌岩头村居民家中的传统家具

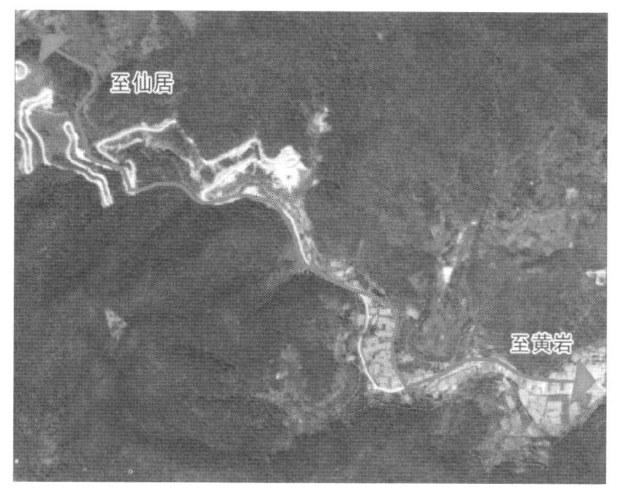

图 7-1-5　黄仙古道示意图

图 7-1-6　当地村民搬运物品时挑担行走

图 7-1-7　乌岩头村较为流行的休闲娱乐方式：麻将以及作铜锣表演

乌岩头村休闲娱乐项目较少，比较特色的项目是表演《作铜锣》，这项表演已经被列入浙江省级非物质文化遗产。另外，当地老人的日常休闲更多的是传统的打牌、打麻将。详见图 7-1-7。

由以上村庄留存的民国特征出发，将民国生活的体验场所规划为五个方面：衣食住行玩。旨在通过这五项最简单的日常活动使游客产生对“民国印象”的最直观感受和体验。详见图 7-1-8。

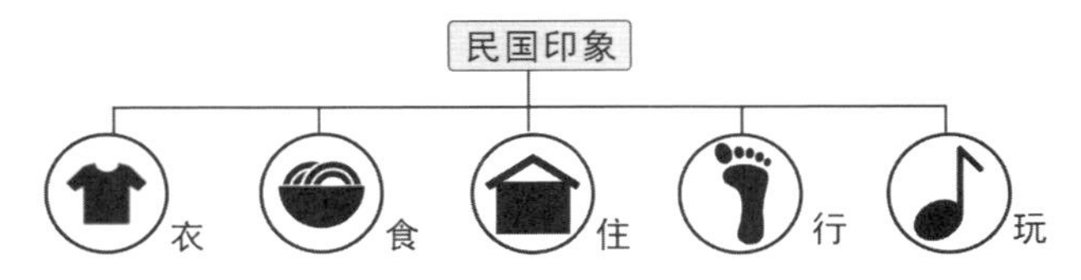

图 7-1-8　“民国印象”主题演绎的五大部分

（1）“衣”主题可解释为民国装扮体验，源于乌岩头村至今保留的穿着民国服饰的习惯，这里的民国服饰是以浙西山村的纯朴实用为主调，也包括旗袍之类的华丽服饰。“衣”主题除了服务人员及当地村民会穿着民国服饰外，游客可以在此欣赏各类民国服饰，购买民国服饰，穿着民国服饰进行各类摄影，还可以亲手制作民国风格的衣服和饰品。穿上民国服饰，走在民国风貌的巷道之间，山水之间，就仿佛自己穿越到民国时期村庄。另外，在乌岩酒楼，还会提供婚庆酒宴的预定，穿上民国喜服，体验一把传统民国婚礼（图 7-1-9）。

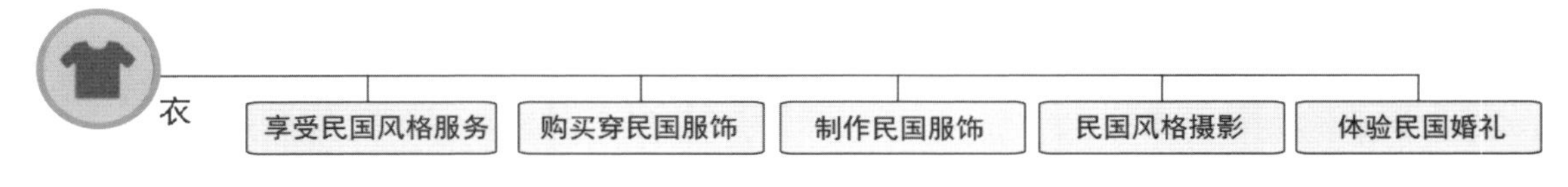

图 7-1-9　“衣”主题功能策划

（2）“食”主题可解释为特色饮食体验，来源于当地特色的传统美食，如宁溪白茶、宁溪黄酒、麦鼓头烧饼、番薯庆糕、麦面绿豆面等，在乌岩头村的“民国印象”主题区中均可购买、品尝、观看其制作过程、甚至亲手体验制作，还可以在乌岩酒楼中品尝到当地特色小菜和民国时期的著名菜品。乌岩头村的“食”主题中又特别强调三个副主题，分别为：茶、酒、面。这三个主题不仅游客可以品尝美食，更可以泡茶、酿酒、晒面，体验食物最传统的制作过程（图 7-1-10）。

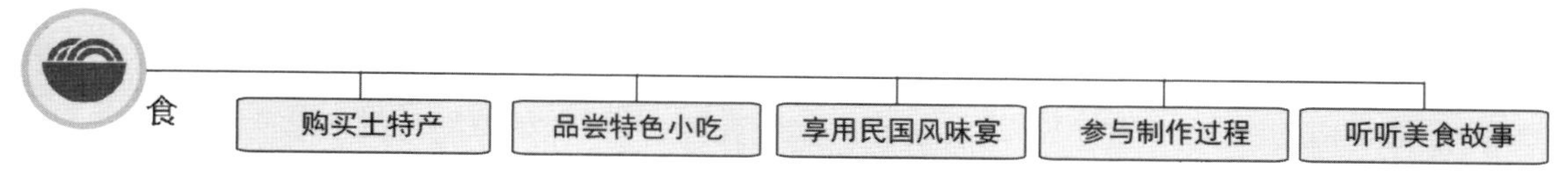

图 7–1–10 “食”主题功能策划

（3）“住”主题可解释为传统客栈居住，引导村民将住宅改造而成。其中不仅可以体验民国村庄风格的住宿环境，看到传统的五斗橱、木床、竹筐竹篮等家具，还可以体验当地人的生活节奏，与客栈老板一同耕作，使用原始的柴火煮饭，下午在院子里学习使用当地盛产的毛竹编织篮筐，看山间日出日落，听泉水鸟鸣，将现代都市人的节奏放慢，回归原始，更是净化身心（图 7–1–11）。

图 7–1–11 “住”主题功能策划

（4）“行”主题可解释为徒步山林小道，民国时期一条黄仙古道带来了乌岩头村的繁荣兴盛，而这条古道正是“行”主题的重点。从仙居徒步至乌岩头村约 3 小时山路，途径瀑布，竹林，荒村，翻山顶，淌小溪，将会成为徒步爱好者的天堂。因此“行”主题区位于靠近黄仙古道的北侧，为徒步者提供服务，展示黄仙古道的历史（图 7–1–12）。

图 7–1–12 “行”主题功能策划

另外，附近的几条山道也是体验“民国印象”之“行”的优质选择，不高的山头，是当地居民日常开采竹子、挖野菜的山道，已被走了无数个年头，上山更可以俯瞰整个乌岩头村。其实，更广义上来说，“行”主题是渗透于该村的每个角落，抛弃现代的快速交通，漫步行走于乌岩头村小巷小院中，沿溪边嬉戏，所见所感均是民国风情。

（5）“玩”主题可解释为传统娱乐项目体验，从当地村民日常休闲娱乐中提取而来，为了更好地配合民国主题，《作铜锣》演奏采用传统曲目为主，现代麻将改换为旧时马吊，让游客体验时更感新意。另外新增玩鸟项目，在戏鸟园长廊上挂置鸟笼，可赏鸟逗玩，也定期举行放鸟活动。其中，《作铜锣》的表演重点，除了可在铜锣园中观看演奏，还可以赏玩其中乐器，了解作曲方式，甚至自己尝试演奏（图 7–1–13）。

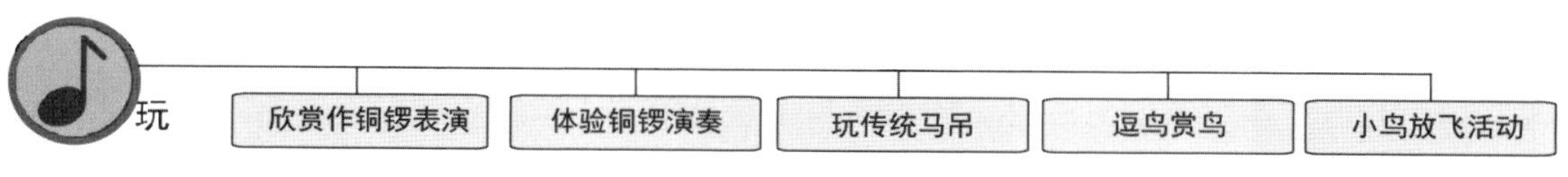

图 7–1–13 “玩”主题功能策划

7.1.3 村庄规划结构与功能分区

1. 功能分区

乌岩头村的功能分总体上由东向西分为四个片区。

（1）村民居住区：保留现状住宅，增建幼儿园、卫生站、杂货店，提升居住品质。

（2）入口综合服务区：为满足游客的各类需求，建设有停车场，问讯处，公厕、方便游客休息的休闲展示廊，提供较为现代服务的度假酒店，以及传统客栈等。

（3）景观过渡区：为主题演艺区所做的景观铺垫，主要通过桃林和一些成片的景观树木让游客放慢脚步，犹如时光长廊，到主题演绎区之后会有豁然开朗之感。

（4）"民国印象"主题演绎区：原老村区域，展现历史文化村落风貌，并在此提供以"民国印象"为主题的衣食住行玩体验活动，也配有停车场、公厕等必需的服务设施。

结构上有两套体系，分别为村民活动体系和游客活动体系，村民生活体系"东西向"为通勤轴线，"南北向"为耕作和生活轴线。游客活动体系为提升风貌体验，以步行路线为主。有两大重要节点，分别是村委前的入口广场，作为主要集散场地；古桥北侧的"民国"广场，是主题演绎区的入口节点。其余还有数个不同功能的次要游览节点。

主题演绎区的功能分区是基于对建筑肌理，空间流动性以及开放性分析的综合考量之后确定的。

"衣"主题重点区域靠近村口，在村口民国风情广场西侧，加建有一栋房屋作为民国画廊（摄影作品展示），其余两栋均使用原建筑修复形成，因"衣"主题较为文艺，因此不放置于路径主线，而是选择具有幽深感的半开放空间。

"食"主题的重点区域位于中心体量较大的建筑，因为该建筑的位置、建筑面积，较为适宜作为整个乌岩头村核心的酒楼，另在其北侧为酒主题区，相对进入一个较为半开放的层次。

"住"主题建筑全部利用原村民居住的房屋，引导他们改造后自己经营。重点区域在食主题中心的北侧，该屋面积较大，有内外院，且为民国军官陈广典后代的住所，具有历史渊源和较好的改造条件。

"行"主题重点区域为靠近黄仙古道的村庄北侧，为游客徒步旅行提供服务。

"玩"主题重点区域为中心的铜锣园，因该广场空间较大，建筑风貌最佳，作为村中核心广场，有欣赏演出，参观、休息等多个功能。

2. 主题活动策划

（1）衣——做一天"民国人"。主题分布及流线见图 7-1-14。

（2）食——尝一尝老味道。主题分布及流线见图 7-1-15。

（3）住——住在山中客栈。主题分布及流线见图 7-1-16。

（4）行——走上黄仙古道。主题分布及流线见图 7-1-17。

（5）玩——打打马吊听听曲儿。主题分布及流线见图 7-1-18。

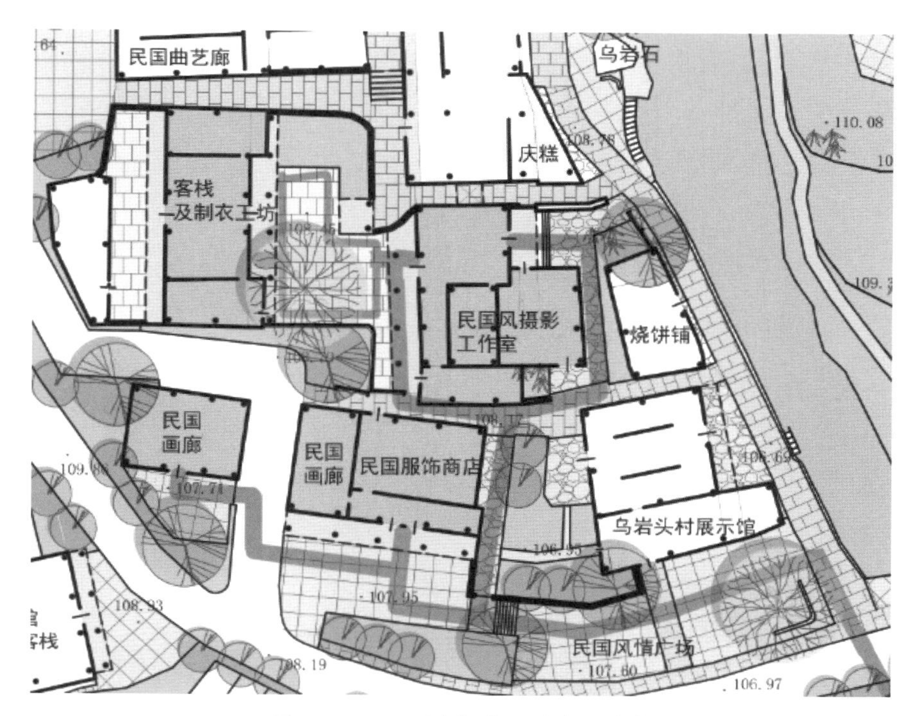

图 7–1–14 “衣”主题分布及流线

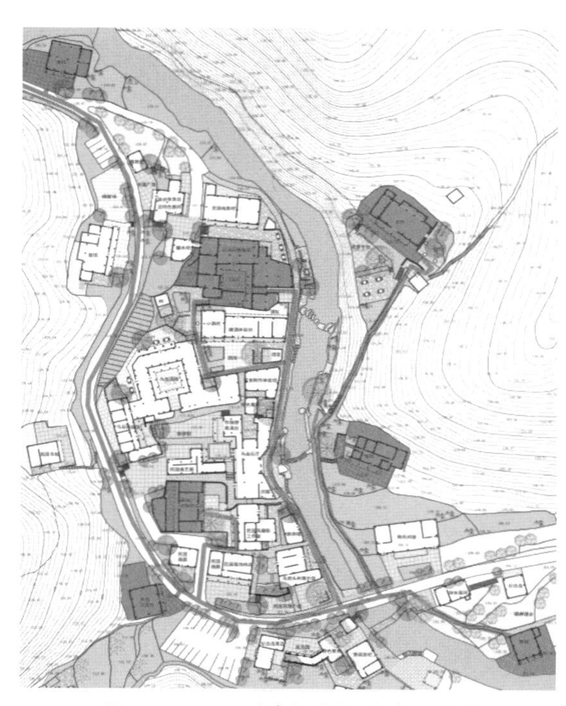

图 7–1–15 “食”主题分布及流线

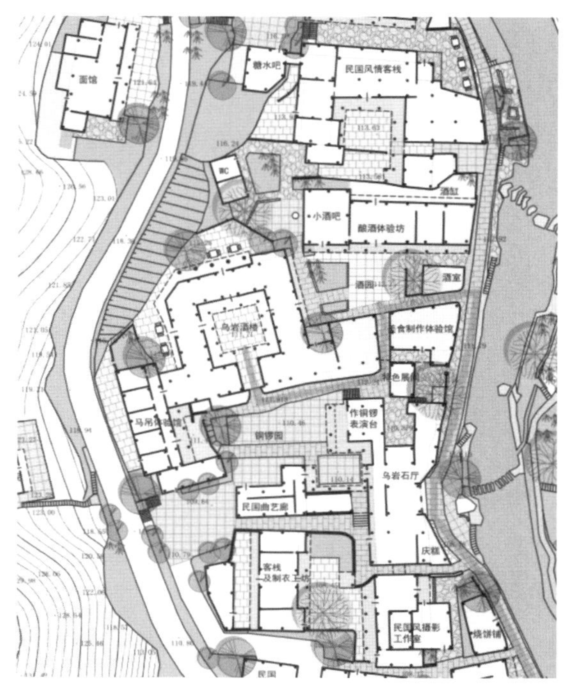

图 7–1–16 “住”主题分布及流线

图 7–1–17　“行”主题分布及流线

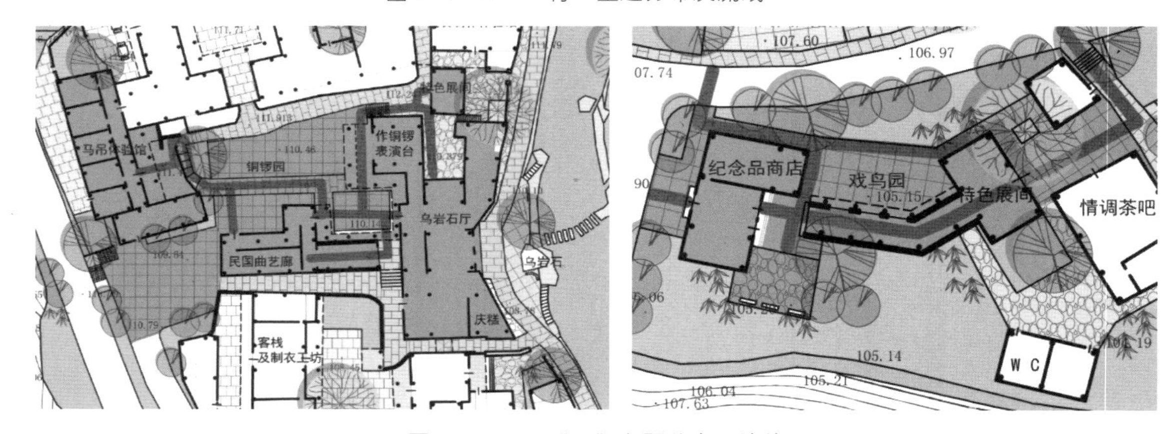

图 7–1–18　“玩”主题分布及流线

7.1.4　以民国背景为题材的影视基地

从区域的角度考虑，基于民国题材的影视拍摄也是“民国印象”主题的另一发展方向。浙江省影视产业的发展具有深刻的现实基础，根据《浙江省广播影视业“十二五”发展规划》，2010 年浙江省全省广播影视经营收入达到 174.5 亿元，是“十五”末期的 2.8 倍，列全国第四位。2010 年全省有影视制作机构 614 家，是“十五”末期的 2.67 倍，数量居全国第二。影视基地建设成效显著，全省有 1 个国家级影视产业试验区，4 个国家级动画产业教学研究基地。2010 年制作电影 33 部，电视剧 43 部共 1 500 集，动画 4.5 万分钟，均居全国前列。总体而言浙江省影视产业集聚和辐射效果明显，对周边产业的带动作用较强。

“十二五”期间，浙江省着力打造浙江国际影视中心、横店影视产业集聚区等 10 个影视产业基地，从浙江省影视产业园区的分布可以看到，有 10 处园区位于杭州市，两处位于湖州市、其余三处分别位于绍兴、宁波、金华三市，全部位于浙江省中心以北片区，中南部发展欠缺。影视产业的发展既不能一枝独秀，也不能凤毛麟角，而应遍地开花。如果仅有少数大型影视拍摄基地，会导致行业的供不应求。为了满足各种使用者的需求，增强影视产业活力，需要发展众多小型影视拍摄制作基地。详见图 7-1-19。

乌岩头村发展成为影视基地主要基于村庄的物质要素，包括村庄整体的自然景观风貌和建筑风貌。从整个村庄的肌理和景观氛围来看，地形变化使村庄整体自然景观丰富多样，呈现具有特色的乡土自然景观。建筑风貌则是反映民国时期的历史文化风貌。重要的建筑

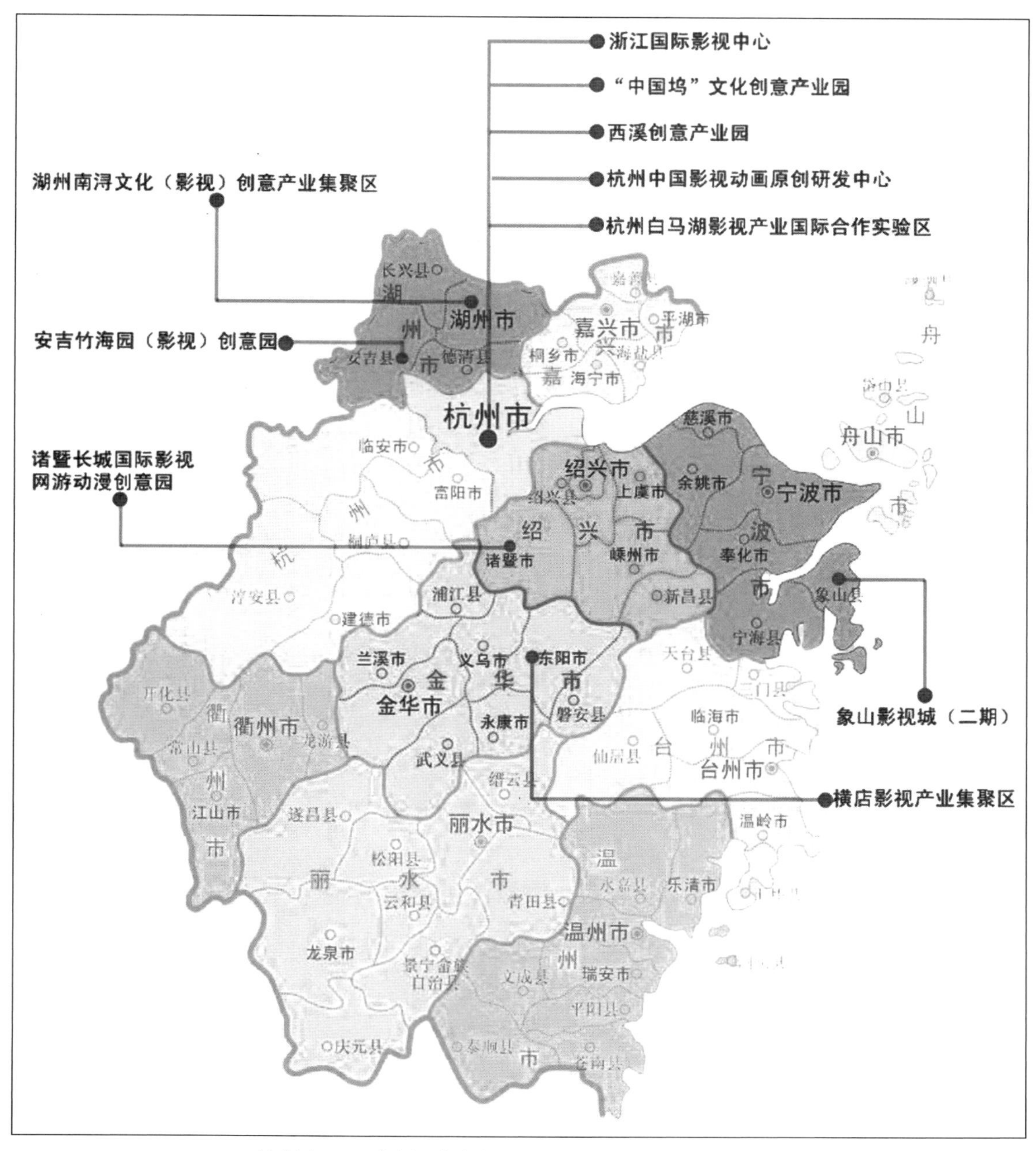

资料来源：《浙江省广播影视业“十二五”发展规划》

图 7-1-19　“十二五”浙江省影视产业基地空间布局图

元素包括门窗、建筑装饰、各种建筑立面、砖石木拼接手法等，其中有许多元素都体现出了民国村味，包括拱形窗、民国门牌、有变化的砖石立面、阳台连廊等，村民的生活用品，包括自己编织的竹篮、堆放的柴火等也为村庄的传统风貌填了一笔亮色。乌岩头村的古村落保存非常完整，在整个台州范围内都很难再找到这样原生态的历史村落，加以整理便可以为影视拍摄提供丰富的场景。通过引入影视文化和发展影视产业，可以充分利用乌岩古村现有的物质要素引入资本和活力，为历史文化村落再生提供可能性。依托乌岩古村内清朝晚期和民国时期建筑，发展民国题材的影视基地，作为民国题材影视作品策划、制作、宣传等活动以及影视文化教育、传播和旅游等功能为一体的小型影视文化基地。

常规的影视活动大致可分为三个层面——第一层面是与电影、电视剧等影视作品制作相关的活动，第二层面是与影视作品的宣传、评比、展映相关的活动，第三层面则是由于前两层面活动而引致的旅游活动。乌岩头村的发展应不仅限于成为影视作品的拍摄地，而应当延长产业链，发展成为集策划、制作、比赛、展映等一系列影视活动的场所，并与全省乃至全国的影视艺术院校合作，成为影视教育实践基地。同时大力发展旅游业，旅游项目不仅包括观光、特色餐饮、休闲娱乐、文化展示等常规内容，还包括影迷探班、拍摄体验等特色旅游活动，服务对象也不仅仅面向专业剧组，还将更多地面向学生、业余电影爱好者和普通游客。详见图 7-1-20。

图 7-1-20　乌岩头村影视活动概念示意图

7.1.5　“民国印象”主题规划设计方案

1. 土地使用规划

以“民国印象”为主题，总体上由东向西分为四个片区，分别为村民居住区、入口综合服务区、景观过渡区和“民国印象”主题演绎区。详见图 7-1-21。

村民居住区增建幼儿园、卫生站、杂货店，提升居住品质。入口综合服务区内建设有停车场，问讯处，公厕、方便游客休息的休闲展示廊，提供较为现代服务的度假酒店，以及传统客栈等。景观过渡区内为主题演艺区所做的景观铺垫。“民国印象”主题演绎区内主要展现历史文化村落风貌，提供以民国生活的衣食住行玩体验活动和民国题材的影视拍摄场所，配有停车场、公厕等必需的服务设施，详见图 7-1-22。

2. 交通系统规划

新村南侧的三栋住宅利用支路车行道到达。共设置三个机动车停车场地以及一处自行车停车场地，共 42 个机动车停车位，20 个自行车停车位。

步行系统中强调空间的流动性。在入口处的休闲展示廊中提取老村中的空间元素如

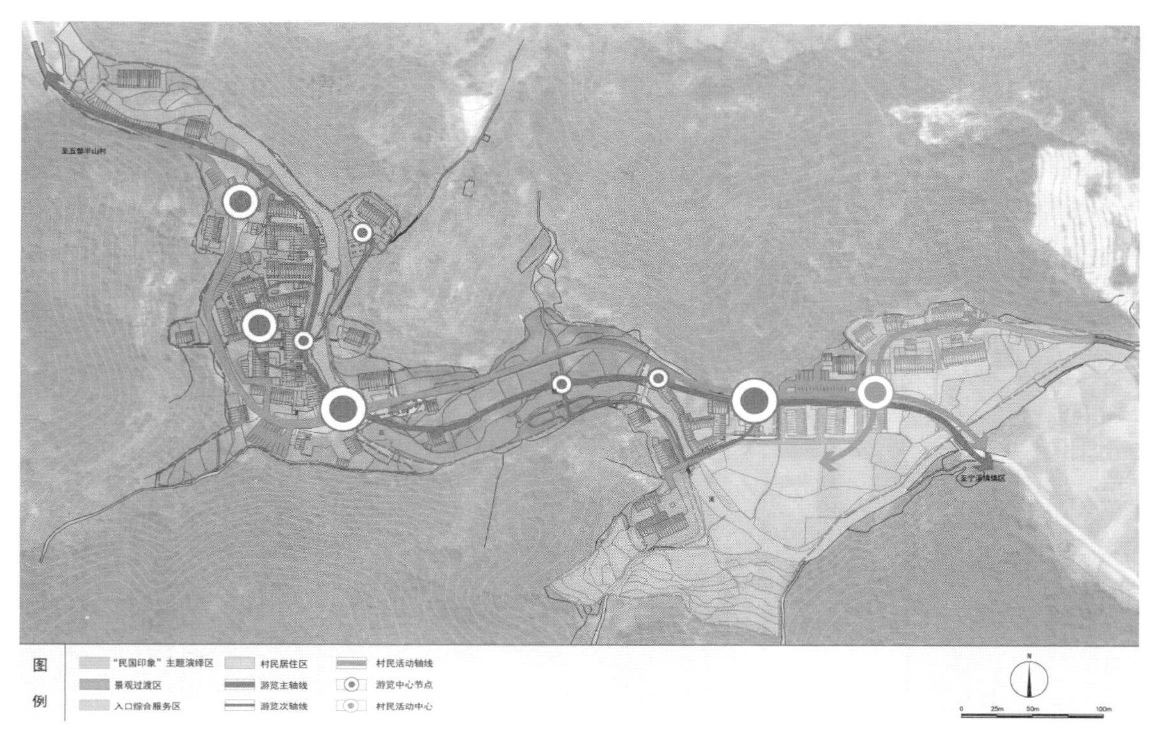

图 7-1-21　基于“民国印象”主题的结构规划图

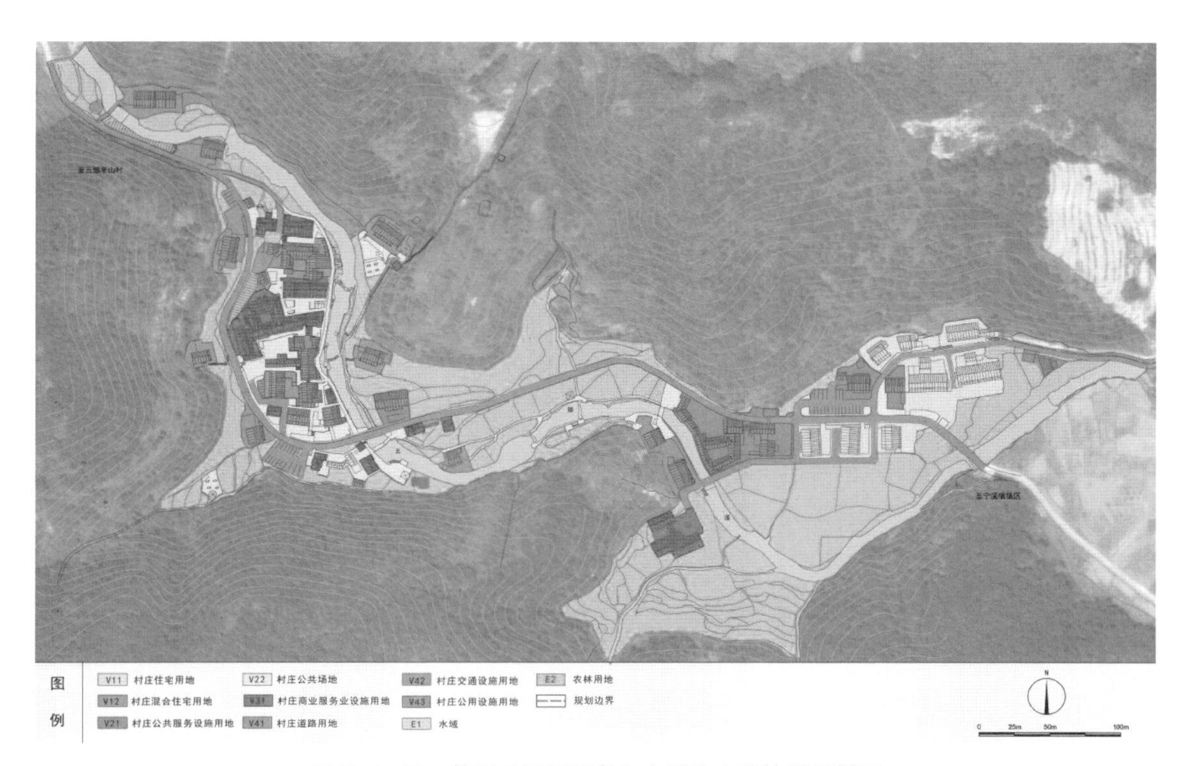

图 7-1-22　基于“民国印象”主题的土地使用规划图

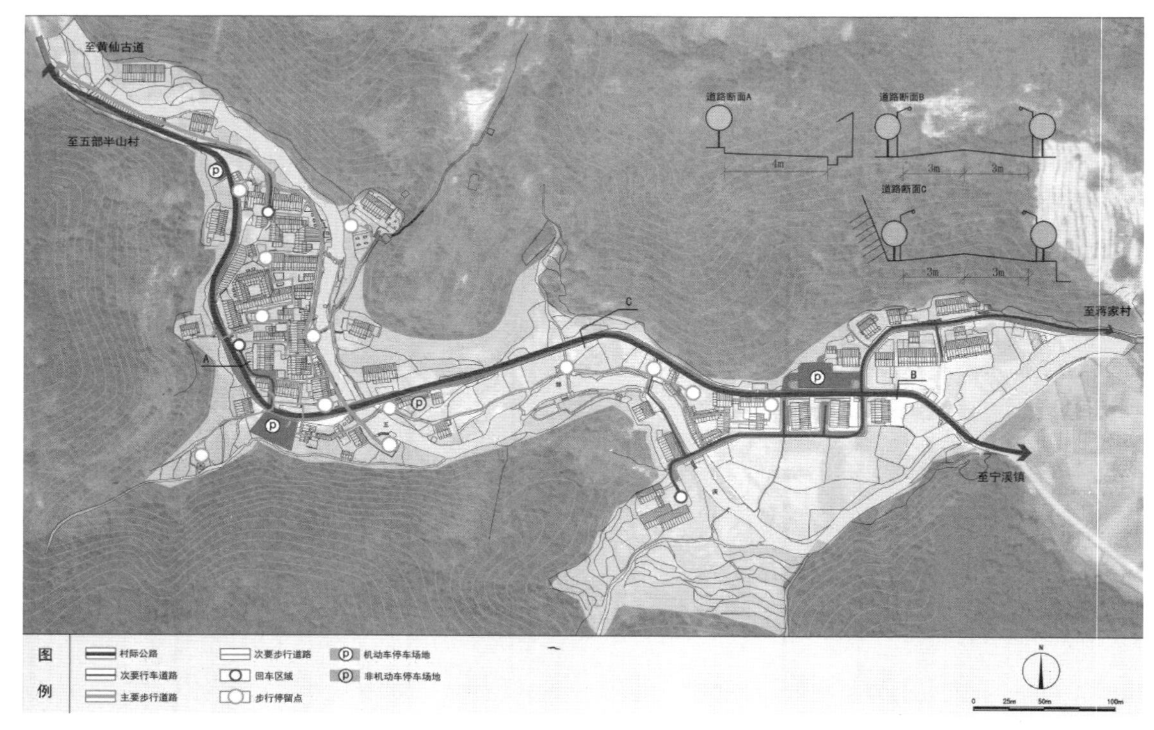

图 7-1-23 基于“民国印象”主题的交通系统规划图

内院、外院、廊道、过廊等空间要素，塑造出可与古村进行呼应的空间流动体验。老村中保留最具特色的几处过廊、巷道，增加驻留空间的数量，提升空间流动性。另外，对亲水步道的建设一方面可以让游客进行亲水活动，并提供影视拍摄的活动场所。详见图 7-1-23。

3. 公共服务与市政设施规划

乌岩头村公共服务设施主要配置于新区，村委位置不变，兼有村民活动中心功能，另增设幼儿园、卫生站为村民提供就近服务。

市政设施方面，在五部溪上游增设净水塔。环卫设施的规划新增两处公厕，在咨询处等建筑内也可以按需设立公厕为游客提供服务，详见图 7-1-24。

4. 景观系统规划

乌岩头村的景观风貌类型主要分为四类：山体景观、以农田为主的梯田景观、以果树为主的果林景观，以及传统村落景观。由于乌岩头村的地形变化较多，视线的阻挡和转折也更为丰富，会产生俯瞰景观、仰望景观、山体景观阻挡和土坡阻挡等，这也使得在乌岩古村可以营造出多种多样的景观意境，为“民国印象”的主题做出前奏、过渡、高潮、尾声等多个韵律来进行润色，详见图 7-1-25。

5. 村庄规划方案

以民国生活体验场所作为主线划分五大主题区域，同时考虑影视拍摄的需求对场地进行适当调整（图 7-1-26）。

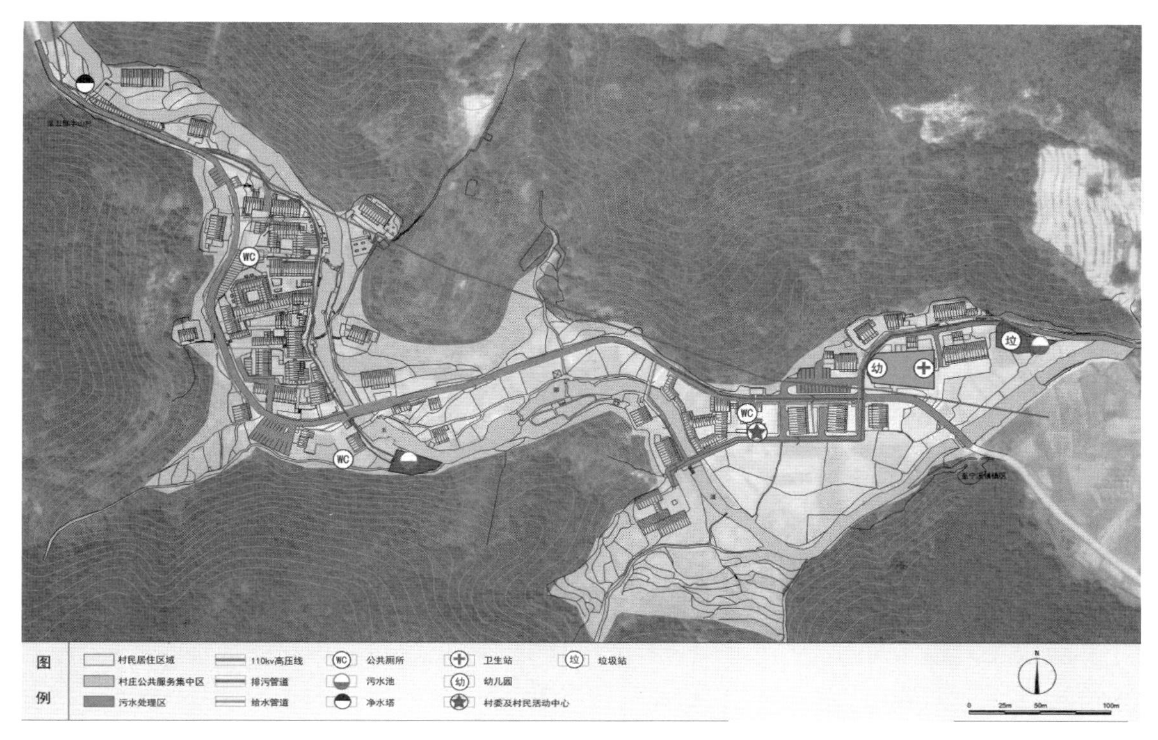

图 7-1-24　基于“民国印象”主题的公共服务与市政设施规划图

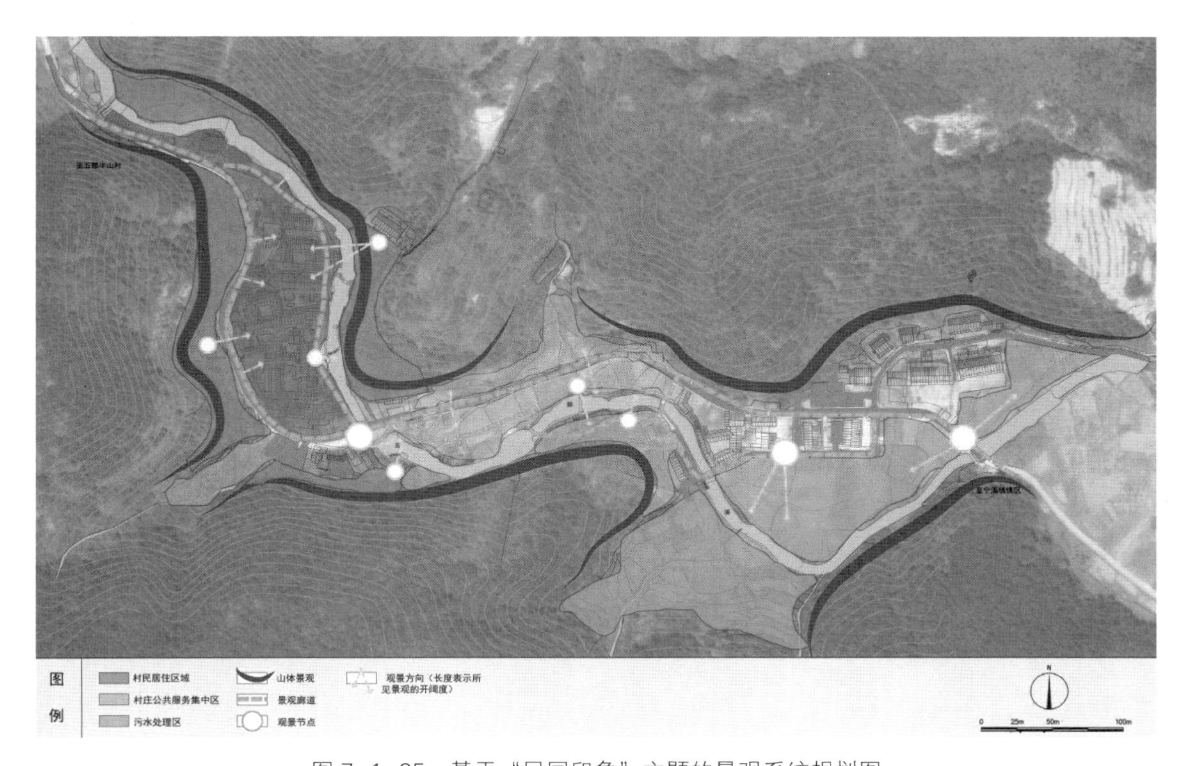

图 7-1-25　基于“民国印象”主题的景观系统规划图

图 7–1–26　基于“民国印象”主题的村庄规划总平面图

6. 村庄风貌重塑

村庄层面的风貌主要强调整体景观，可以分为三个片区：入口风貌区、景观风貌过渡区以及民国村落风貌区（图 7–1–27）。其中，入口风貌区较为强调大片农田景观给人的冲击，以及旅游服务设施与农田景观的呼应。既能够快速得找到服务设施，又不会觉得这些新建建筑喧兵夺主。景观风貌区利用不同层次的果林进行部分视线遮挡，让游览者逐步沉

图 7–1–27　乌岩头村村庄鸟瞰效果图

图 7-1-28　基于“民国印象”主题的乌岩头村整体鸟瞰图

浸入自然景观中，为主题演绎区域作铺垫。民国村落风貌区基本保留现状村落空间格局（图7-1-28）。

7.2　艺术村：艺术活动和节庆场所

7.2.1　功能定位研究

艺术村的概念比较广泛。英文 Artist-in-Residence、Artist Community、Art Colony、Art Farm 等都在艺术村广义的范畴中，可见艺术村是包含不同规模与类型的。美国艺术村联盟（AAC）对艺术村的定义为：“专门运作的组织，为艺术家的创作研究提供时间、空间和支持，让艺术家进入一个充满鼓励和友谊的环境。”而欧洲 Res Artis 对艺术村的定义是：“一个特别为提供艺术家创作所成立的组织，而且必须是独立运作的单位。”由此可见，西方对艺术村的定义应是一个为特定目的所设置的单位，有独立运作的组织体系与完整的艺术家征选机制、驻村计划等，并兼顾艺术家创作与艺术教育推广功能的区域。

但中国的情况则不同，如中国当代艺术历史上的第一个画家村——圆明园画家村是自发形成的，并没有统一的运作机制。同时随着文化产业的发展，艺术村除了面向艺术家提供创作场所，也逐渐接纳游客参与其中，比如嵊州艺术村就面向游客进行展示与策划以推广民间工艺，从而赋予了更强的市场创新能力。不仅为艺术家提供远离闹市的创作场所，也为文艺爱好者提供传统手工艺体验和交流的机会，主要活动有手工作坊体验，艺术创作，艺术展示，交流沙龙等活动，辅以休闲旅游功能。规划的目标群体为文艺爱好者，民间手工艺人，艺术相关从业者和短期休闲旅游者。

"艺术村"主题以传承民间传统工艺为基础，面向大众提供艺术体验和创作场所，同时依托村落的流动空间提供节庆场所，旨在打造一个适于艺术创作体验和节庆活动的特色村落。基于乌岩头丰富的自然资源现状和空间流动性的特征，考虑将"艺术村"作为乌岩头村的定位，既符合乌岩头村自身的乡土特征，也适应于区域的发展需要。艺术村的转型方式能够保护传统村落原本的乡土特点和风貌，同时人们的参与也重新定义了传统村落场所的意义，以文化旅游的大众化形式进行传统艺术和文化的传承。

7.2.2　艺术活动

7.2.2.1　艺术活动的现状背景

位于黄岩西部山区之中的乌岩古村具有显著的环境优势，山林环抱，溪水潺潺，优美的自然生态环境为艺术创作和体验提供了创作灵感的题材，远离尘嚣的创作环境与修身养性的氛围。村内盛产毛竹、木材，同时山林间溪水清澈，都是手工艺品天然的原料和材料。黄岩非物质文化遗产翻簧和竹纸制作的材料等都取自西部山区，乡村从事竹、木制品艺人甚多，是乡村发展手工艺文化的优势。

乌岩头村作为艺术村也有很多发展的机遇，包括文化政策的支持，交通设施的建设和城市对自然与手工的青睐。浙江省《关于加强历史文化村落保护利用的若干意见》的颁布是对历史文化村落乌岩头村历史保护的政策支持。同时台州市提出的文化发展政策，也对乌岩头村成为一个具有历史文化价值的手工艺艺术交流与体验平台提供了有力的支持。根据宁溪镇总体规划的交通系统规划，日后即将建设的经过宁溪镇的82省道延伸段。其次，考虑到该交通设施的建设，乌岩头村的交通条件有望得到改善。借省道贯通西部山区全境的契机，可以拉开城镇框架并带动黄岩区西部山区发展，为沿线村庄带来人气和发展机遇。同时，基于城市中环境污染，噪声干扰等因素，城镇人口对山林乡野中幽静的生态环境需求越加强烈。同时文艺爱好者对于小众文化的追求有了更多普及性的艺术体验，如手工作坊的兴起，给源于自然的手工制作发展提供了机遇。

以艺术村为主题的发展需要有一定传统手工艺的基础，但是由于手工艺传承遇到瓶颈，村庄本身缺少传统手工艺的技术支持。村庄需要引进民间艺人作为发展市场的动力。同时考虑到在浙江美丽乡村建设的背景下，浙江省内涌现出了一批不同特色的艺术村，乌岩头村受到这些发展成熟的艺术村在市场和手工艺技术上的挑战，因此需要创造独有的文化特色和市场吸引点。黄岩西部村庄普遍以发展游憩旅游为主，而周边村庄的区位优势和景点资源也具有吸引城镇游客的潜力，这对于乌岩头的游客量会有一定的争夺。乌岩古村只有吸引不同类型的目标游客群体，找到独特性才能从差异化发展中找到出路。

艺术村的功能定位对乌岩古村存在诸多的机遇。比如村庄具有很好的民间艺术的历史资源。宁溪镇作为"浙江省民族民间艺术之乡"有著名的有民乐《作铜锣》，非遗翻簧竹雕、竹纸制造等，而20世纪70年代时竹箬工艺在民间盛行，西乡的民间手工艺人用毛竹制作斗笠、地毯等工艺品。翻簧竹雕始创于清同治九年（1870），距今已有百余年历史，由民间竹刻艺人陈尧臣所创。据悉，清同治年间，黄岩西乡盛产竹子，乡村从事竹、木制品艺人甚多。同时，黄岩的手工造纸在唐代就负有盛名。北宋书画家米芾《书史》中，记载唐文宗手诏黄岩藤纸“滑净软熟，卷舒更不生毛”。藤纸用藤状植物酿制，质地优良。苏轼《东坡杂志》载：“天台玉版过于澄心堂（纸）。”《赤城志》载：“今出黄岩，即所谓玉版也。”竹纸制品延续至民国初期，一直为黄岩民间手工生产。20世纪20年代，纸槽有496具、576户。民国二十七年（1938），产中青纸2.4万件、南屏纸（火纸）2 000件、草纸4万件。次年在乌岩成立造纸厂，生产手工新闻纸1 200令、中青纸1.8万块，抗战后停办。40年代末，民间造纸有3 000多人。乌岩头村具有独特的文化资源，至今仍有村民传承着毛竹的传统工艺。现在，众多民间艺人都表示这些手工艺品亟须传承与推广，比如宁溪镇编织斗笠的王珠凤老人（图7-2-1），宁溪镇民乐器制作的王建民（图7-2-2）等都通过媒体表示希望义务培训，希望传统民间工艺后继有人。

资料来源：黄岩新闻网

图7-2-1　编织斗笠的王珠凤

资料来源：台州日报

图7-2-2 制作民乐器的王建民

其次，乡村逐渐成为艺术家的创作场所需求。越来越多的艺术家驻地计划让艺术家们深入乡村交流意识形态、方法论，相互交流、取材和表达。比如東河的“白庙艺术计划”，安徽碧山乡的“碧山计划”等都在鼓励艺术家入驻来帮助乡村建设。

同时，人们对文化体验的需求越来越多。DIY手作是时下很流行的生活和减压方式，当人们厌倦了工业化产品的一致性，独一无二的手工制品成为新的生活时尚。文艺爱好者们在手作的过程中不仅让自己体验了创造的乐趣，也是成为一种手艺推广宣传的方式。而爱好民间手工艺的小众文艺青年们在乡村本土更能学到地道的手工艺，经过一段时间的学徒教学会成为文艺爱好者特别的经历和体验。

此外，城市背包客远离尘嚣的需求也在不断增加。随着我国居民收入水平不断提高以及消费意识逐步转变，越来越多的消费者开始在闲暇时选择乡村的休闲式生活方式。据中国旅游研究院统计，2010年国内旅游人数约21亿人次，同比增长12%，但平均每人出行仅1.6

次。繁琐的长线游规划让很多旅游者望而却步。由此兴起的“微旅游”方式，针对周末或小长假的短途出行，让人们在农家住宿享受乡土的自然氛围，感受到有别于闹市喧嚣的静谧，乡村个性化的“微旅游”能够满足城市人放松身心的需求。

7.2.2.2　艺术活动的具体演绎

艺术村的艺术活动利用不同特征的空间提供人们不同的艺术活动场所。艺术活动主要包括艺术体验创作、艺术交流展示和艺术推广。艺术创作包括手工艺教学，合作社活动和私人工作坊等。艺术交流展示主要有乌岩头村的历史艺术再现平台，乡土博物馆藏传统工艺，艺术沙龙，大众参与的展览等。艺术推广包括多媒体宣传，设计品销售和工艺品集市义卖等。

艺术活动的体验除了程序较为繁复的传统工艺，还有一系列适于大众体验的艺术形式，使文艺爱好者能够获取最原始的天然材料制作自己的工艺作品。依托乌岩古村丰富的自然资源和历史建筑，形成四大自然艺术主题区，包括竹艺主题、石工主题、土造主题和木质主题。

竹艺主题包括传统竹纸制作、传统翻簧竹雕、竹编工艺品和竹根雕（图 7–2–3）。

石工主题包括石刻、叠石、石雕和石头彩绘（图 7–2–4）。

资料来源：网络图片

图 7–2–3　竹艺主题内容

资料来源：网络图片

图 7–2–4　石工主题内容

土造主题包括泥塑、陶艺和园艺种植（图 7–2–5）。

木质主题包括木质画框画具、木构件制作、木版画、木雕和木烫画（图 7–2–6）。

艺术村考虑为艺术全周期提供适宜的场所。考虑到不同目标群体的需求，考虑艺术生长、

资料来源：网络图片

图 7-2-5　土造主题内容

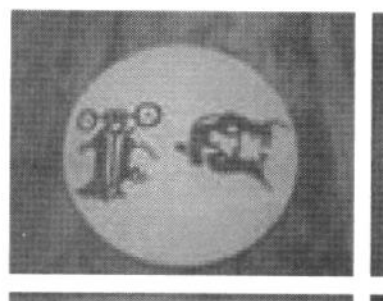

资料来源：网络图片

图 7-2-6　木质主题内容

艺术创作、艺术交流展示和艺术推广四个艺术阶段。艺术生长是在自然环境中为艺术创作提供转换心境和灵感收集的过程。艺术家能够对自然意境感悟和冥想，文艺爱好者可以休憩，民间艺人可以自然素材收集。艺术创作包括手工艺教学，合作社活动和私人工作坊等。艺术交流展示主要有乌岩头村的历史艺术再现平台，乡土博物馆藏传统工艺，艺术交流沙龙，大众参与的展览和民乐表演秀等。艺术推广包括多媒体宣传，设计品销售和工艺品集市义卖等。不同的自然元素和艺术全周期可以衍生出不同的艺术活动空间。结合乌岩头村自身的环境优势和场地特质对艺术活动进行策划，考虑传统工艺和大众艺术的结合，提供更多的艺术活动形式（表 7-2-1，图 7-2-7）。乌岩头的自然资源为艺术全周期提供了资源和景观，而传统村落形成的空间恰恰适应艺术的各种活动，为不同人群提供不同需求的场所。同时人们的参与重新定义了传统村落场所的意义。以文化旅游的大众化形式进行传统工艺的传承。艺术村的转型方式能够最大程度的保护传统村落原本的乡土特点和风貌，同时将当代性融入其中展现乌岩头的时代意义。

表 7-2-1　　艺术全周期和自然的结合

类型	竹艺	石工	土造	木质
艺术生长	竹园	乌岩石冥想区	种植内院	山林小径
艺术创作	竹韵馆、纸造坊	叠石表演区、石工馆	陶艺泥塑工作坊	木质工坊
艺术交流展示	民间竹艺展	石头彩绘展	植物展	木版画展
艺术推广	工艺品义卖	乌岩石品牌设计馆	盆栽销售	木制品销售

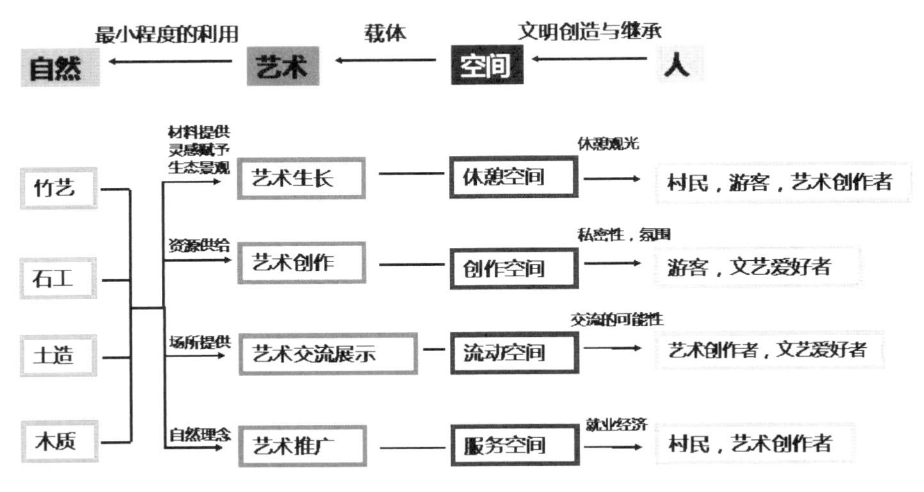

图 7-2-7　自然、艺术、空间与人的关系图

7.2.3　节庆场所

1. 节庆活动的现状背景

民俗节庆文化作为我国重要的非物质文化，具有较强的集体性和地方性，是民间艺术和文化的体现。乌岩古村落外部空间的流动性恰恰提供了传统节庆活动丰富的空间体验。通过挖掘当地丰富的节庆文化要素，结合村落格局和空间特征在该村组织节庆活动，一是希望通过民俗节庆活动来获得当地村民的认同感，二是保护和发扬地方民俗文化特色，丰富该村的历史村落形象。三是可以对该村进行保护和利用，改善当地村民的环境，提供村民就业机会和吸引他们回本村就业。

乌岩头村保留着许多富有浓郁特色的浙江黄岩地区特有的节庆习俗。主要有春节、元宵节、花朝节、清明节、立夏、端午节、洗晒节、七夕节、鬼节、中秋节、重阳节和冬至。

二月初二的花朝节是宁溪镇最有特色的节日，宁溪镇的“二月二灯会”是汉族古老民俗文化运动，被列入浙江省第三批非物质文化遗产保护名录，在节日期间人们会组织演奏传统民乐《作铜锣》以展示当地的传统艺术。灯会的举办有两个初衷：第一是正月十五元宵节，到处都在举办灯会活动，所以宁溪特意将灯会推迟到二月初二“春龙节”，这样既可以先学习别处的经验，取长补短，又能够让别人也有机会到宁溪来看灯；第二是因为该日是农历中的春耕时节，即“龙抬头”。村民通过庆祝这一节日来祈祷当年会有一个好的收成。“六街花灯光铺地，八宅鼓乐音盖天”，每年宁溪灯会都是人山人海，观众如云。这种具有浓郁地方特色的文化现象，有着较高的文化价值。乌岩头村也深受该文化活动的影响，村内老人会抽休息时间手工制作一些灯笼已备节日使用。除此之外，清明期间邻村村民都会到乌岩头村进行采箐作为制作青团的传统食材，合家扫墓或“上坟”；立夏时，当地村民会吃一种叫“麦饼筒”的食物，有俗谚曰：“疰夏呒麦饼，白落（碌）做世人。”意谓立夏这天没有麦饼吃，做人也白做了；农历七月半的鬼节也是村民比较重视的节日之一。主要有两种活动，一是设羹饭祭祖。每到这个时候，全家老小都要行动起来，共同准备这顿羹饭，十分热闹。另一种是设水灯或路灯，来指引那些还没有着落的孤魂野鬼；重阳节这一天当地人要在秋日登高，并且吃当地的一种特色食物“乌岩麻糍”。其真名是“乌饭麻糍”，用当地的土话讲乌饭听上去像乌岩，所以有这一名称。传说原本是为了犒劳下凡来帮助人类耕作的天牛所做，现在成了一特色美食供人们享用。也有资料说该食物应该是在农历四月初八，牛生日那天吃；冬至时节，村民们会举行祭祖的活动，如在路口烧纸钱，来祈祷一个安定的冬天和来年好的收成。

乌岩头村内部的流动空间承载了乌岩头村民与自然和谐相处、睦邻友善社会关系的包容智慧。其街巷空间平面肌理曲折多变、串联了院落、建筑和滨水空间，其纵向结构依据地形走势，高低错落。这些街巷有着较强的流动性，通过适当的改建将各个流动空间串联起来成为艺术村中的节庆场所。

2. 节庆场所的具体演绎

节庆场所包括了节庆仪式活动内容和承载仪式活动的物质空间，它是活动内容和物质空间的统一体。以下抓住节庆空间这两个特点对 12 个节日的活动特点进行解析。

（1）春节——春节活动以祭祀，祈福为主，辅以舞狮等活动。因此需要可以进行游艺活动的较大的，平坦的活动场地。村口两栋建筑前有着一定的庭院空间，两栋建筑之间更是有一块低于庭院的平地，可以满足活动的需求。因为地势较低又设置了遮挡，该空间相对较为私密，加强了人们在该空间内的体验。因此将原本用于种植植物的场地改为活动场所。建筑内部也可以进行改造来满足其他需求。

（2）元宵节——节日活动与灯笼有着密切的关系。因此，这种节庆空间不能完全开敞的，需要建筑或连廊对其围合，这样就可以在建筑或连廊上挂上灯笼，人们可以在这种空间中一边行走一边观赏灯笼。基于以上考虑，选取由连廊围成庭院作为这两个灯笼节的节庆空间，既不影响游人来回穿梭浏览各种灯笼，同时围合的建筑可以用于展示其他灯笼，提供节日特色小吃，或者建成手工作坊让游客体现一下灯笼的制作过程，游客可以根据自身的情况选择是否买下这一有纪念意义的自制品。

（3）“二月二”与元宵节最大的区别在于“二月二”不仅仅是灯笼的盛会，同时也是展现当地民俗民谣的活动。人们载歌载舞欢聚一堂，来祈祷一年的好收成。所以，除了提供浏览灯笼的场所外，还需要一个用于表演民族民俗音乐的场所。古村中部，最大的老宅前有一片较大地块，零星的几个建筑也因为年久失修，已成为危房。因此选择将这些建筑拆掉一部分，腾出空间作为演出场地，将留下的建筑改造成连廊，将这片空间围合起来。这样将该空间与其他空间串联了起来，同时形成了节庆表演空间。

（4）清明节——根据规划人员对当地居民的访谈，得知该村村民希望在村内设立宗族祠堂，97% 的村民同意在这里建立陈姓的祠堂。有多个村民反映这是他们最渴望的，因为没有祠堂只能在家中祭奠死去的亲人，这样非常不方便。一些非陈姓的居民表示如果建立了，他们不会反对。可以看出，该地区村民十分重视祭祖这一活动，因此，通过建筑改造建设祠堂来满足过清明的村民渴望祭祖的需求。

（5）立夏——该节日主要以特色饮食为主，不单独设计空间，选择表演广场旁的建筑做小吃店，这样游客可以同时观看民俗文化表演。

（6）端午节——同“立夏”类似。

（7）洗晒节——洗晒决定了其需要一个有较好采光的空间。所以按照流线，选择最大的老宅中间的庭院作为洗晒节空间。

（8）七夕节——主要活动是姑娘们穿针引线验巧，做些小物品赛巧，摆上些瓜果向织女星乞求智巧。根据资料，织女星出现在与星空的西侧，所以选择老宅的西侧的庭院作为七夕空间。朝西方向设立祭祀平台用于摆上祈福用的瓜果。

（9）鬼节——鬼节的习俗是设羹饭祭祖和设水灯或路灯。因为要守着水灯和路灯而非单纯的放置，因此，人们会把灯设置在较舒适的位置，如树荫底下。鬼节空间正是基于这种考虑，选取了老宅北侧的院落，并种植一定的树木用于遮阴。水灯在古村内部无法实现，所以选在古村村口两栋建筑前的庭院。一是其靠近溪边，二是作为进村的第一个节点，好让游客或村民能有所期待。

（10）中秋节——最传统的中秋习俗有祭月这一活动。选取了老宅东侧的院落作为中秋的活动空间，其一是该院落轴线是东西向的，其二是因为该院落前有一年代久远的建筑，稍加改造可以做成一盛放祭祀品的场所。

（11）重阳节——重阳节有登高的习俗，因此重阳的活动空间选在了比中秋活动空间高约 2 米的，紧靠鬼节空间后的小土坡上。通过爬上小土坡来暗示登高，并设一麻糍店，让游客品尝一下这一当地特色美食。在沿溪右侧的山上会另设一家麻糍店，供游客选择。

（12）冬至——冬至的习俗是祭祖，选择有一围合的庭院，该庭院的轴线正对着该宅子用于祭祖的房间，因此，将该栋房子的庭院作为一个节点。

民俗节庆空间基本选在历史文化村落的原有建筑群落内。其街巷空间平面肌理曲折多变、串联了院落、建筑和滨水空间。其纵向结构依据地形走势，高低错落。这些街巷有着较强的流动性，通过适当的改建，就能将各个节庆活动空间串联起来。通过梳理古村内部空间，就能拥有民俗节庆文化空间的一些特点。

7.2.4　规划设计方案

1. 土地使用规划

考虑艺术村发展，将村庄分为六大区域，自东向西分别为：村民居住区、商业配套区、公共服务区、绿廊、历史展示区和艺术村主题区。详见图 7-2-8。

村庄土地使用规划兼顾艺术村发展和村民居住进行整体布局，将传统村落整体改造为艺术体验和创作的场所。为了让游客和村民能够共享相关的服务商业设施，将配套服务设施设置在东区，以现有村委为中心将公共服务设施布置在东部片区的西侧，兼顾传统村落和村民居住片区。以毛竹绿廊为过渡区，经过茂密的竹林进入历史展示区，继而在艺术村中进行不同的手工艺体验、艺术交流展览、节庆活动和农家乐（图 7-2-9）。

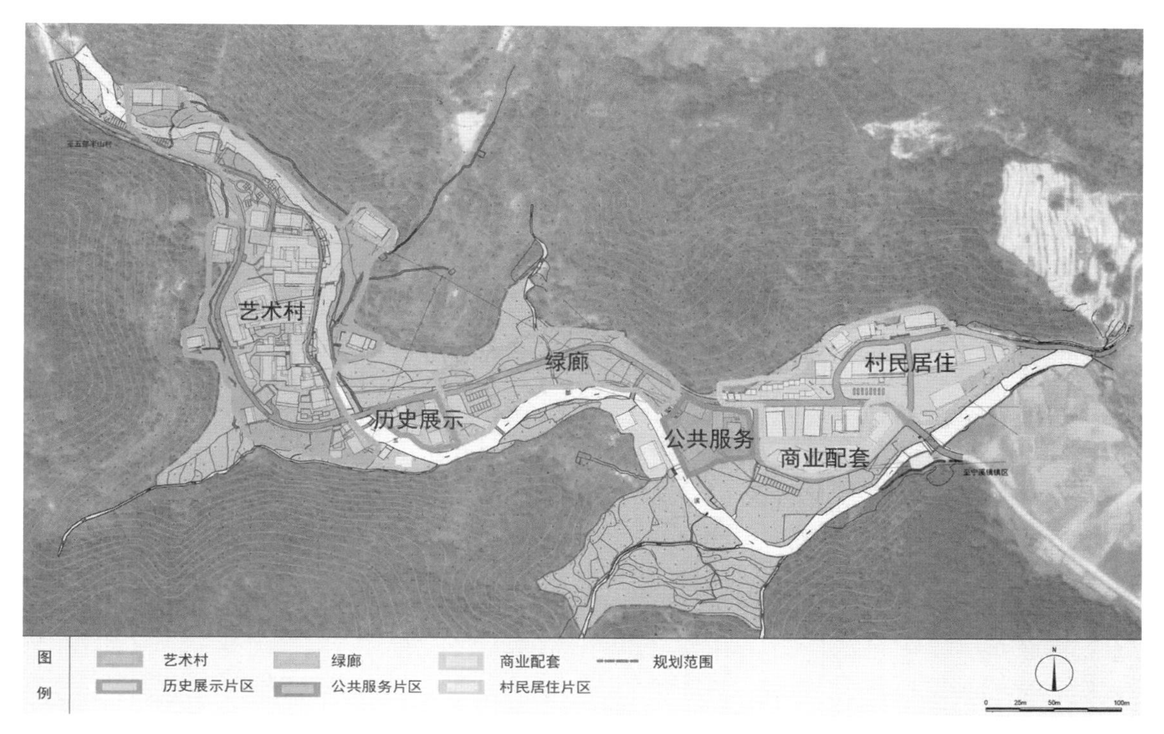

图 7-2-8　基于艺术村主题的结构规划图

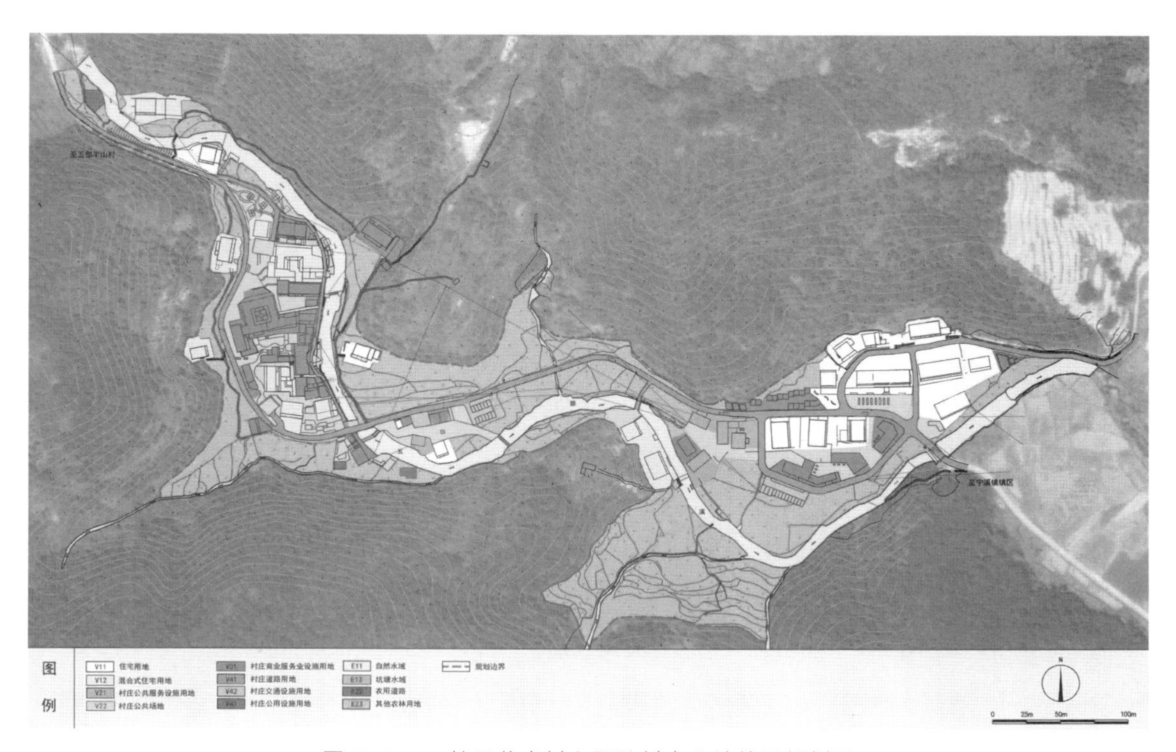

图 7-2-9　基于艺术村主题的村庄土地使用规划图

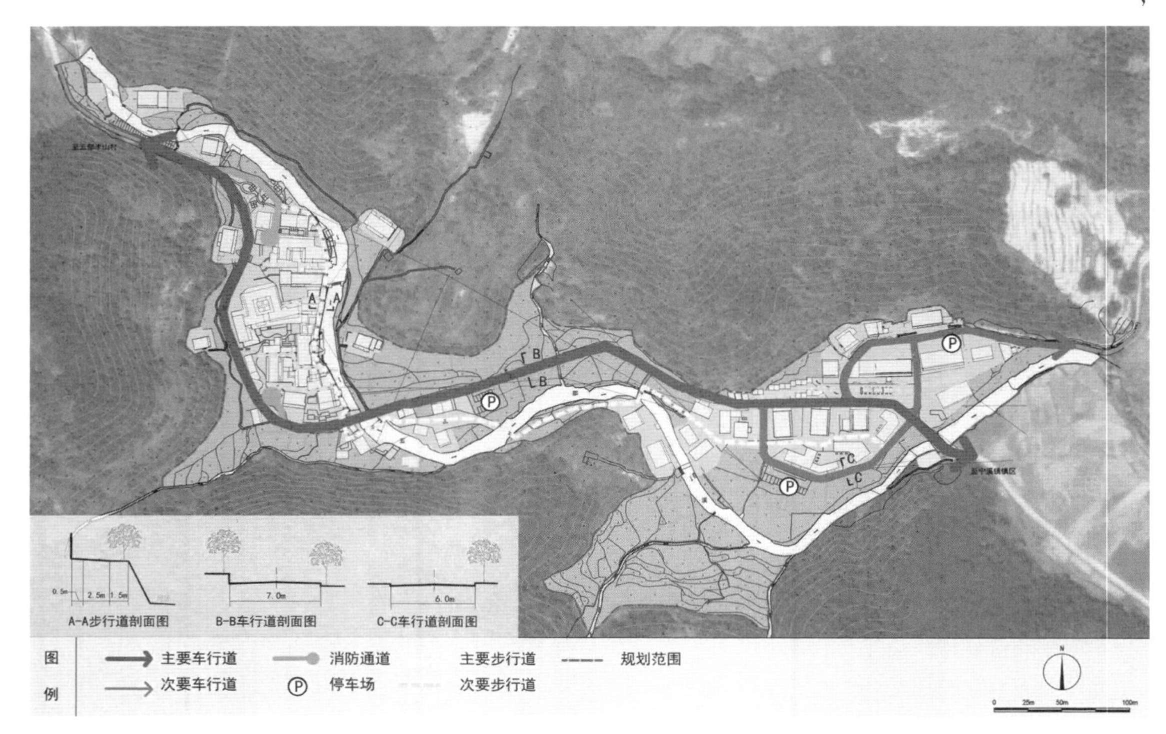

图 7-2-10　基于艺术村主题的交通系统规划图

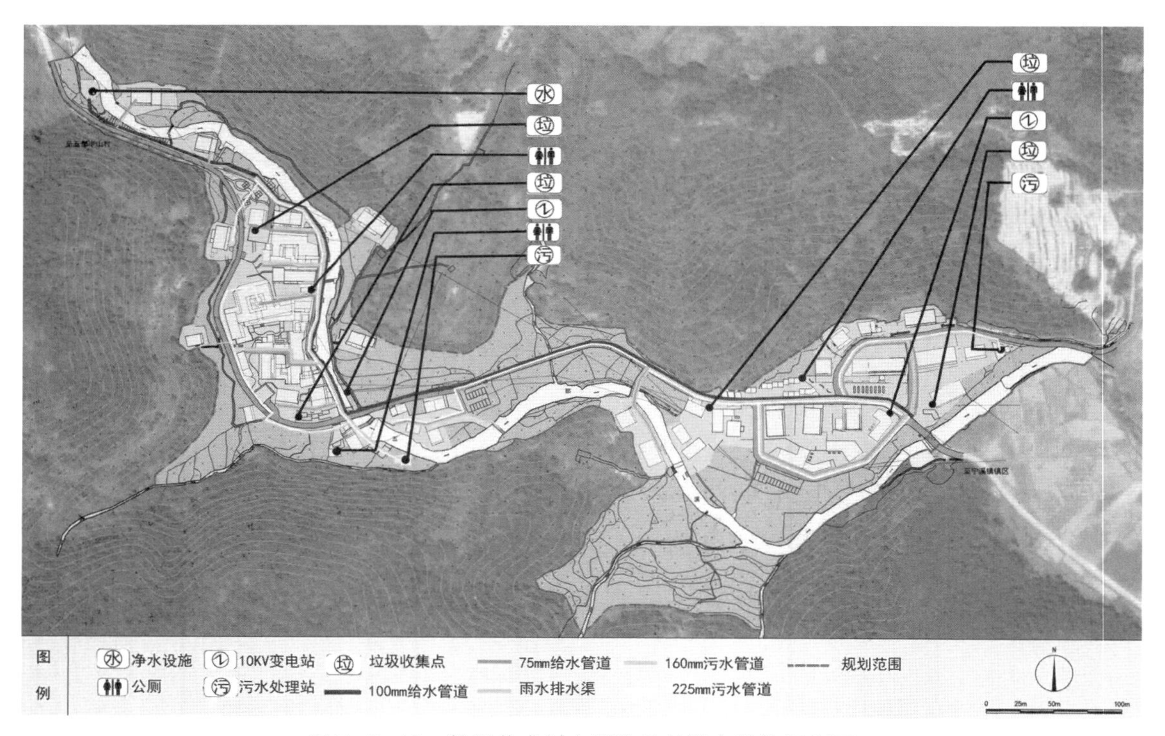

图 7-2-11　基于艺术村主题的公共服务设施规划图

2. 交通系统规划

步行系统与水系交织联系传统村落与东部片区，增加两个片区的联系，并引导人们从村口沿景观步道进入艺术村。设置三处停车场，分别位于村民居住片区，公共服务中心和艺术村入口处。传统村落中道路狭窄不适宜车行，考虑消防安全分别在北侧和南侧就近设置消防车道，消防范围辐射周围房屋。对于消防车无法深入的建筑增加消防设施，沿溪步行道设置消防栓，村落中心宽敞的广场作为疏散空地（图 7–2–10）。

3. 公共服务与市政设施规划

从镇域公共服务设施规划中可以看到镇域西部村庄的设施缺乏，村民使用公共服务设施较为不便。从区域范围考虑，蒋家岸村与乌岩头村距离较近，同时又距离镇区的服务设施约 4~5 公里，综合考虑两个村的需求在乌岩头村建设服务于两个村的公共服务区。乌岩头村现状 285 人，而蒋家岸村现状人口 320 人，总计服务人数约 605 人（图 7–2–11，表 7–2–2）。

表 7–2–2　　村庄公共服务设施一览表

序号	名称	占地面积（平方米）	建筑面积（平方米）	备注
公共服务设施	村委	280	155	保留
	卫生服务站	200	230	新建
	综合文化活动室	170	160	新建
	幼托所	275	200	新建
	农贸市场	465	–	改建
	宗祠	150	80	新建
	邮局	75	75	新建

规划考虑村民需求和今后游客需求，规划服务人数约 500 人。在水源上游建设净水处理设施，沿道路布置给水管道，分干管和支管，管径分别为 100 毫米和 75 毫米。建设雨水排水渠，顺地势流入五部溪。沿车行道设 4 个垃圾收集站。建设公厕 3 座，其中 1 座结合茶吧设置，详见表 7–2–3，图 7–2–12。

表 7–2–3　　村庄市政基础设施一览表

序号	名称	占地面积（平方米）	建筑面积（平方米）	备注
市政基础设施	公厕	100	100	新建
	生态停车场	645	–	新建
	生活垃圾收集点	40	40	新建
	污水处理设施	160	160	保留
	净水设施	125	125	新建

4. 景观系统规划

在东部片区利用空废场地创造硬质景观节点，主要有农贸市场和公共服务中心广场。传统村落步行道由东侧滨河步道渗透入村落之中。传统村落中在原有的空间秩序上强调景观塑造，在空间收放之间创造景观节点。在历史展示区中心建设古石碑广场节点，围绕四合院形成传统村落的硬质景观中心。将西部的农田改作更有经济效益的白茶园，形成梯田景观，详见图 7–2–13。

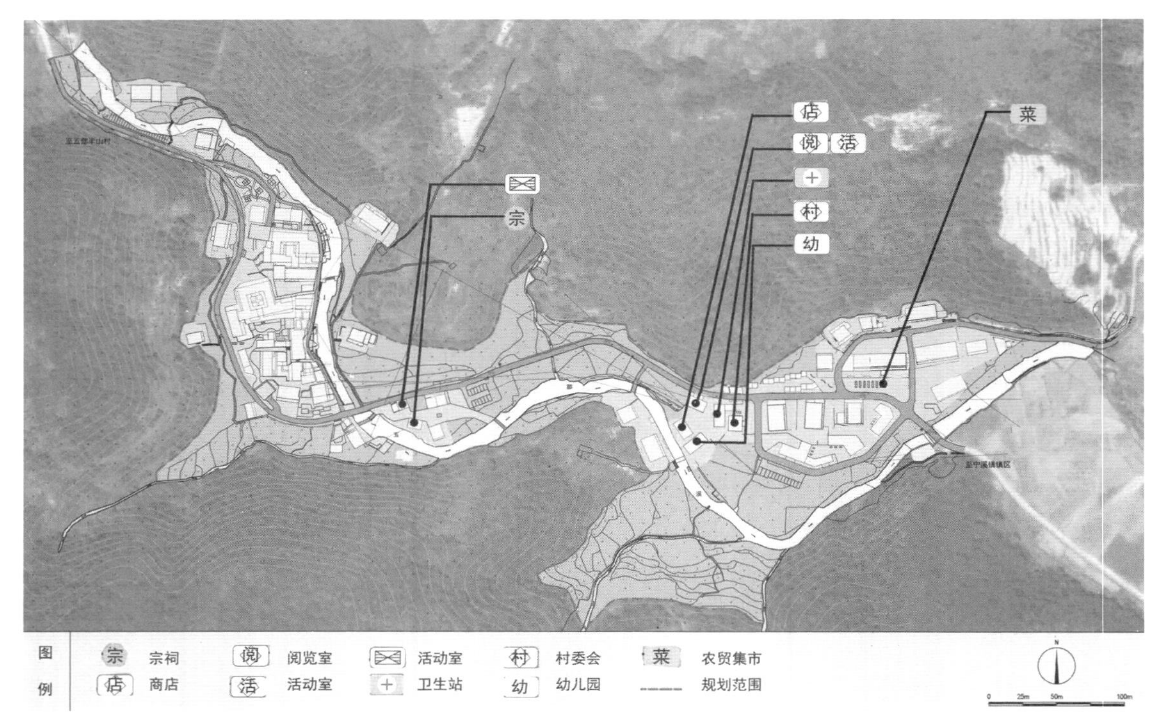

图 7-2-12　基于艺术村主题的市政设施规划图

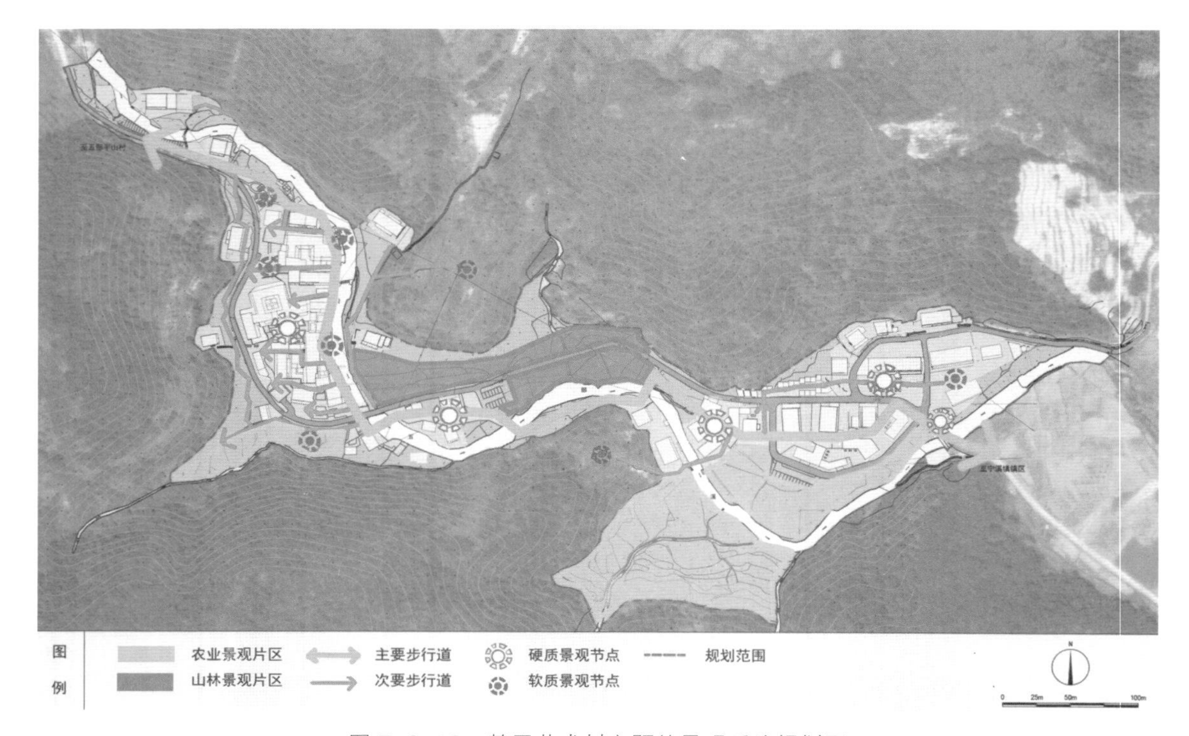

图 7-2-13　基于艺术村主题的景观系统规划图

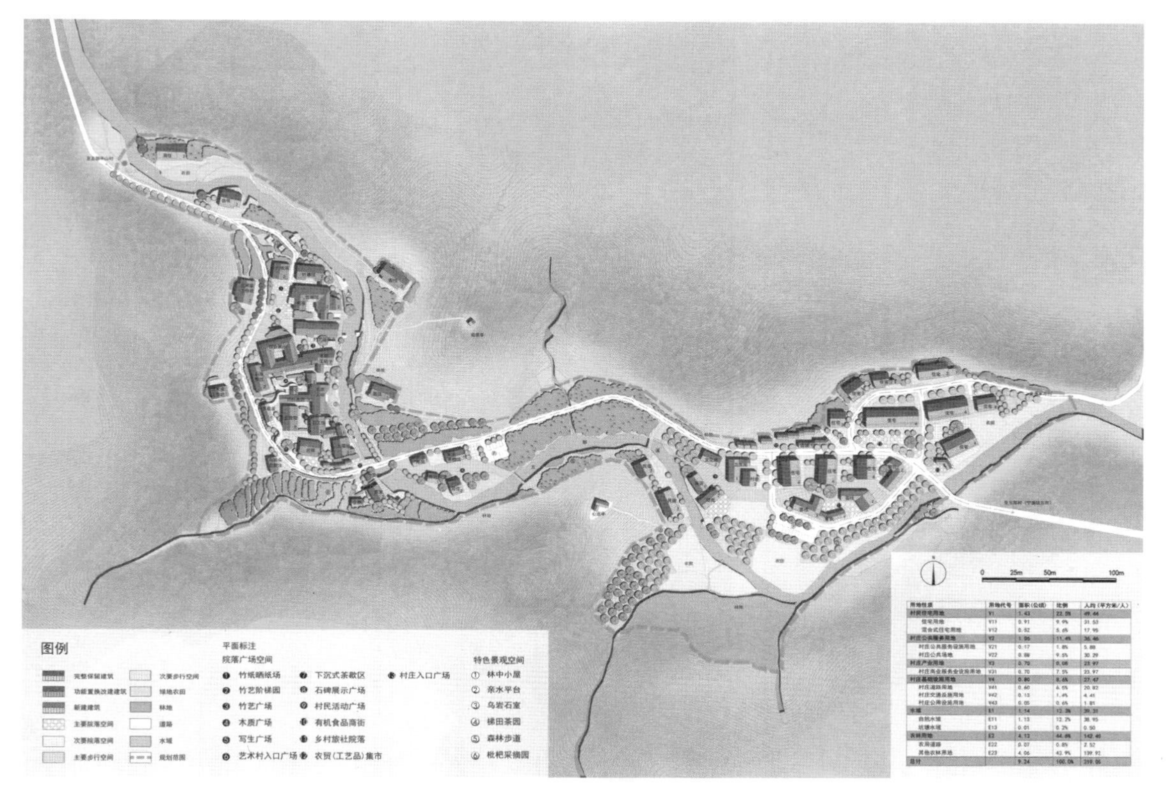

用地性质	用地代号	面积(公顷)	比例	人均(平方米/人)
村民住宅用地	V1	1.43	[illegible]	49.44
住宅用地	V11	0.91	9.9%	31.53
混合式住宅用地	V12	0.52	5.6%	17.95
村庄公共服务用地	V2	1.06	11.4%	36.46
村庄公共服务设施用地	V21	0.17	1.8%	5.88
村庄公共场地	V22	0.88	9.5%	30.29
村庄产业用地	V3	0.70	[illegible]	23.97
村庄商业服务业设施用地	V31	0.70	7.5%	23.97
村庄基础设施用地	V4	0.80	8.6%	27.47
村庄道路用地	V41	0.60	6.5%	20.82
村庄交通设施用地	V42	0.13	1.4%	4.41
村庄公用设施用地	V43	0.05	0.6%	1.81
水域	E1	1.14	12.3%	39.31
自然水域	E11	1.13	12.2%	38.95
坑塘水域	E13	0.01	0.2%	0.50
农林用地	E2	4.13	44.6%	142.40
农用道路	E22	0.07	0.8%	2.52
其他农林用地	E23	4.06	43.9%	139.92
总计		9.24	100.0%	319.06

图 7-2-14　基于艺术村主题的村庄规划总平面图

5. 村庄规划方案

利用东部片区空废的场地作为农贸市场和定期的工艺品展销点。将道路边具有乡土特色的石头小屋组合成购物街，为村民提供日常用品，长远期可以成为旅游纪念品销售的商街。历史展示区内筹建陈氏祠堂，改建乡土博物馆。

艺术村内部利用传统建筑设置体验馆，工作室，客栈等服务业商业设施。考虑流动空间关系和场所意义，针对不同功能场所进行再生策划，营造适于不同节日的节庆活动场所，详见图 7-2-14。

6. 乌岩古村规划设计

（1）乡土景观的再现

乌岩头村的乡土景观具有山林的主要特征，景观资源以砖石木构建筑景观、溪水、农地、林地、园地、花地、古树景观为主。乡土景观体现了传统村落源于自然，创造自然的本质特征。在流动空间的重塑中，对乡土景观的保护和再现不仅是对传统村落生态环境的保护，同时也是对乡土文化继承。

流动空间中乡土景观的再现主要从林地景观，水景观，石景观三个方面体现。在山林景观中最大限度地保留原有的植被，对地形进行适当改造营造适宜休憩的山林小径和竹林院落。通过整理河岸和疏通溪水营造自然水景和声景，与原有的汀步结合形成适宜的亲水平台。

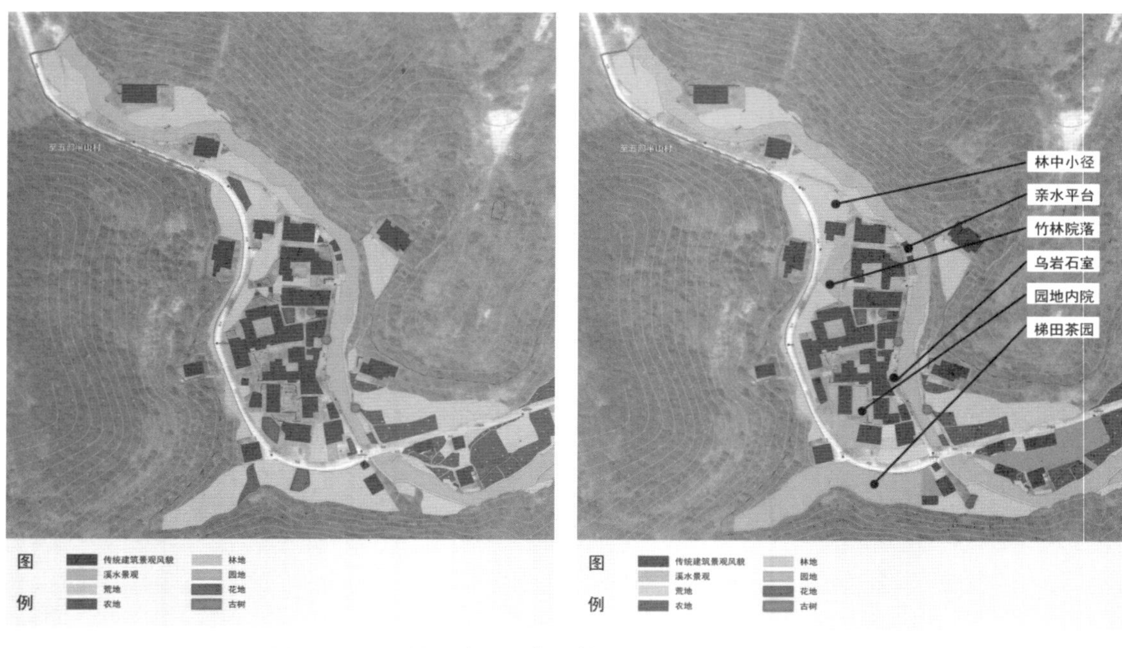

图 7-2-15　景观资源分布现状图（左）与规划图（右）

溪石景观以乌岩石为中心，重新利用石景空间为艺术生长创造幽静的冥想空间。利用砖、石和瓦的乡土材料在景观小品中再现运用，以不同的纹饰设计不同的铺地样式。收集古建筑构件和散落民间的竹编、木雕等工艺品作为乡土景观小品点缀在流动空间中，再现乡土景观的同时又是人们利用乡土景观进行艺术创造的途径（图 7-2-15）。

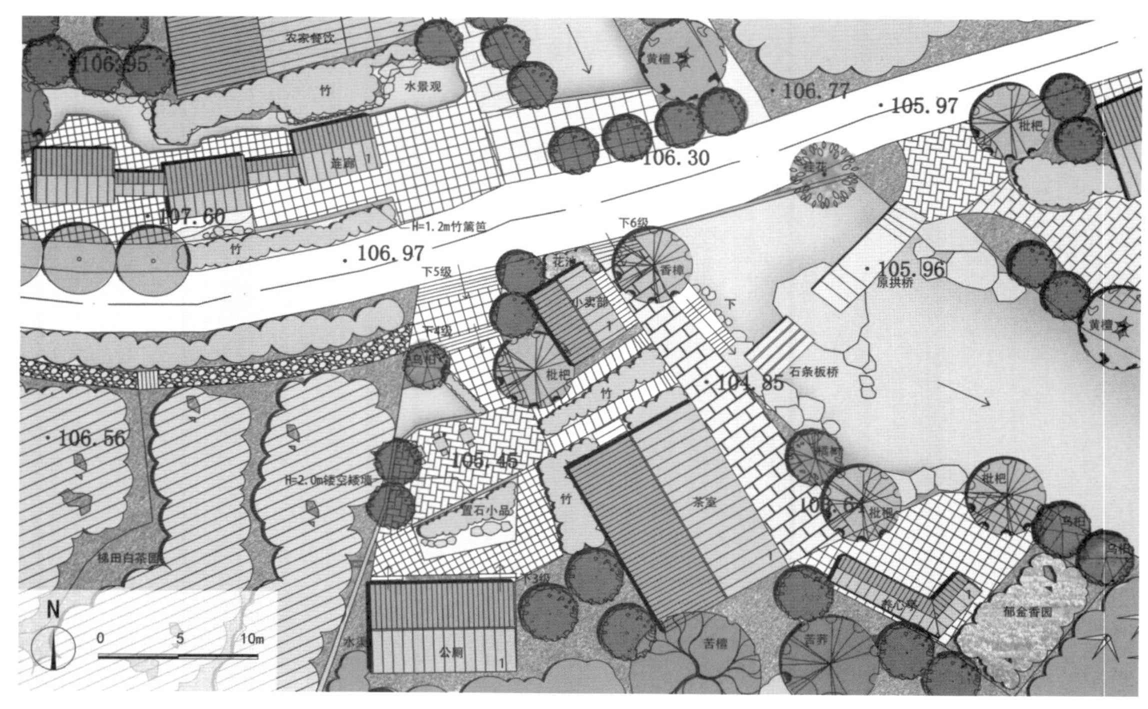

图 7-2-16　村口广场平面设计图

以村口广场为例进行节点深入设计。修建原拱桥保留历史入口标志。对原有古树和乡土植被(香樟、苦檀、黄檀等)进行保留。茶室外的白茶种植园作为村民经济收入来源的同时给人以开阔的梯田景观。利用农耕水渠引水入园创造可接近的水景观。铺地采用更有利于渗透的天然石板和碎石材料。以乡土石材塑造置石小品形成景观节点,利用毛竹若隐若现的视觉效果遮挡视线的同时引导人流走向。在场地设计中通过乡土景观的再现充分体现地域特色(图 7–2–16)。

(2)新边界的塑造

改造原则是对具有特色的历史建筑的立面风貌进行最大程度的保留,提取乡土建筑的特征对不协调的建筑进行改造,根据建筑结构质量和建筑风貌进行复原修缮(图 7–2–17)。

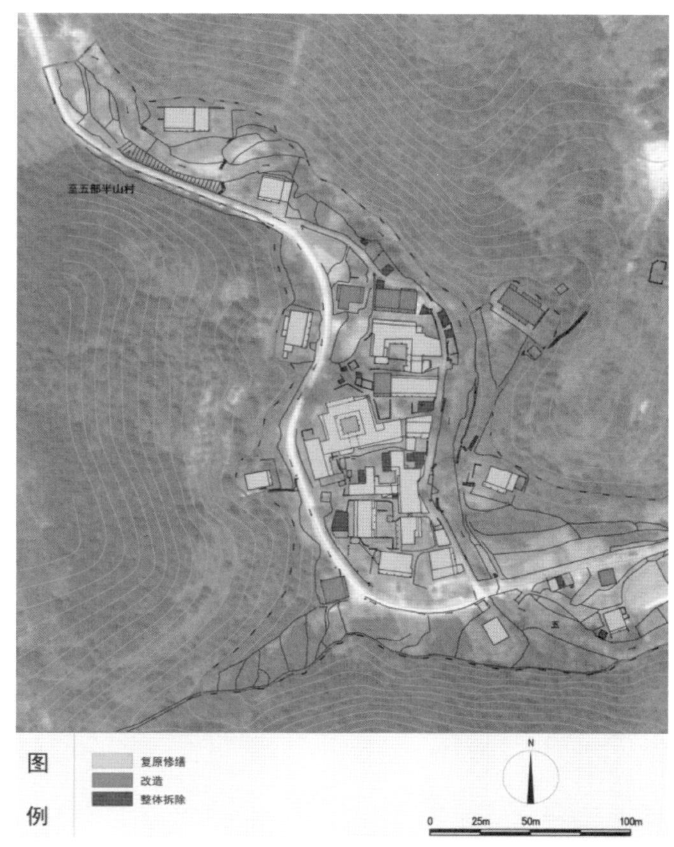

图 7–2–17　建筑拆改留规划图

以四合院边界改造为例。考虑现代功能和艺术活动的需求，对立面中的木质窗扇进行改造。将北侧不协调的混凝土结构板房融入木、瓦和砖的材料，拆除突兀的阳台，以重檐坡顶的传统形式进行改造。在北侧边界用透明材质提示入口。东侧的牲畜棚改造作为茶吧，用竹木条形成模糊的，通透的边界效果（图 7–2–18）。

（3）传统空间的当代性探索

传统村落的保护与再生不仅是尊重保留承载历史记忆的空间格局，同时也应当考虑适宜的当代性。传统村落的保护并非是对历史风貌的原样复原，而是通过适当的改造与历史合适的对话。对传统村落的保护是从更长的历史时期的角度来理解传统村落的现实意义。

改造中用现代的手法体现空间的当代性，在传统村落中采用新旧结合的“艺术盒子”低调谦逊地展现当代的新功能。材料选用具有透明性的玻璃结合当地的毛竹，石和木材构成新旧拼贴的效果。通过嵌入和延续的方式与历史建筑相融合，依循原本的空间秩序，用灰空间丰富空间层次。同时，以曲线的形态界定不同的小尺度空间，引导人们穿梭于传统村落之中进行不同的艺术体验（图 7–2–19）。

不同的“艺术盒子”具有不同的功能，可以作为楼梯房解决山地高差，作为咖啡餐饮屋提供休闲服务，作为林中休憩屋提供场所，作为旧祠堂的采光空间，作为坍塌祖屋的新结构等（图 7–2–20 至图 7–2–24）。

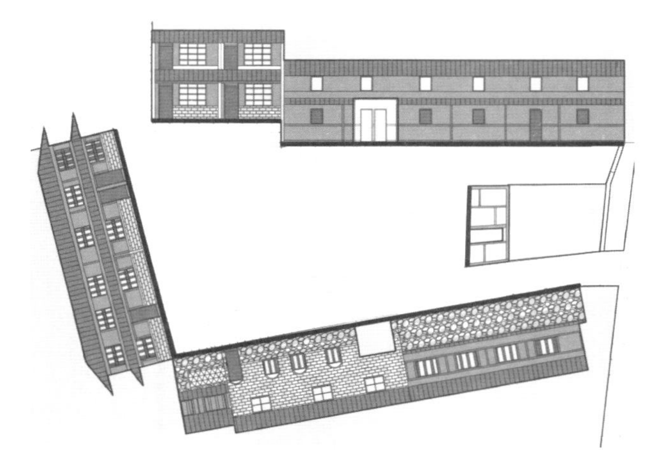

图 7-2-18　宅院边界改造

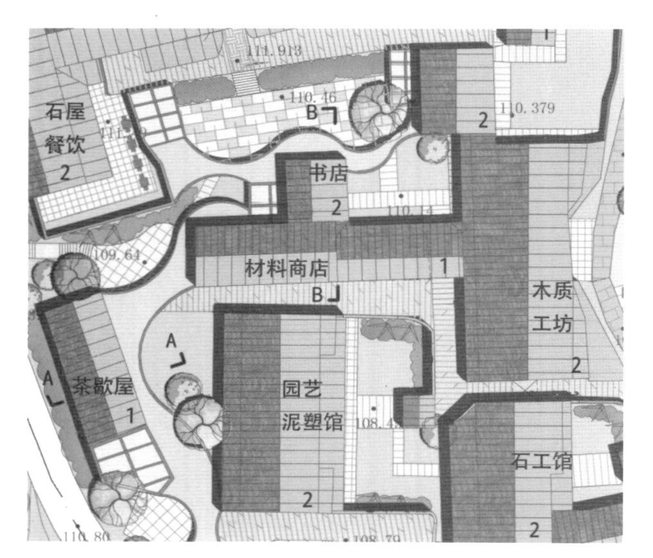

图 7-2-19　传统村落局部平面规划

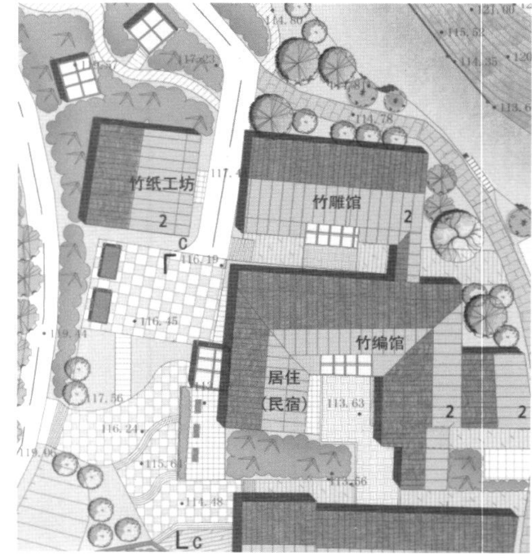

图 7-2-20　传统村落局部平面图——艺术盒子

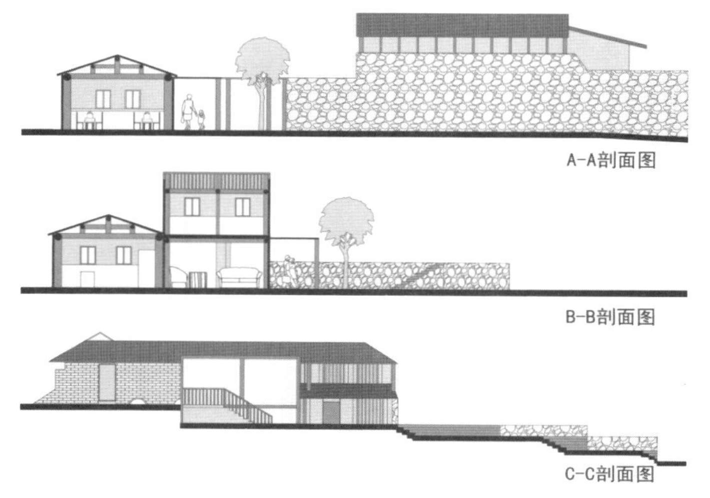

图 7-2-21　传统村落院落场地规划剖面图

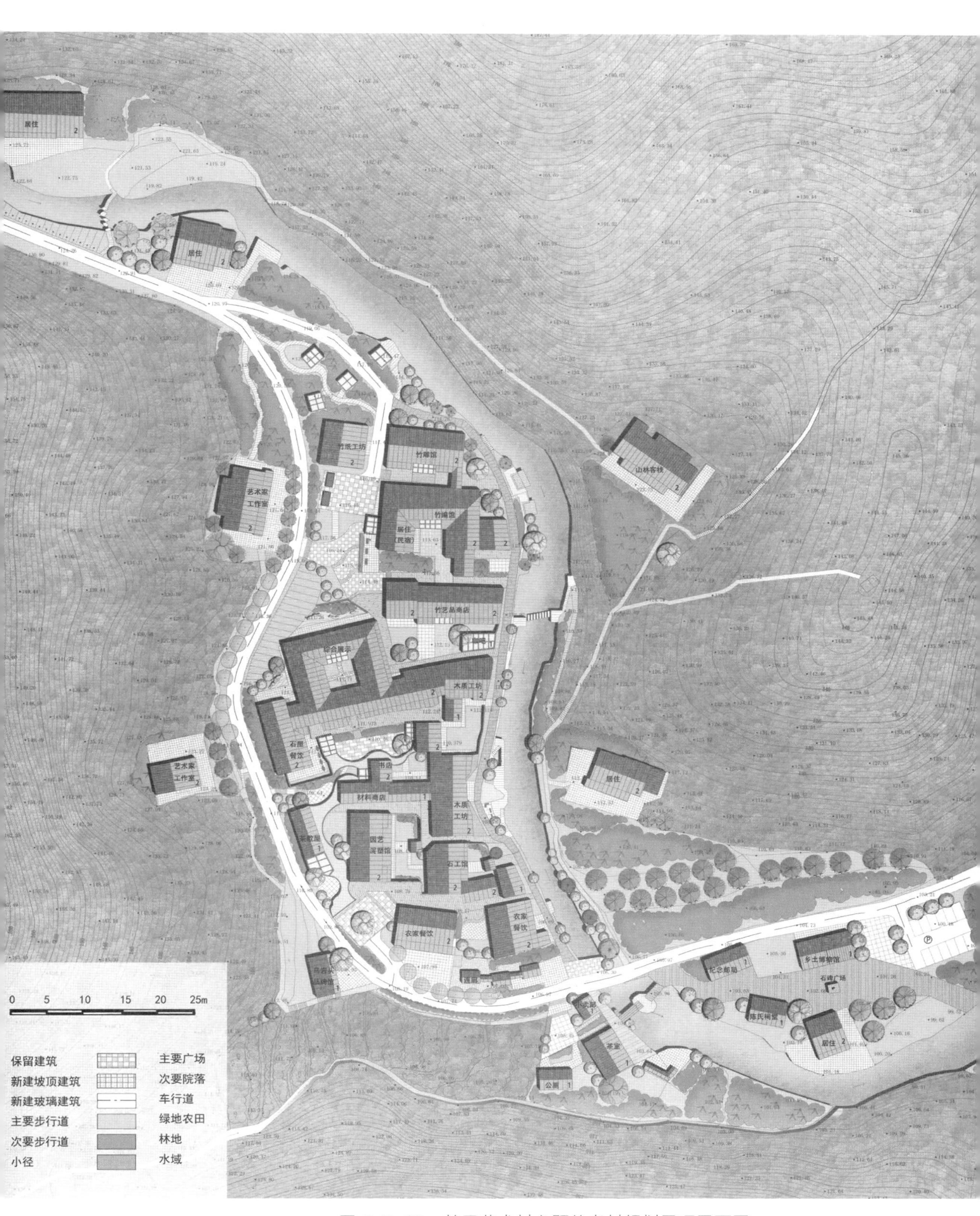

图 7-2-22　基于艺术村主题的老村规划屋顶平面图

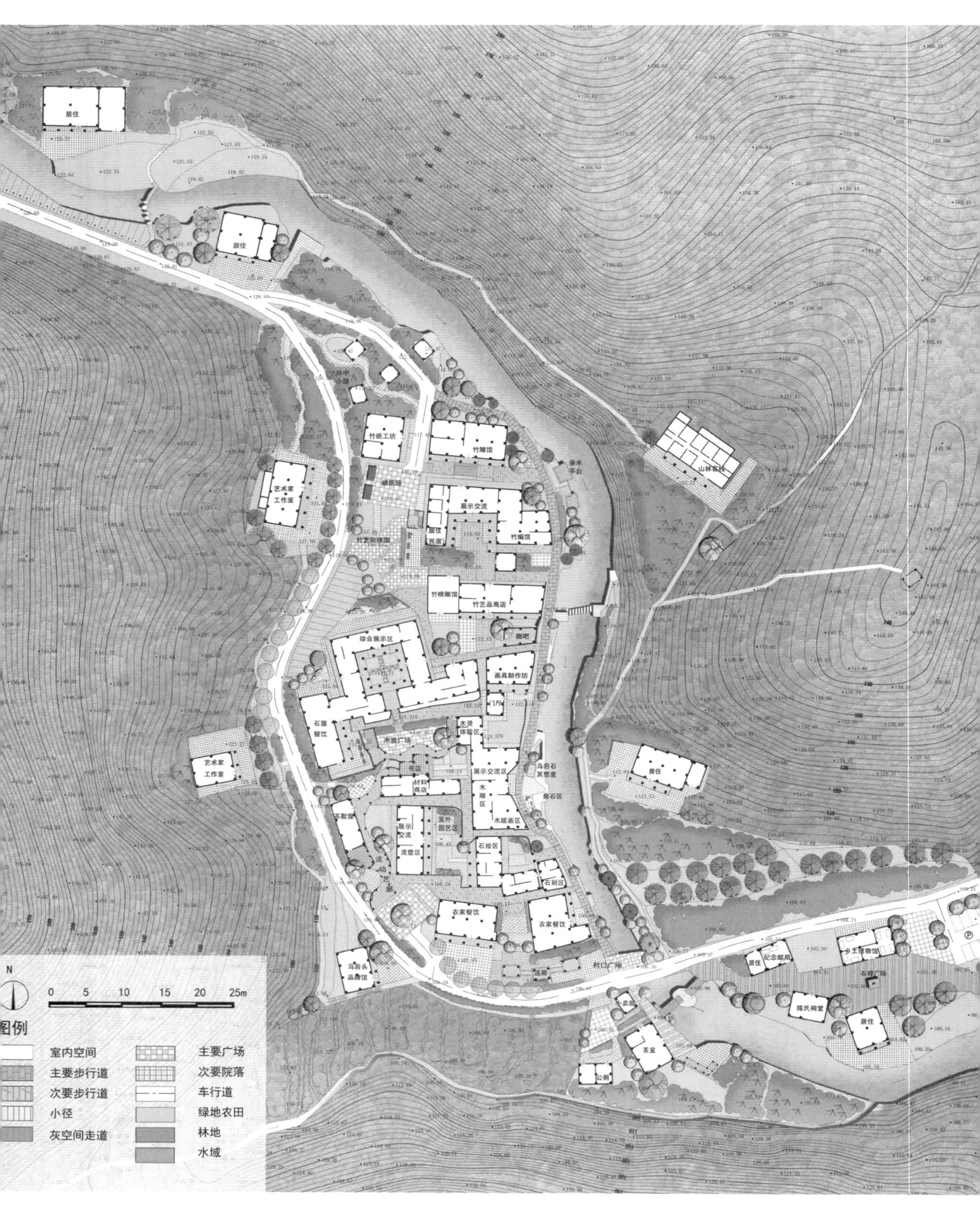

图 7-2-23　基于艺术村主题的老村规划底层平面图

图 7-2-24　基于艺术村主题的老村规划鸟瞰图

7.3　慢生活：农家闲趣和森林氧吧

7.3.1　功能定位研究

1. “慢生活”概念提出

随着现代社会的发展，城市生活的节奏日益加快，奔波劳碌占据了人们的生活，也因此催生了追求“慢生活”的社会文化价值观。虽然“慢生活”的方式最早由国外提出，在西方社会受到追捧后，迅速在众多大城市蔓延开来，但这种对生活的理想追求在我国传统文化中也同样有其根植。我国自古以来的“隐士”文化与当今城市人神往的“慢生活”不谋而合。如同陶渊明诗中所述“久在樊笼里，复得返自然”，“慢生活”也是要从紧张的俗世中解脱出来，寻找自然的状态，而乡村与田园的意境，正是“慢生活”在我国文化语境下的最佳映射。

地处山水之间的乌岩古村，坐享清幽恬淡的自然环境，老村的古建筑整体风貌也尚佳，颇具历史文化价值。在乌岩头村悠久的历史中，也沉淀了深厚的人文内涵。加之特色的农业产品、农田风貌，都是乌岩头村营造“慢生活”乡村休闲空间的充分理由。

2. “慢生活”主题定位

对于当今的城市人而言，“慢生活”所提倡的是在工作和生活中适当地放慢速度，在生活中找到平衡，张弛有度、劳逸结合，提高生活质量，提升幸福感。在乡村环境中，体验闲适的生活状态和健康自然的生活方式，就是“慢生活”内涵之一。

也正是在城市居民对“慢生活”生活状态的迫切需求下，结合乌岩头村的自然、历史、文化资源，提出营造“慢生活”乡村空间的主题。整合村庄内部的农家资源和自然环境的森林资源，为游客提供农家闲趣和森林氧吧两大主要功能。旨在为城市居民提供“慢生活”体验场所的同时，也达到宣传历史文化村落传统风貌、推动村落再生发展的最终目的（图7–3–1）。

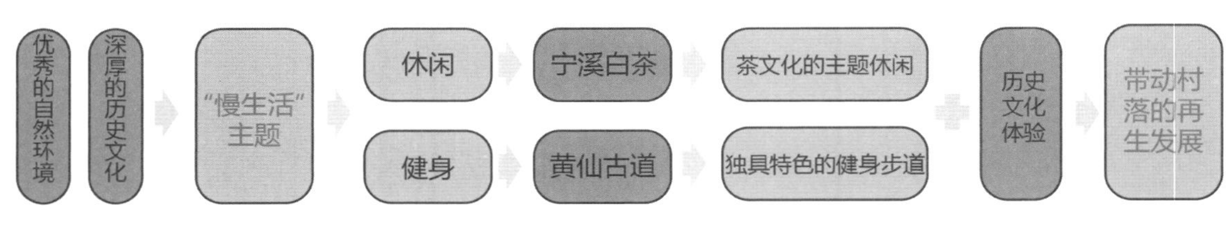

图 7–3–1　慢生活图解

7.3.2　农家闲趣主题探索

相对于忙碌的城市生活，乡村农家的生活就是一种理想的“慢生活”。不同于传统农业社会中农业以生产作物为目的的产业发展模式，在如今，农业发展更加走向高附加值、多元文化内涵的道路。将乡村环境营造为可以欣赏自然美景、感受简单生活，亲近自然环境，彻底放松身心的休闲场所，正是以“慢生活”为主题的历史文化村落再生途径。

而“慢生活”主题下的农家休闲，自然不能完全照搬传统农业的内容。一方面，它是传统农业项目的休闲化、旅游化开发，与传统“农家乐”模式相近，而另一方面，“慢生活”作为一种新兴的生活态度，具有其特殊的文化情趣，引入更加具有地方特色、文化内涵的休闲项目。

中国是茶的故乡，也是茶文化的发源地。中国茶的发现和饮用已有四五千年历史，茶也已成为最大众化、最受欢迎、有益于身心健康的绿色饮料。喝茶能够让人放松，达到修身养性的目的。因此，“茶文化”颇为符合“慢生活”的主题理念。更为重要的是，乌岩头村拥有较好的“茶文化”发展资源，其所在的五部乡正在建设宁溪白茶种植基地。白茶在全国小有名气（图 7–3–2），在江浙沪一代更是名声鹊起，历史上记载其曾是作为供奉皇上的御茶。以宁溪白茶为魅力，利用古村幽静的院落空间和清雅的山水格局作为品茶的场所，结合当地古村落悠久的历史气息，营造休闲的农家品茶氛围，从而吸引更多的喜茶、爱茶的人来此品茶，也给来此追寻“慢生活”的城市人一份难忘的乡村体验。

图 7–3–2　宁溪白茶图

7.3.3　森林氧吧主题探索

对于“慢生活”的主题，它指的并不是绝对的“慢”，而是强调一种健康的生活方式，因此运动、健康同样是其内涵之一。相比于城市中的健身房，自然环境中的森林氧吧能更好地让身体得到锻炼，更有益于身心健康。乌岩头的森林氧吧以森林、清泉、山石、溪涧等基点，

图 7-3-3　黄仙古道

对人体健康极为有益的森林空气负氧离子和植物精气等生态因子为特色，是人们养生锻炼的绝佳场所。高低变化的地形特征也为游客提供不同的步行体验。

同时，乌岩头村具有历史意义的黄仙古道也提供了天然的步行路径（图 7-3-3）。黄仙古道是黄岩通往仙居的必经之路，历史上，宁溪乃黄岩西部重镇。它与永嘉、乐清、仙居、临海数县接壤，实属交通要道，承载了黄岩西部许多生活物资的交易、中转。在这条步道上行走如同一种向前人致敬的仪式。黄仙古道至今仍是许多徒步爱好者出游的重要去处。从乌岩头村沿着黄仙古道走到半山村，沿途的森林景观和清新的空气都能让人身心舒畅。

因此，森林氧吧作为对“慢生活”主题的另一方面演绎，以营造自然空间中的健身步行环境为着手点，试图通过对黄仙古道的修整以及相关配套设施的建设，充分利用乌岩头村的自然资源，同时挖掘其历史文化内涵，提供游人们另一种健康生活方式，塑造乌岩头村“慢生活”的另一形象。

7.3.4　慢生活主题规划设计方案

1. 土地使用规划

对老村片区、过渡景观林带、新村片区进行统筹发展，明确各自的功能定位，对于三个区块进行开发与保护相统筹、新老村发展相统筹、功能分布相统筹、景观风貌相统筹等布局构思。

对于三大片区进行更加具体的功能划分，保证各功能区能够在顺应“慢生活”主题的前提下，在功能体验、环境适应、空间感受等方面有一个循序渐进的过程。围绕主题而展开的一系列活动也应该适当、多样地分布在各个功能区块中，让规划更具有整体性。

规划将乌岩头新村分成了村民住宅区、旅游服务区、茶园体验区三个功能区块，将中间过渡区块分成了花海漫步区、宗族祠堂区、休憩展示区三个功能区块，将老村区块分成了健身徒步区、茶艺展示区、品茗休闲区、生活体验区、旅游服务区五个次一级功能区块（图 7-3-4）。

功能区块的划分遵循在功能体验、环境适应、空间感受等方面有一个循序渐进的过程的规划策略，以达到让主题逐步明晰、让游客慢慢进入古村的效果。

旅游服务区和茶园体验区两个功能区希望给外来游客一个初步印象。茶道讲究观茶—沏茶—品茶的一个过程，所以对于那些为宁溪白茶而来的游客先观茶，看看宁溪白茶的原始状态，也可以自己亲自上阵体验一下怎么摘茶叶，随后还可以到茶叶加工坊将自己摘得茶制

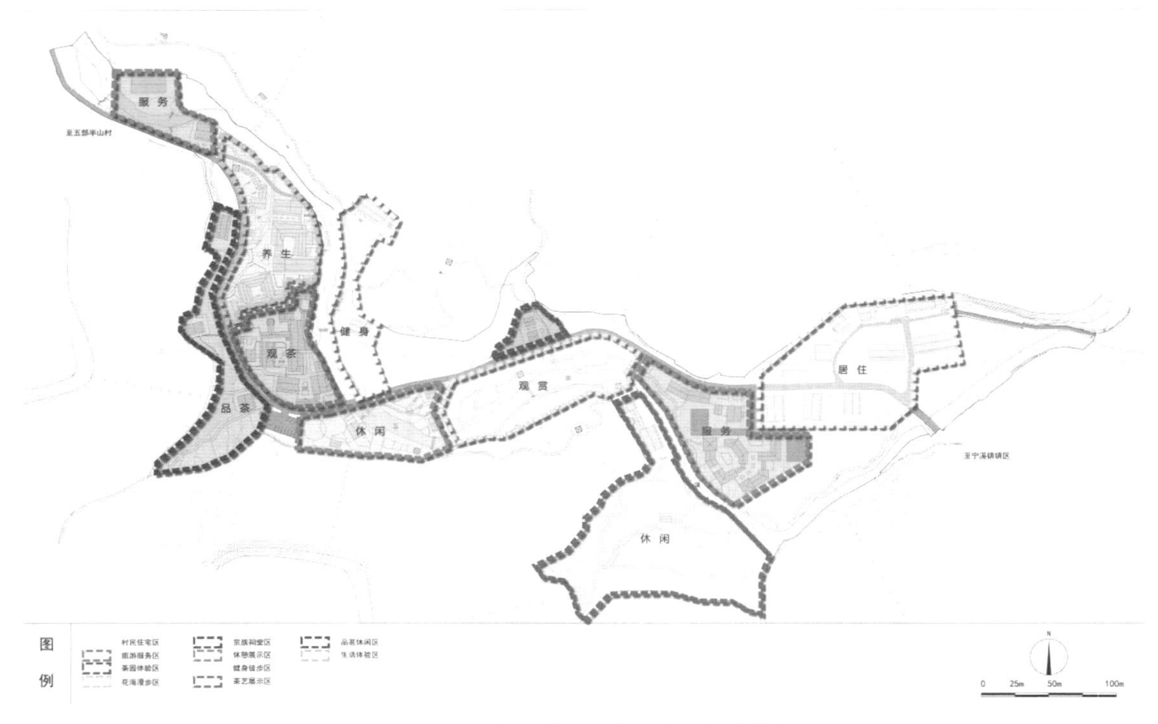

图 7-3-4　基于慢生活主题的结构规划图

作出来。

随后进入的是观赏健身步道，也就是花海漫步区、宗族祠堂区、休憩展示区三个功能区块。游客能够感受乌岩头的自然景色，在步道中慢慢前行，融入这里的环境，喜欢上这里独特的景色。然后是健身徒步区、茶艺展示区、品茗休闲区三个区块。游客可以进入黄仙古道开始森林氧吧之旅，或是进入茶艺展示区观赏最传统的茶艺表演，欣赏茶文化的博大精深，也可以在茶叶制作工坊去仔细地观看、体验制作茶叶的每一道工序。

生活体验区提供游客可以静心租住的农舍，感受乡村慢生活的闲趣。游客可以在乡村寂静的夜晚去做做瑜伽，放松身心。通常茶都会与书画相联系。居士小院后面的书画院便是那些有诗情雅兴的游客交流斗技的好地方。这样独特的生活节奏能让那些厌倦城市生活的游客感到舒适，愿意在这个小乡村中居住停留，或是下次有时间再来（图 7-3-5）。

2. 交通系统规划

根据规划，村中原有东西走向的水泥硬化路拓宽至 7 米。它仍然是乌岩头村对外联系的主要道路。原来村东北侧的 2 米水泥路拓宽至 4.5 米，变成可通车的次要车行道。在村庄的东侧新建两座停车场，分别停大小车辆，在村庄的西侧新建一座停车场。停车场的对面新建一个回车场地，保证车辆的通行组织。

从乌岩头新村村头广场到老村北端的沿河步道是主步行道之一，宽度 3 米，砖铺地，也是主要的景观步行轴线。另外重新恢复的黄仙古道也是主步行道之一，传统石板铺地，从桥头起直至半山村，沿途修有休息亭。其余的观赏健身步道以及老村内的传统巷道都是次步

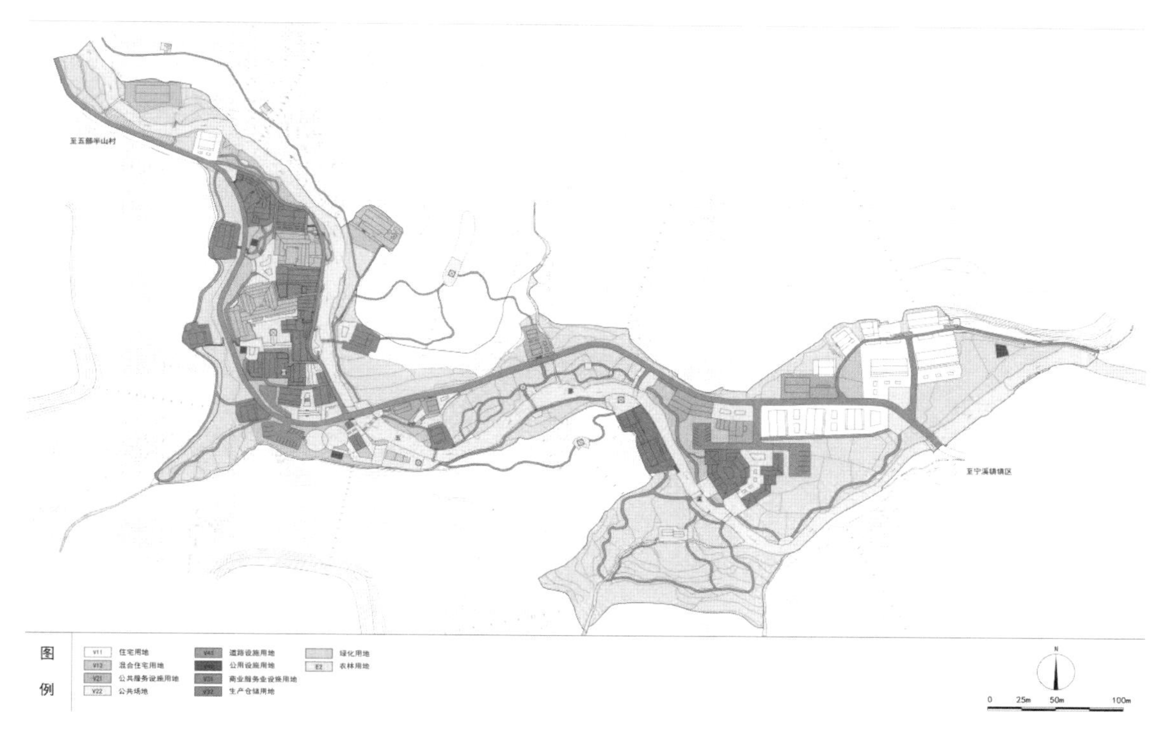

图 7-3-5　基于慢生活主题的土地使用规划图

行道，不设统一宽度，也是串联各个空间的重要组成部分。古村步行系统较为发达，呼应主题，为游客提供充足的步行健身休闲空间（图 7-3-6）。

3. 公共服务与市政设施规划

排水工程规划：建设污水处理池两个，分别位于老村南部以及新村东部，东西侧顺应地形设有两条 300mm 主干管，多条 225mm 次干管，整体覆盖全部区域，保证污水的顺利排放。雨水排放管道与污水管道合并，采取雨污合流的排放模式。

环卫工程规划：共设有垃圾收集点 3 处，分别为老村南北各 1 处以及新村 1 处，另外在旅游景区内均匀设置小型垃圾桶，满足各区域的垃圾收集需要。规划共设有公共厕所 3 处，主要为保证老村村民使用及旅游区域的游客需求。

电力电信工程规划：共设有桥头咖啡厅旁和村委会旁 2 座低压配电站，保证新村老村的电力供应，区内有过境 110kV 高压线 1 条，提供主电力的 10kV 配电线一条，以及顺延道路的低压配电电线网络。通信管沟沿主要道路设置，有线电视的入户率达到 100%。

供水工程规划：在老村北部地势高处设置水塔一座，作为全村的水供应点，设置 100 毫米直径主干管 1 条，75 毫米直径次干管多条，近期与宁溪镇自来水管网全部接通，保证全村的水供应（图 7-3-7）。

4. 景观系统规划

景观风貌结构如图 7-3-8 所示：

（1）“一条主轴”，基本沿着沿河步行主轴，串联各个重要的景观节点，体现规划景

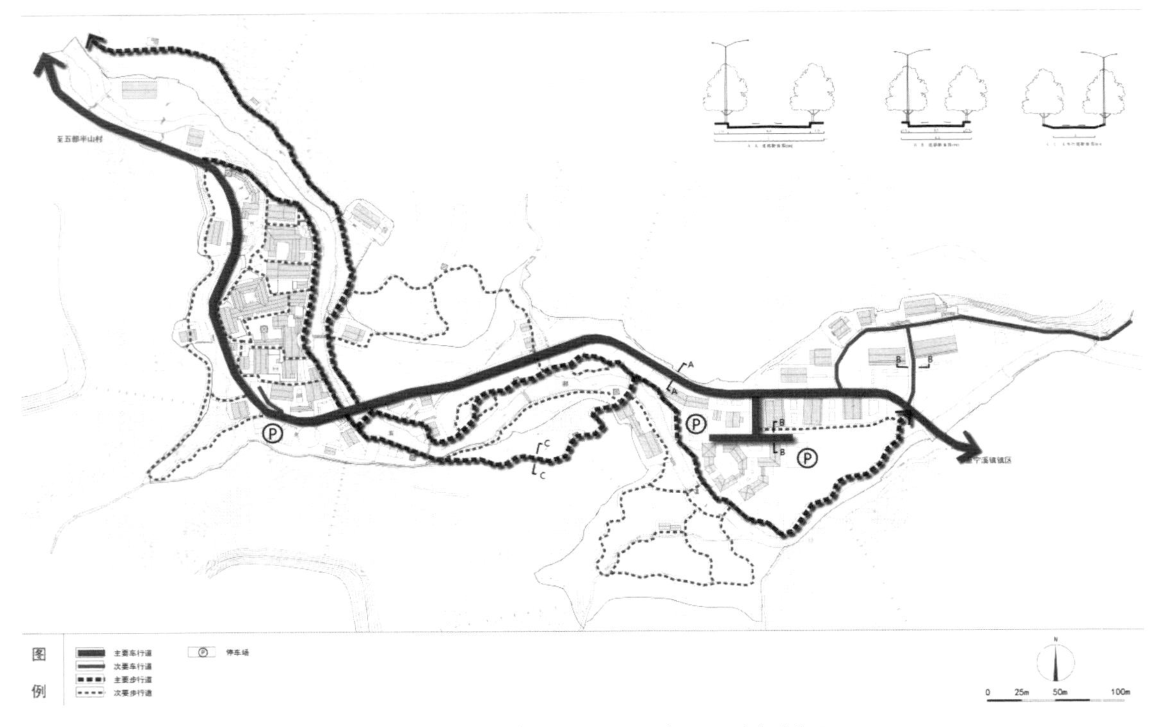

图 7-3-6　基于慢生活主题的交通系统规划图

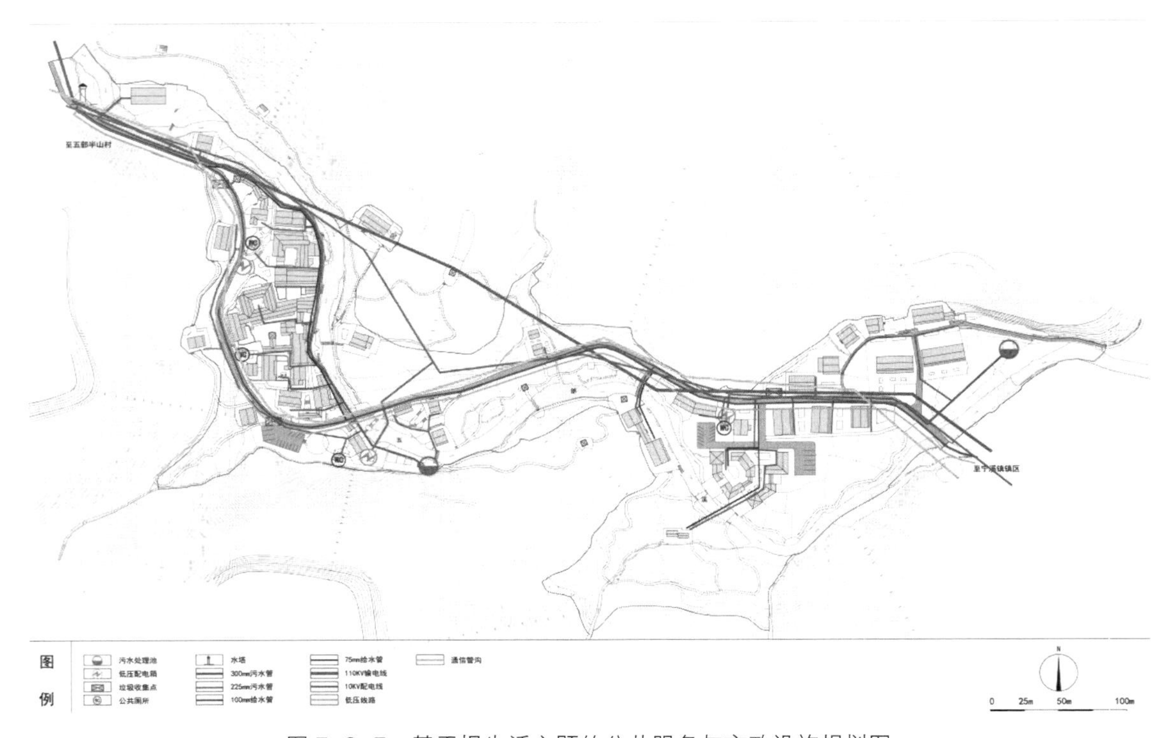

图 7-3-7　基于慢生活主题的公共服务与市政设施规划图

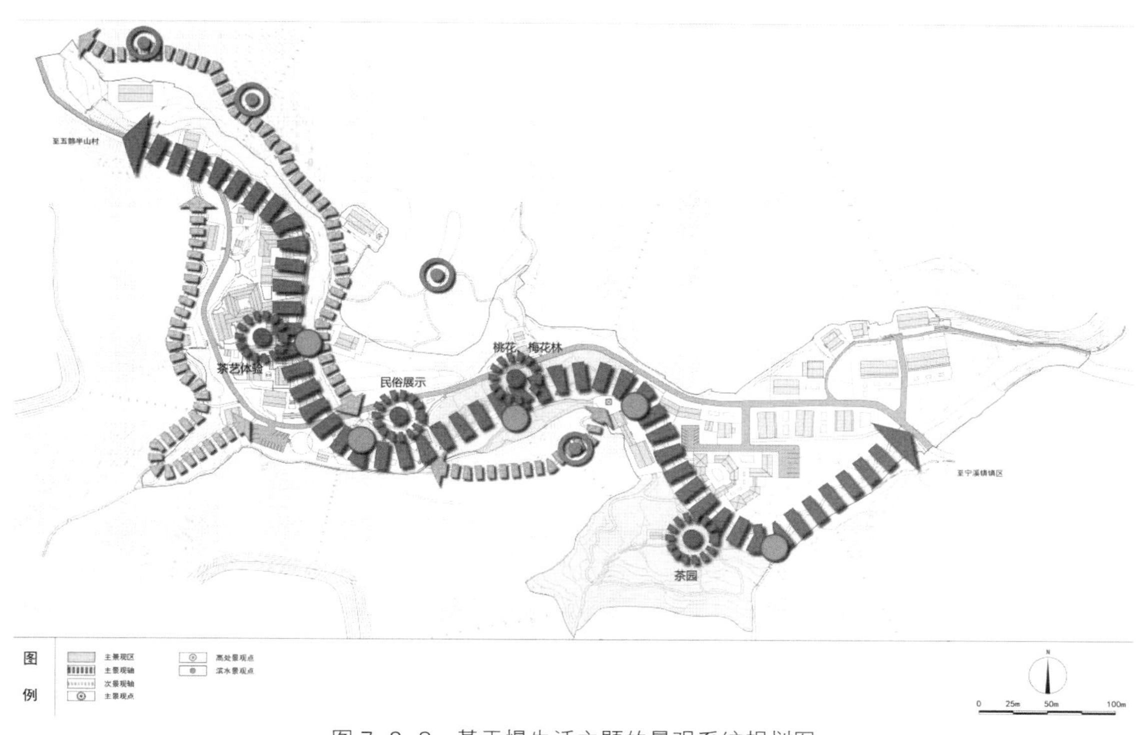

图 7-3-8　基于慢生活主题的景观系统规划图

观的丰富性和均布性；

（2）“三条次轴”，分别是山上观景步道、西侧的品茶休闲步道以及黄仙古道。3 条次轴都有着地形高度的优势，有着较好的景观视线。

（3）“四个主景观节点”，分别是茶园、桃花梅花林、民俗展示厅（含桥头广场）以及茶文化体验广场，4 个节点代表着不同的景观风貌。

（4）“四个高山景观点”，过渡区南北两侧山上各一个，黄仙古道上有两个，4 个点都有较好的景观视线。

（5）“五个滨水景观点”，均匀分布在主景观轴上。滨水景观平台的均匀布置保证了主景观轴良好的亲水性。

5. 村庄规划

（1）“农家闲趣”空间营建

作为“慢生活”主题的重要板块，乌岩头村休闲平台的理念要通过宁溪白茶——茶文化系列主题空间的营建来实现（图 7-3-9）。茶道讲究“观茶”—“沏茶”—“品茶”的一个过程，相对应的是茶园体验空间——茶艺、茶工艺展示空间——半私密品茶休闲空间的一个空间节奏变化，希望通过这样一个以茶文化感受体验的主线让喜茶爱茶之人或是希望休闲放松的游客逐步地融入乌岩头村这个环境，徜徉在这个环境中，放慢生活节奏，细细品味生活，感受不一样的“慢生活”。

茶园体验空间主要依托新村南侧的大片茶园空间，使得初来乌岩头的游客能够观赏到

图 7-3-9 “农家闲趣”空间规划示意图

宁溪白茶最原始的状态，并能亲身体验一次茶农的感觉。茶艺、茶工艺展示空间主要依托老村前部的茶艺馆以及茶艺制作工坊，配合中心广场定期举行的茶文化主题的公共交流活动，让人们进一步的认识、感受、体验到茶文化的博大精深。半私密品茶空间主要是依托乌岩头老村独特幽静的院落空间，配以散落各处的休闲茶室，可以在室内，也可以在室外静静品茶，感受村落深厚的历史文化气息，让人真正地沉入老村的这个历史文化村落环境之中。

（2）“森林氧吧”空间营建

过渡景观林带步道以及两侧山上观景步道是实现慢步健身、感受自然环境的重要组成部分，同时观赏健身步道也是新村老村之间的过渡空间的核心内容，规划对于观赏健身步道整体考虑的规划策略，对步道沿途进行景观营造，让游客感受到乌岩头独特予以的自然环境资源，感受到与城市景观截然不同的味道。

黄仙古道是森林氧吧重要的步行路径，也是“慢生活”主题理念的重要体现。针对部分损坏的黄仙古道，规划采取尊重原始，整体修复提升的规划策略。增加步道的多向性，适当的减弱步道的单一指向性，让游客能够放慢步行的节奏，去欣赏周边的环境美景，既能达到健身的效果，也能放大休闲的感受与体验。沿途建设休憩点设施，完善古道沿途的基础设施建设，在带给人们最好体验的同时也能够最大限度地保护周边自然环境（图 7-3-10）。

7.4 乌岩头村整体发展的功能定位

通过上述关于乌岩古村发展定位的系列研究，可以看到，该村落具有较为突出的历史

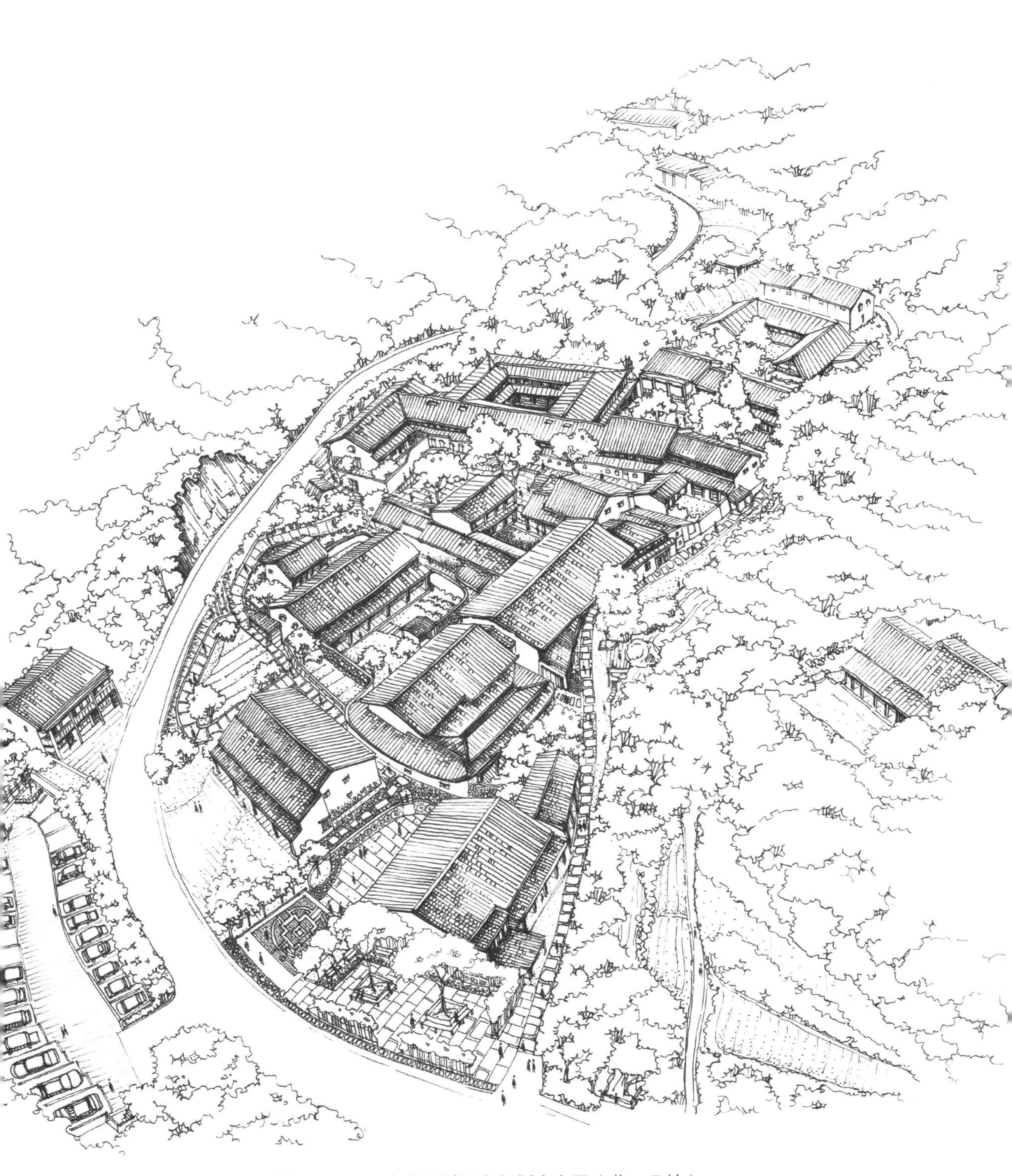

图 7-3-10　乌岩古村再生规划意向图（蔡一凡绘）

文化要素特征。

首先，过去由于地理交通条件不便而导致经济发展滞后的不足，相反使得村落的整体建筑环境和空间格局得以保留，基本上没有产生新的不协调的村民住宅建筑。时光流逝似乎“停留”在20世纪20—30年代的历史时期，让人产生“时光穿越”的视觉和心理感受。正是这一点，“民国印象”以及以“民国”故事为题材的影视文化活动基地成为该村落再生的极好定位。由于这一地区丰富的“共产党”地下斗争和“国民党”时期的人物故事，延展了关于“国共合作”的丰富题材。乌岩头村的整体风貌和格局，甚至可以将影视题材扩展到新中国成立以后20世纪50—60年代的“山乡巨变”时期。这样的定位和发展，将使得乌岩头村在交通区位上本来的劣势，转变为影视基地所希望看到的优势，因为影视剧拍摄活动希望有一个相对封闭的地方，远离各种干扰。

其次，乌岩古村建筑院落和整体空间格局的丰富性和流动性反映的是陈氏家族的血缘、亲缘关系，是封建社会家族关系和当时生产力条件下的空间产品。这种空间的流动性对于当今的意义，正好满足了“艺术”活动的特征，因此，作为“艺术村”的大众参与艺术活动将成为乌岩古村再生的极好内容。此外，空间场所的流动性和丰富性，可以承载关于各类民俗节庆的活动，展示传统农耕文明的朴素智慧。

再次，乌岩古村所处的山林环境将成为城市人远离喧嚣、暂避尘寰的绝好去处。得益于互联网WiFi的便捷性，城市人可以“偷得浮生半日闲”，在这里享受森林氧吧和农家闲趣，然后再精力充沛地返回城市。这将开启“慢生活”的新篇章。

以上关于乌岩古村的发展定位，虽然在分析过程中是单列的，但是在实际操作中可以综合运用。可以根据乌岩古村历史文化村落保护和再生工作，结合村落建筑空间的特征和市场的响应，创意地组织新的功能和新的社会关系，从而赋予村落的新生。

下篇　实践篇

8

第8章　乌岩头历史文化村落再生的建造实践

基于前面“理论篇”和“规划篇”的探讨研究和规划定位，本章开启“实践篇”的呈现。在历经1年半的再生建造实践中，本章遴选了11个再生建造的具体对象，通过改造功能的定位、设计图纸，以及改造前后的对比照片，生动展现再生实践的过程和取得的初步成效。应当看到，这些具体对象的改建有的已经初步完成，有的还在实践过程中，并没有展现最终效果。但是，本章希望通过这些改造前后的对比，给予读者比较形象的、感性的认识，体会到从理论到实践的“转译”过程。

8.1 村口老石桥修复及石碑重塑
8.2 村口废弃的村集体房屋及环境改造
8.3 村口公共厕所及休息庭园建设
8.4 村口公共停车场建设
8.5 古村主入口广场建设
8.6 葡萄园及农家小院建设
8.7 中心广场建设
8.8 乌岩石观景平台及护栏建设
8.9 老四合院功能转型与改造
8.10 教学实践基地房屋改造
8.11 村民住宅转型为民宿改造

8.1 村口老石桥修复及石碑重塑

村口老石桥位于乌岩头老村村口，现状存有古桥一座（图 8-1-1，图 8-1-2）。古桥历史悠久，建于清朝咸丰年间，通体由石块堆砌而成，原古桥有两孔，但由于年代久远，现只

图 8-1-1　老石桥位置图

剩余一孔，另有石碑立于桥边。桥身布满青苔植被，风貌古朴，别具一格。

规划对古桥进行保护修复，保留其原有的特色风貌，同时恢复其作为步行桥的功能，修复另一平板石桥连接古桥与河岸，形成“双桥”的独特景观节点，并辅以石刻“双桥伴溪”作为节点景观。此外，对溪岸环境进行了综合整理，主要内容为整理自然水系、绿地、步行空间等环境。改建之后保留了原有古桥的传统风貌，新建的平板石桥既与传统风貌相协调又不失使用功能。石桥作为老村入口处的重要公共空间节点，反映

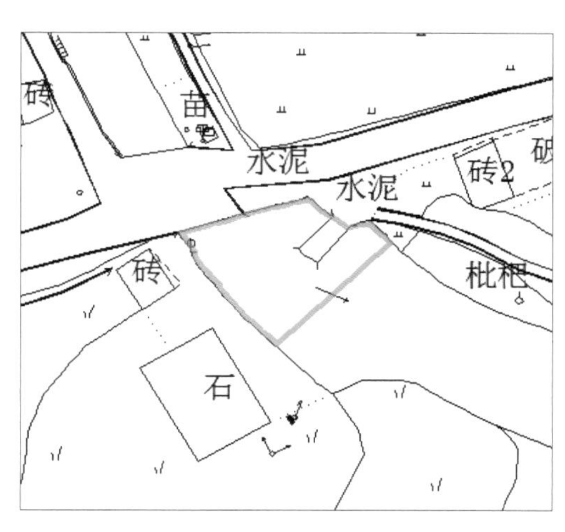

图 8-1-2　老石桥改建前现状平面图

了传统空间环境特色，塑造了融合历史意义与现代使用功能的空间环境（图 8-1-3 至图 8-1-9）。

图 8-1-3　老石桥改建前西侧一段已被洪水冲垮

图 8-1-4　老石桥改建后恢复西侧段石板桥并整治环境形成“双桥伴溪”景点

图 8-1-5　老石桥改建前后

“中德乡村人居环境可持续发展”工作营期间，德国学生在石桥上进行小组讨论研究课题

图 8-1-6　新的活动方式重生了古桥的空间环境

（a）建设中

（b）建成后

图 8-1-7　在桥头建设一处桥碑小广场

图 8-1-8　找到被弃置的建桥石碑

图 8-1-9　利用废弃猪食石槽作花盆起到桥栏功能

8.2　村口废弃的村集体房屋及环境改造

废弃的村集体房屋原为木工间，其间为村打米场位于乌岩头老村村口，现状车行道路南侧，与古桥隔山溪而望。其北侧有一闲置小建筑（图 8-2-1，图 8-2-2）。规划改造的具体内容为两栋建筑再生使用及其周边环境的整体改造。

图 8-2-1　村集体房屋位置图

南侧打米场屋改造过程保留了建筑原有的墙体立面。为保证建筑内部的采光而适当提高了屋架，增设了高窗与屋顶天窗，保留了原有的门窗位置，采用现代的门窗材料。北侧建筑的改建保留了原有的木质门窗的构件形式，采用了与环境相协调的本土木质材料。同时，规划对建筑外部环境进行了整理，使用当地石板和溪石铺设适宜人步行的滨河小路，营造了良好的空间氛围。

目前，打米场屋建筑改造项目目前已基本完成，其近期为同济大学“乌岩头村历史文化村落规划设计”工作室，也可作为乌岩头村历史文化村落建设项目指挥部，同时可在未来的功能置换中作为咖啡馆或茶室对外营业（图 8-2-3 至图 8-2-10）。

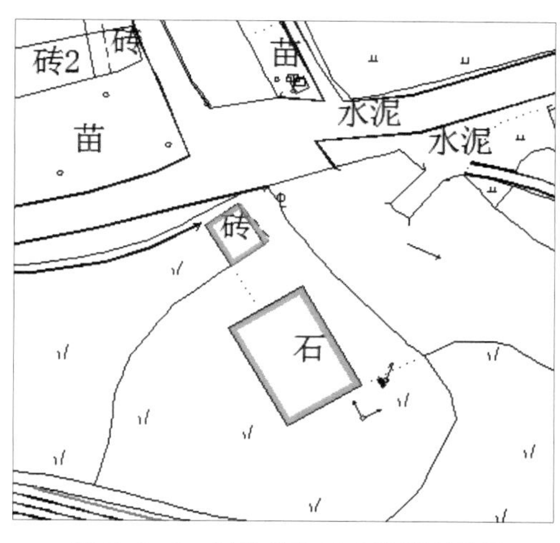

图 8-2-2　村集体房屋改建前现状图

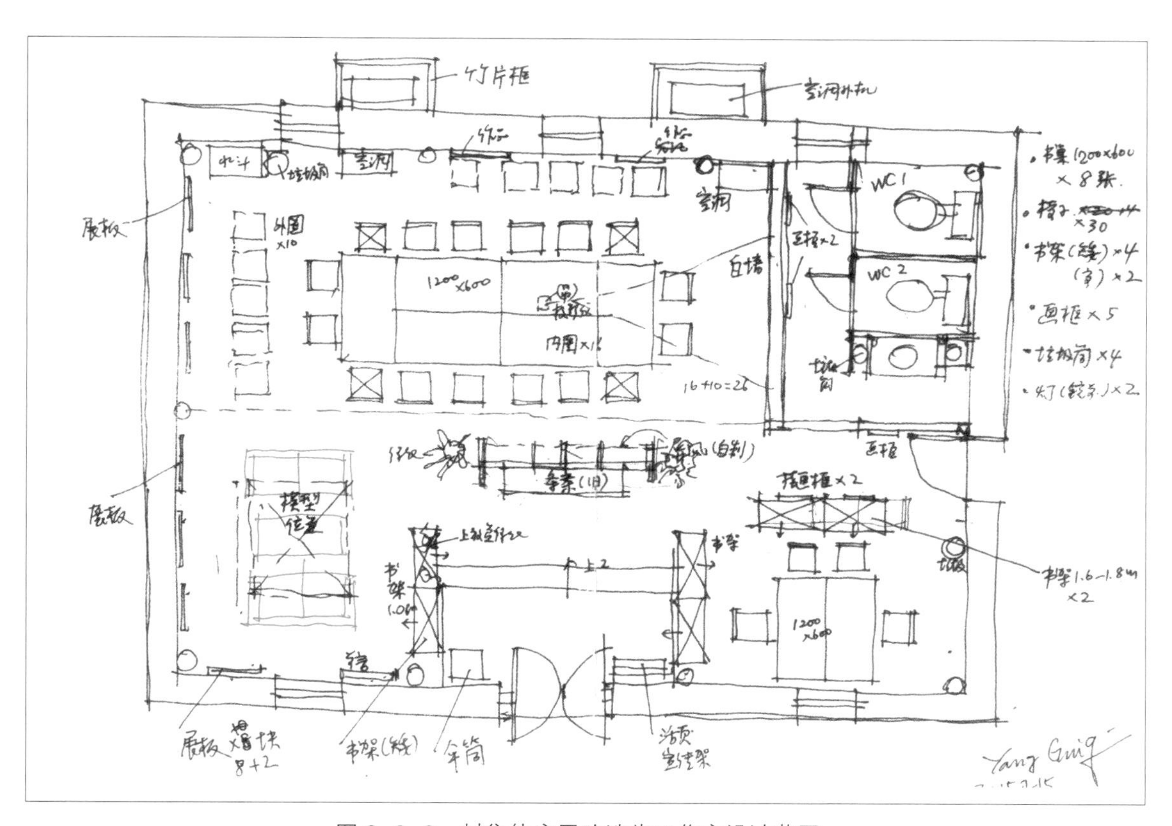

图 8-2-3　村集体房屋改造为工作室设计草图

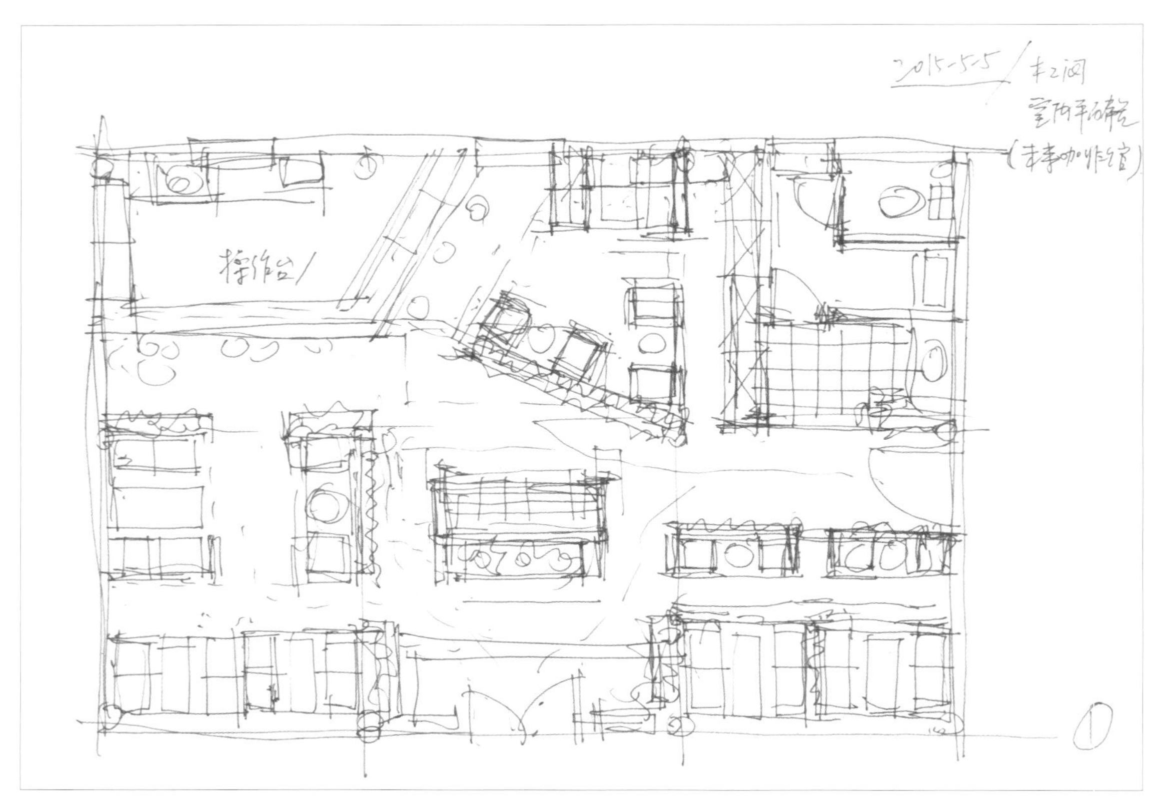

图 8-2-4　村集体房屋改造为咖啡馆设计构思图

（a）改建前

（b）改建过程中

（c）完成后周边环境

图 8-2-5　原弃置的村集体房屋改建

（a）室内全景

（b）会议与展览功能

（c）室内屏风设计采用钢材表达传统窗花图案

（d）保留原石墙作为展览背景

（e）休息区

图 8-2-6　村集体房屋改造为工作室内景

图 8-2-7　工作室外环境

（a）改建前

（b）改建后（原石墙保留清洁加固）

图 8-2-8　工作室外立面石墙改造前后对比

（a）侧窗采光

（b）天窗采光

图 8-2-9　村集体房屋屋顶改造

（a）改造中

（b）改造后

图 8-2-10　村集体房屋周边环境改造

8.3 村口公共厕所及休息庭园建设

新建的公共厕所位于改造的打米场屋与新建停车场之间。临近老村入口的同时，也与主要道路保持一段距离，由单独的流线引向其使用。考虑到未来规划中停车场及入口广场需要应对的客流集散功能，功能上需要配置公共厕所，景观上也需要与周围自然以及老村风貌相协调（图 8–3–1，图 8–3–3）。

新建公共厕所的形式吸取了当地传统建筑的形式：屋顶整体沿用坡屋顶的意象，但以不等坡屋顶在屋脊错开的形式，从而开侧高窗提供良好的通风照明；整体以朴素的色调为主，运用传统建筑中出现的自然色彩，如原木色、石块的灰色等，与周围环境相协调；建筑细部采用传统建筑中的细部元素作为母题加以演绎，例如窗花等，使得建筑具有传统韵味；利用现状高差改造为无障碍通行道，并设有绿化带作为无障碍通道与车行道之间的分隔。

图 8–3–1　村口公共厕所及休息庭院位置示意图

对于公厕门前休息庭园的环境进行了整理，不仅保留了原有的竹林自然环境氛围，此外还营造了宁静的景观特色氛围，成为打米场屋建筑改造项目、游客停车场与公共厕所之间的景观庭园，在外部空间上作为三个对外公共建筑的联系节点（图 8–3–4 至图 8–3–7）。

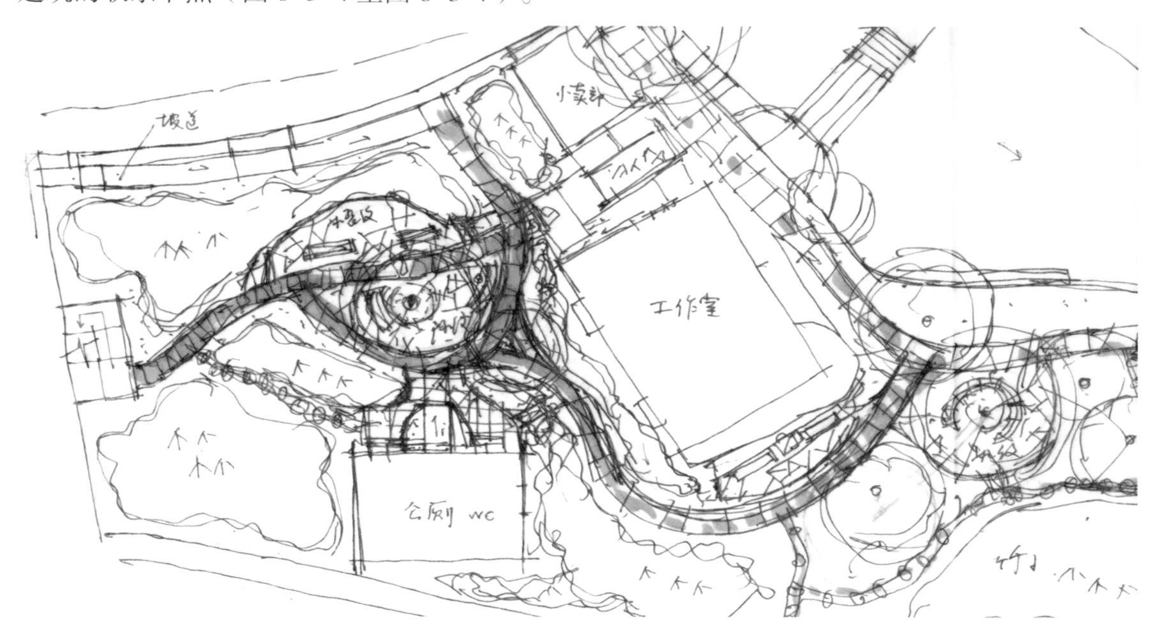

图 8–3–2　村口休息庭院规划设计草图

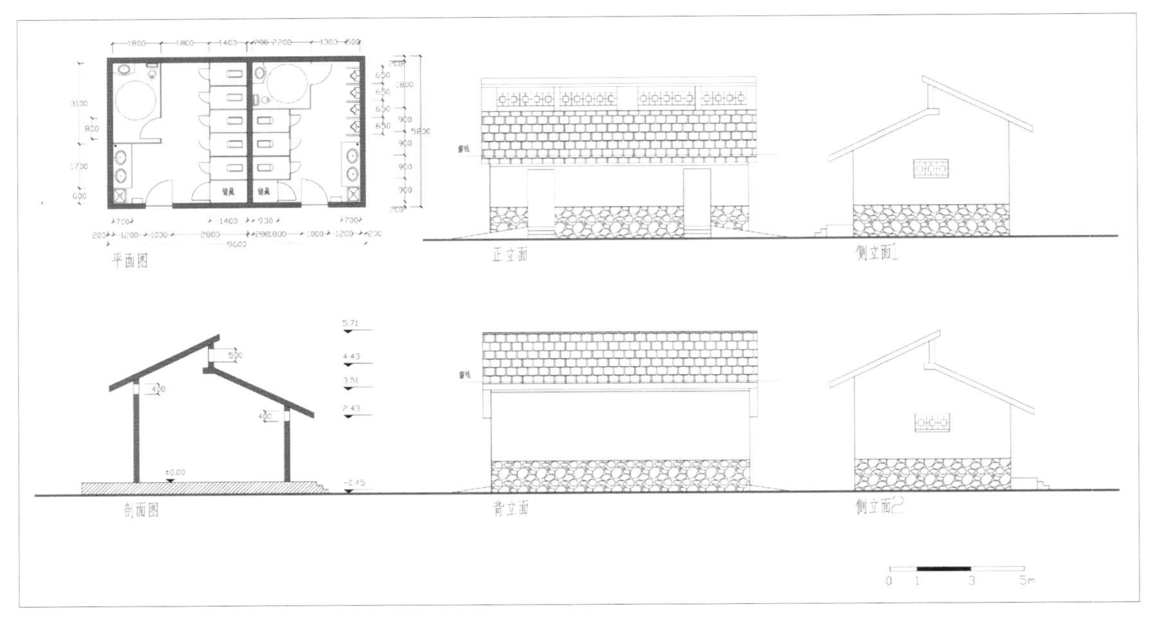

图 8-3-3　村口公共厕所设计方案图

（a）现状

（b）建设中

（c）建成后

图 8-3-4　村口公共厕所

（a）改建前

（b）改建中

（b）改建后

图 8-3-5　休息庭院改建前后

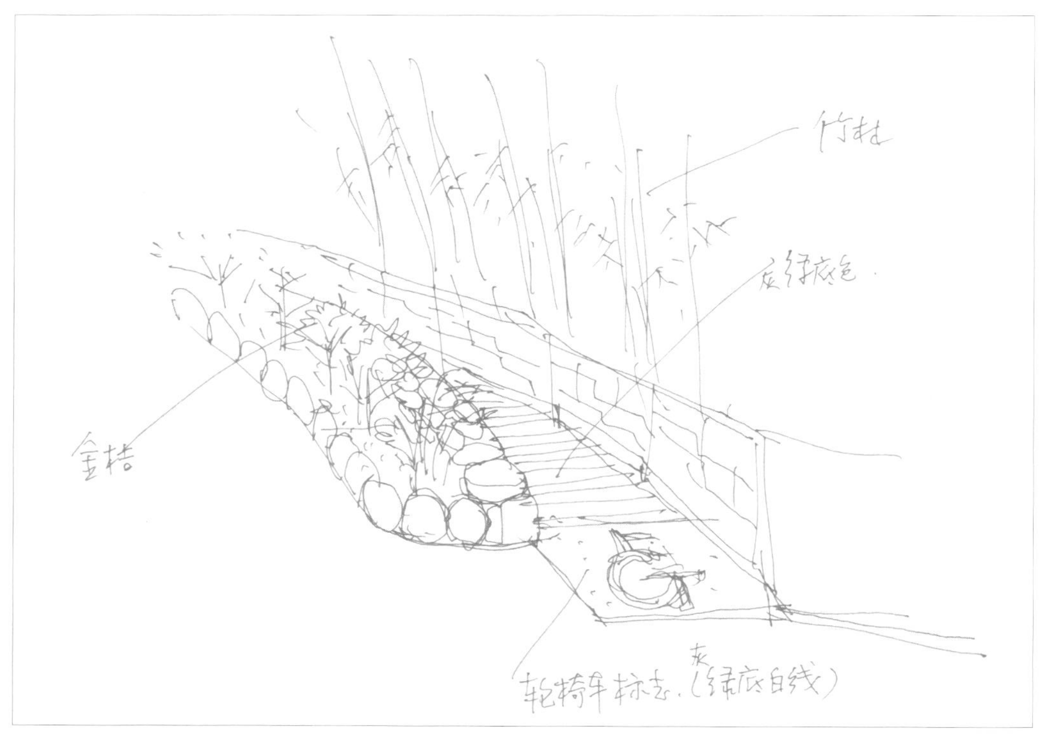

（a）无障碍坡道设计草图

（b）建成效果

图 8-3-6　休息庭院加建无障碍坡道

（a）建设中

（b）建成后

图 8-3-7　村口公共厕所及休息庭园改造全景

8.4 村口公共停车场建设

游客停车场位于乌岩头老村村口、现状主要车行道路的南侧，北靠山体，与规划的入口广场相对。游客停车场现状原为空置地，有少量枇杷树和柿子树，以及竹林密布（图 8–4–1，图 8–4–2）。

图 8–4–1　村口公共停车场位置图

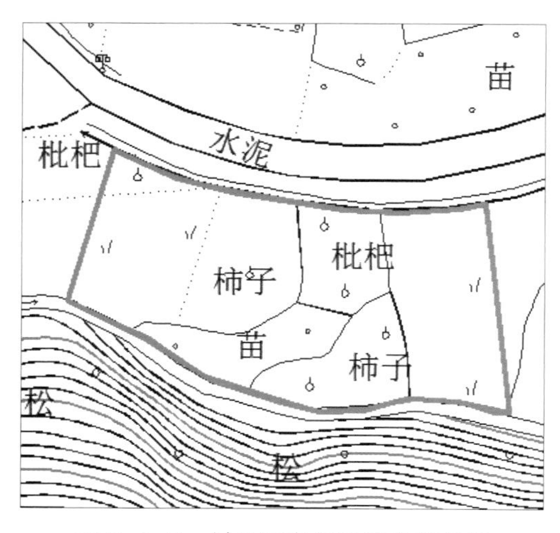

图 8–4–2　村口停车场改建前现状图

规划对原有环境进行整理改造，合理保留周边植物树木，并采用当地本土材料与植物（主要为竹）进行环境整治。规划充分考虑停车场的景观及生态要求，地面铺装采用透水地面，以多孔的植草砖为主，使得雨水能够渗透地面并美化了停车场的景观环境。对于现状存在的地面高差，规划采用坡道与绿化带进行场地的划分，其中绿化带的边界采用当地石材，对于植草砖与坡道的硬质地面交接处采用小型石块的铺地作为衔接，体现了乡土特色。在停车场的入口处，规划建设一条无障碍坡道，（图 8–4–3 至图 8–4–7）。

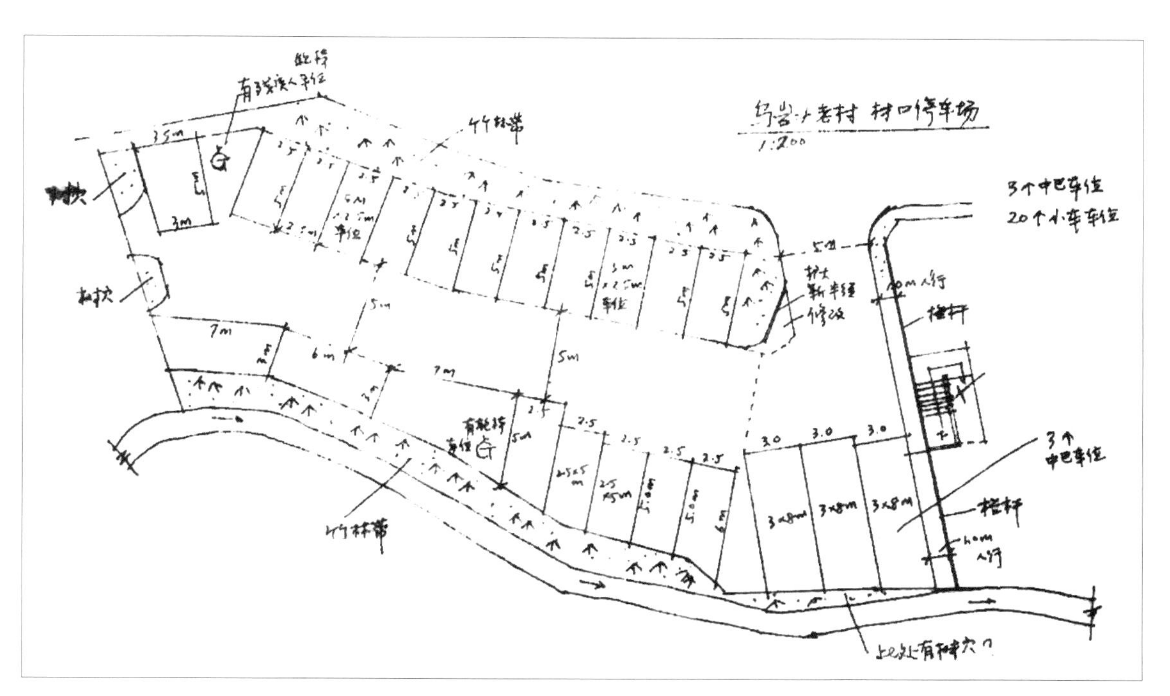

图 8-4-3　村口公共停车场规划图

（a）建设前

（b）建设后

图 8-4-4　村口公共停车场建设前后

（a）建设前

（b）建设后

图 8-4-5　村口公共停车场高差处理

图 8-4-6　公共停车场地面采用渗水植草砖

图 8-4-7　公共停车场人行通道采用当地石材与传统图案

8.5 古村主入口广场建设

主入口广场位于乌岩头老村南部主要车行道路的北侧，其东侧为传统民居的入户立面，西侧为传统民居的山墙立面，改造前为闲置空地（图 8-5-1，图 8-5-2）。规划整理了入口广场

图 8-5-1 主入口广场位置图

的周边环境，有效地利用原有现存的南向空地，使之成为乌岩头老村重要的公共空间节点。规划入口广场与游客停车场相对，其楔形平面引导人流步行进入乌岩头古村落。同时，入口广场与村落北侧山体形成视线通廊，是重要的村庄入口景观节点（图 8-5-3）。

改造后的主入口广场充分利用现状地形，东侧整理现状水渠，作为居民住宅与入口广场的分隔；西侧沿住宅院落与山墙种植植物，营造良好的乡村环境氛围；入口广场南侧地面选用具有传统乡土特色的铺地花纹，延续传统乡村特色；西侧大树下设有“乌岩头村”的标示石，提示其作为乌岩古村的入口空间节点（图 8-5-4 至图 8-5-8）。

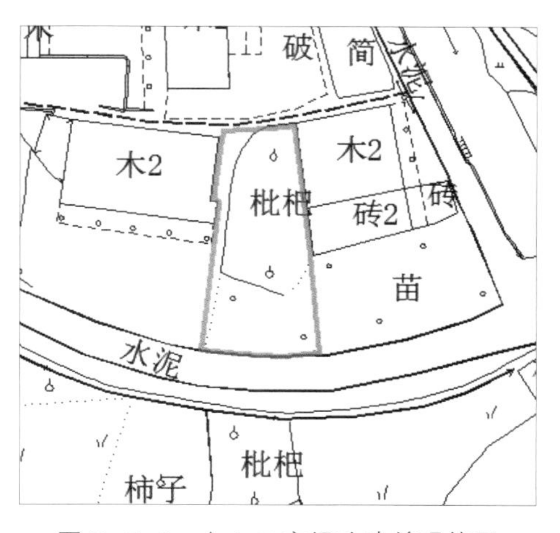

图 8-5-2 主入口广场改建前现状图

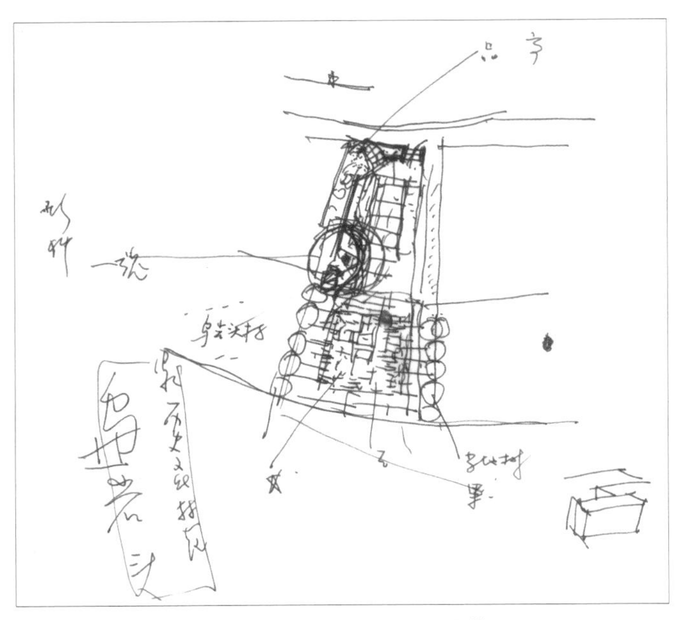

图 8-5-3　主入口广场设计草图

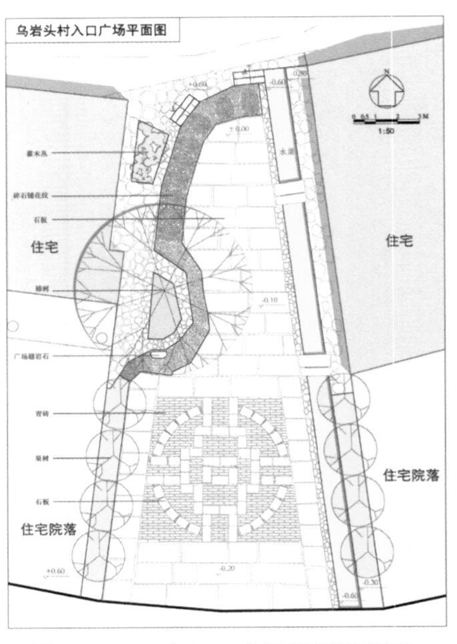

图 8-5-4　主入口广场规划平面图

（a）乌岩头老村居民窗花图案

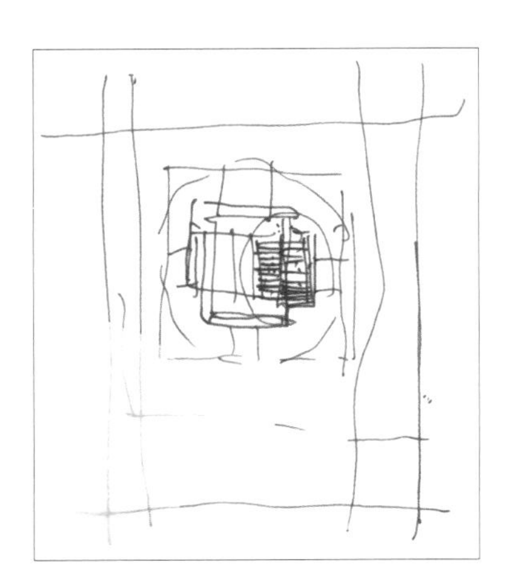

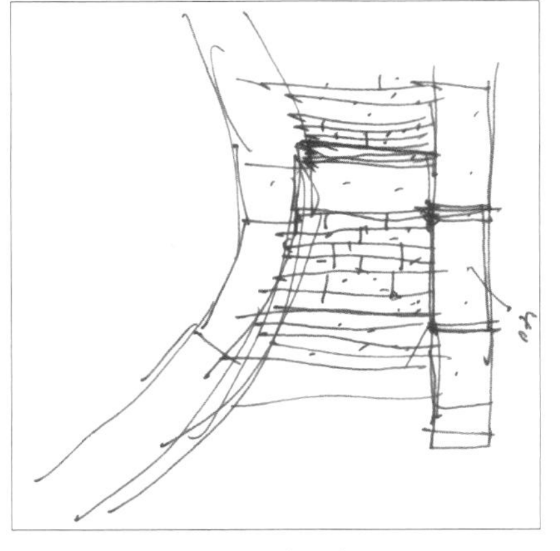

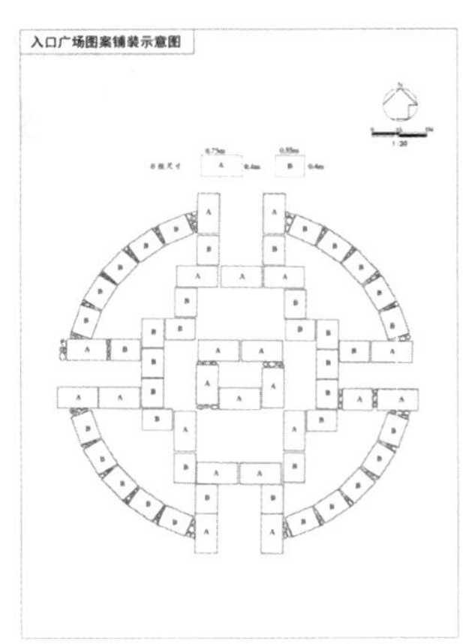

（b）铺装设计图案

（c）施工中

图 8-5-5　入口广场铺地样式借鉴乌岩头老村窗花图案

（a）改建前　（b）改建中　（c）改建后

图 8-5-6　入口广场西侧高差处理

（a）改建前　（c）改建后

图 8-5-7　主入口广场西侧边界改造

（a）改建前

（b）改建中

（c）建成后整体效果

图 8-5-8　主入口广场建设

8.6 葡萄园及农家小院建设

葡萄园及农家小院位于乌岩头村的西南侧，具有两处较为开放的空间并以一条较为狭窄的小路连接，是乌岩头村的内部第一层步行循环系统的一部分。南广场向东连接乌岩头村的主入口广场，北广场向东连接婚纱摄影古巷，向北连接中心广场与茶室（图 8-6-1 至图 8-6-2）。

作为乌岩头村步行序列中的重要环节，这两处广场提供了驻足、休憩等空间，增加步行路径的丰富性。在保留了原有的建筑界面的同时，突出具有特色的要素，对空间的定义为其带来新的生命力（图 8-6-3 至图 8-6-8）。

在葡萄园，首先将其北侧原有的茅厕搬出，保留草棚与卵石矮墙，作为院落出入口的灰空间，保留其西侧的桂树与水塘，与卵石院墙形成广场的主对景面。本地原有的菜地部分加以保留，通过整理流线形成生动的农村景观空间，并在最南侧增加葡萄架以隔离相邻的车行道。

位于葡萄园北侧广场被多条流线穿过，通过铺地的布置区分出不同的空间，采用具有本地特色的石板、石块、青砖铺设出多条流线，以小卵石铺地限定出停驻空间。适当采用大缸、石臼等本地要素作为景观设施。

图 8-6-1　葡萄园及农家小院位置示意图

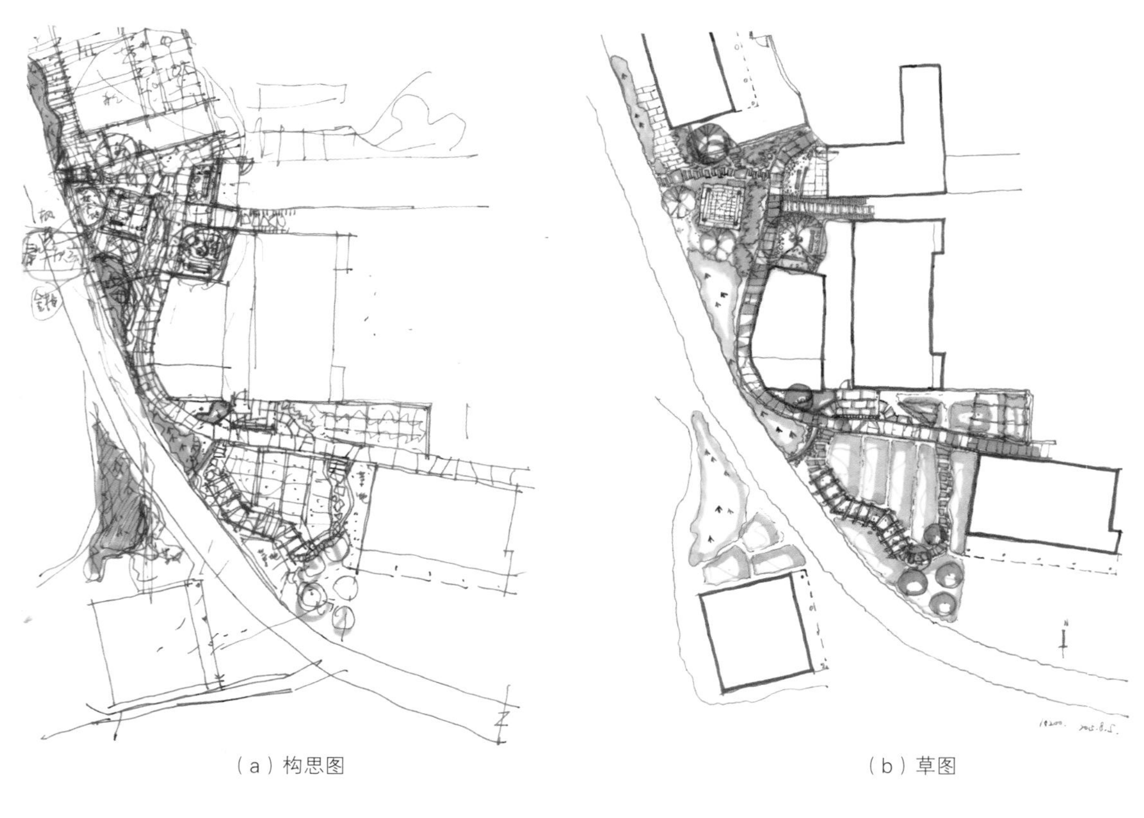

（a）构思图

（b）草图

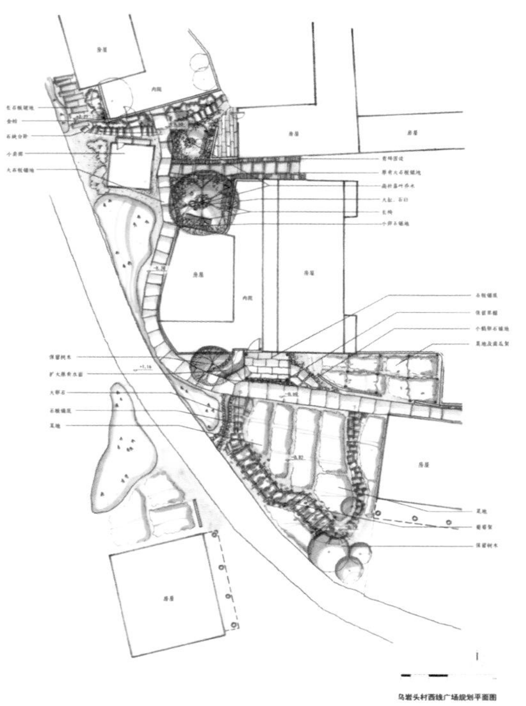

（c）方案图

图 8-6-2　葡萄园及农家小院设计

（a）广场北侧茅厕

（b）广场南侧荒地

图 8-6-3　葡萄园广场原貌

（a）改建前

（b）改建中

（c）改建中的通道

（d）广场预留排水沟

图 8-6-4　葡萄园南侧广场改建

（a）改造前

（b）改造中

（c）屋顶翻建

（d）绿化种植

图 8-6-5　葡萄园南侧原茅厕场地改造

（a）改造前

（b）改造中

图 8-6-6　葡萄园北侧茅厕场地改造

（a）改造中

（b）改造后

图 8-6-7　葡萄园南侧广场全景

（b）改造前

（b）改造后

图 8-6-8　葡萄园北侧广场全景

8.7 中心广场建设

村落的中心广场原本是联系四合院和祖屋的外部空间，是村落的核心场所。现状中场地荒废，南北联系不便，失去场所的意义。随着老村住宅被赋予新的功能，中心广场也成为游客驻足、休憩和交往的场所（图 8-7-1 至图 8-7-3）。

图 8-7-1　中心广场位置图

规划以顺应场地为基本设计思路，最大限度地延续与周边建筑的关系，从场地自身特征出发，为日后的活动提供可能性。设计保留丘陵地形的自然高差和场地中原有的乡土植被，形成对场所的自然分割。增添东西两侧的楼梯解决高差隔断，引导连续的步行流线。其次，对广场的边界进行重塑，主要是对破损严重的周边建筑进行改造。提取原本的屋架结构对古建筑进行修缮，将实体的建筑改造成开放的敞廊，这种模糊室内外的边界的做法既能够提高广场的可利用性和开放性，也让一些室内活动得以向室外延伸（图 8-7-4 至图 8-7-9）。

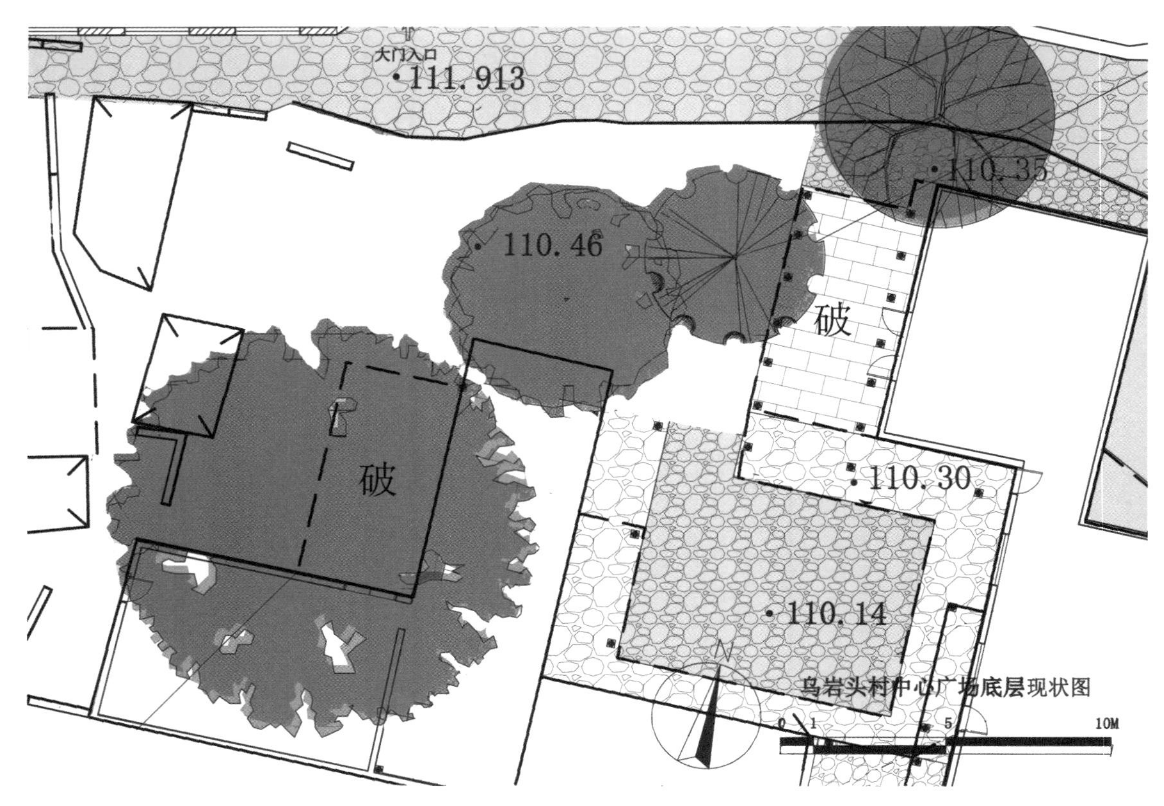

图 8-7-2　中心广场平面现状图

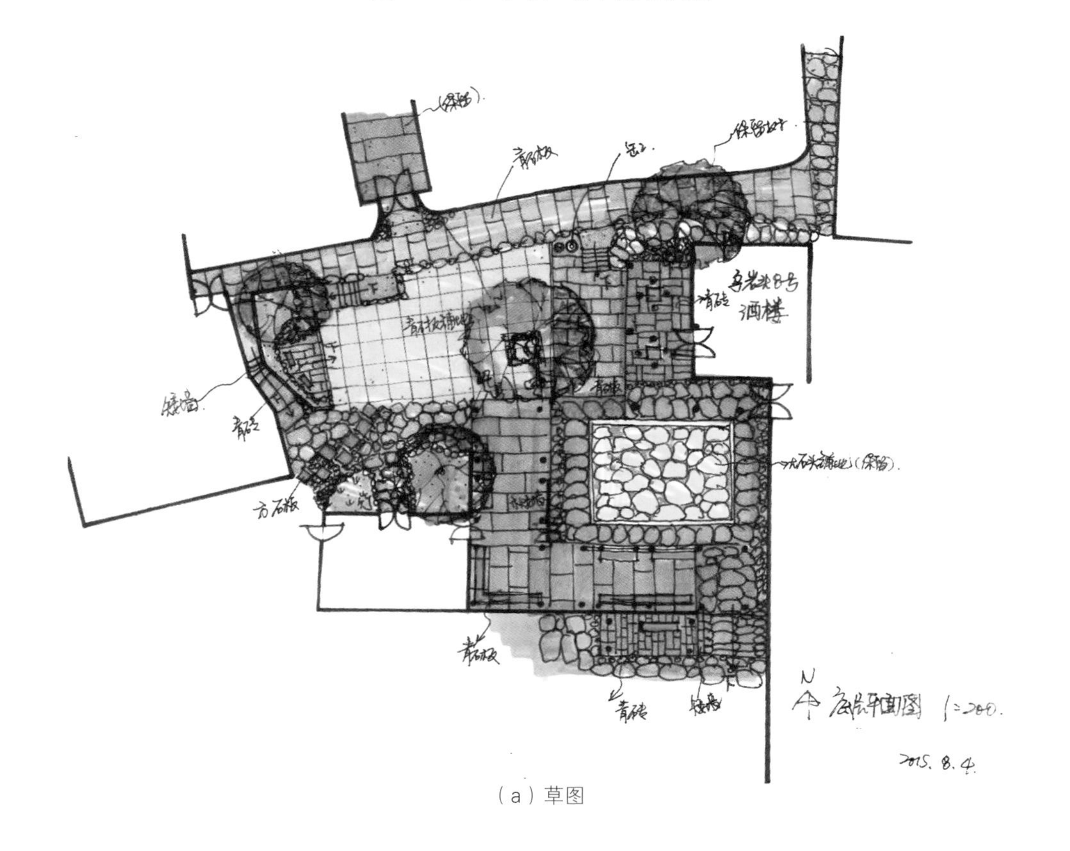

（a）草图

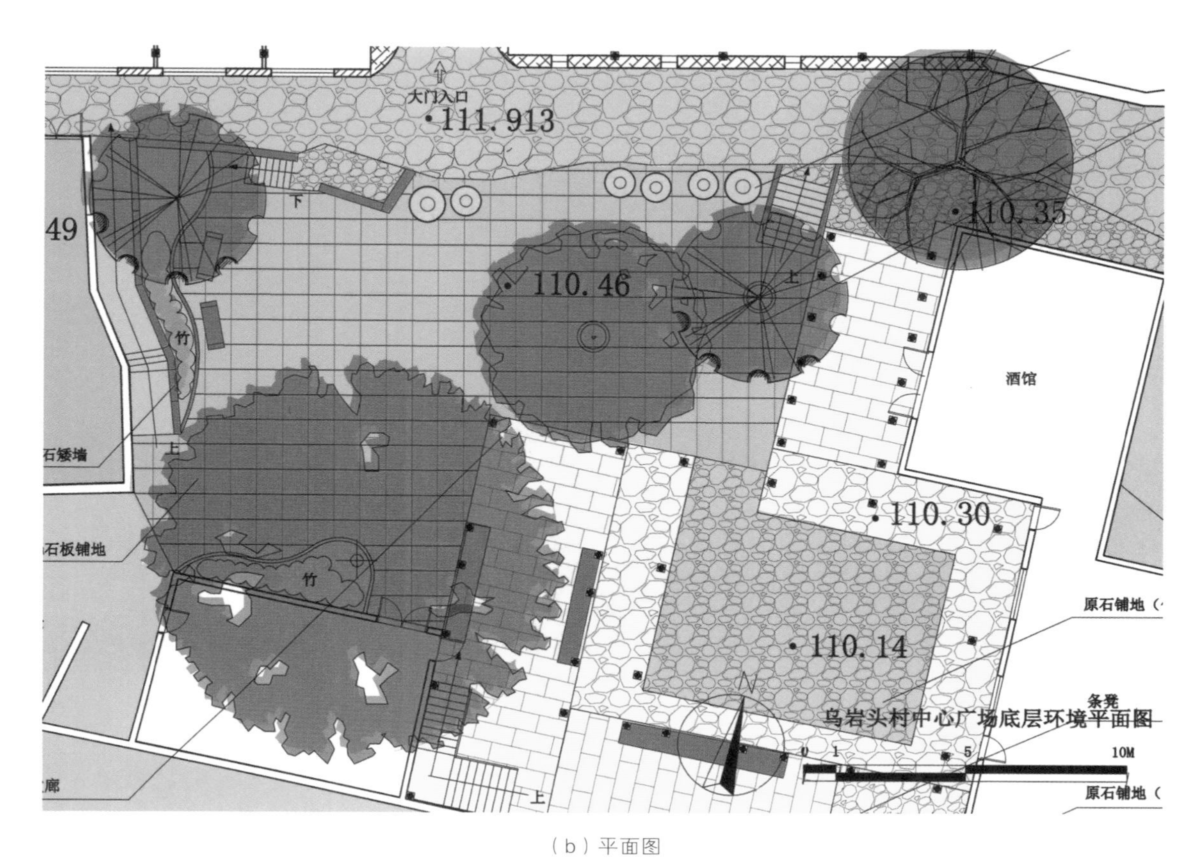

（b）平面图

图 8-7-3　中心广场平面设计

（a）改建前

（b）改建中

图 8-7-4　中心广场全景

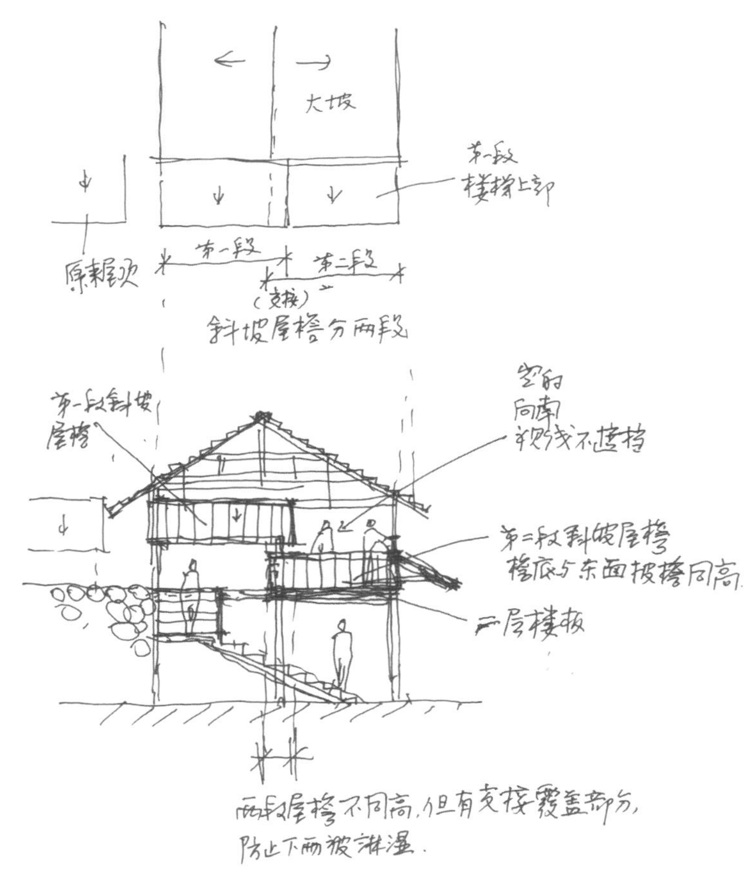

图 8-7-5　广场中央公共休息亭——乌凤阁剖面图及屋顶平面草图

（a）建筑改建前

（b）几近倒塌的房屋

（c）传统木屋架

（d）建筑与场地尺度关系

（e）改建后作村民公共活动场所

（f）建筑改建中

（g）当地大石板铺地

（h）保留场地中树木

图 8-7-6　乌凤阁改建过程

（a）建筑改建前

（b）几近倒塌的房屋

（c）原建筑天际线

（d）杂草丛生的庭院

（e）底层空间开放

（f）形成围合空间

（g）保留场地中的绿植

（h）新建石砌台阶

图 8-7-7　高校乡村规划教学实践基地

（a）改造前

（b）改造为休息廊

图 8-7-8　中心广场沿石墙边茅厕改造

（a）改建前

（b）改建增加部分石板台阶

图 8-7-9　中心广场入口处台阶改造

广场是维持社会关系的重要物质空间。改造中广场本身的构成要素几乎未变，石铺地、古树、石墙、木构等具有代表性的传统村落元素通过整理进行再现，以最贴近自然的方式呈现特色乡土风貌。从原本家族成员间的交往到新时代消费者和参观者的交往，社会关系在变，但依托的场所是统一的。原本广场所界定的清晰边界是为了划分居住的私密性与交往的公共性，而新时代之下的中心广场更多是引导人们集聚，提供更多非熟人间的交往场所。这也是改造设计中通过顺应场地和重塑边界两种设计方法的重要意义。

8.8　乌岩石观景平台及护栏建设

乌岩头村因乌岩石得名，乌岩石位于五部溪沿岸步道的西侧（图 8-8-1）。现状中乌岩石被杂乱的植被所围绕，捐建修路立功碑树立其旁。乌岩石对村庄具有标志性的意义。

设计将乌岩石设置为“乌岩春晓”重要景观节点，并作为整条沿溪步道中可供休憩和观景的设施。运用现代钢材和传统木材构造平台结构基础和护栏。平台的设置不仅是休息服务性的，同时通过挑出的方式也增加了人们与自然对话的机会（图 8-8-2 至图 8-8-8）。

图 8-8-1　乌岩石观景平台位置图

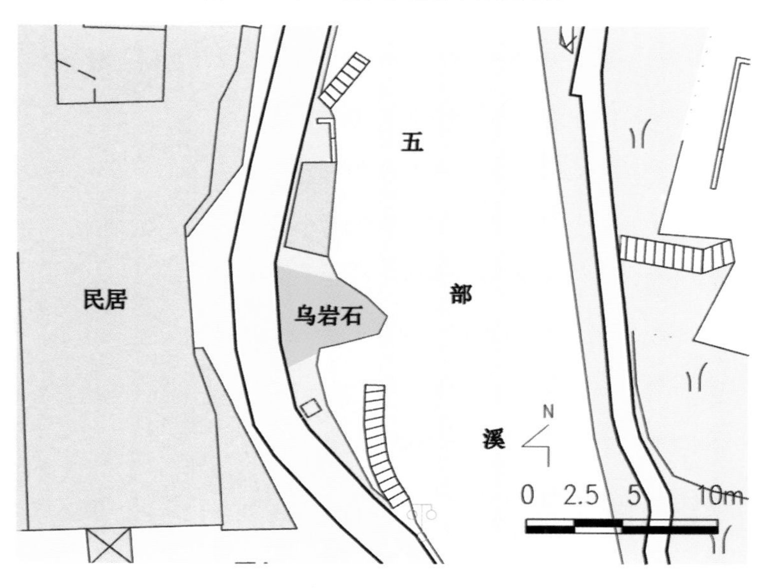

图 8-8-2　乌岩石周围环境现状平面图

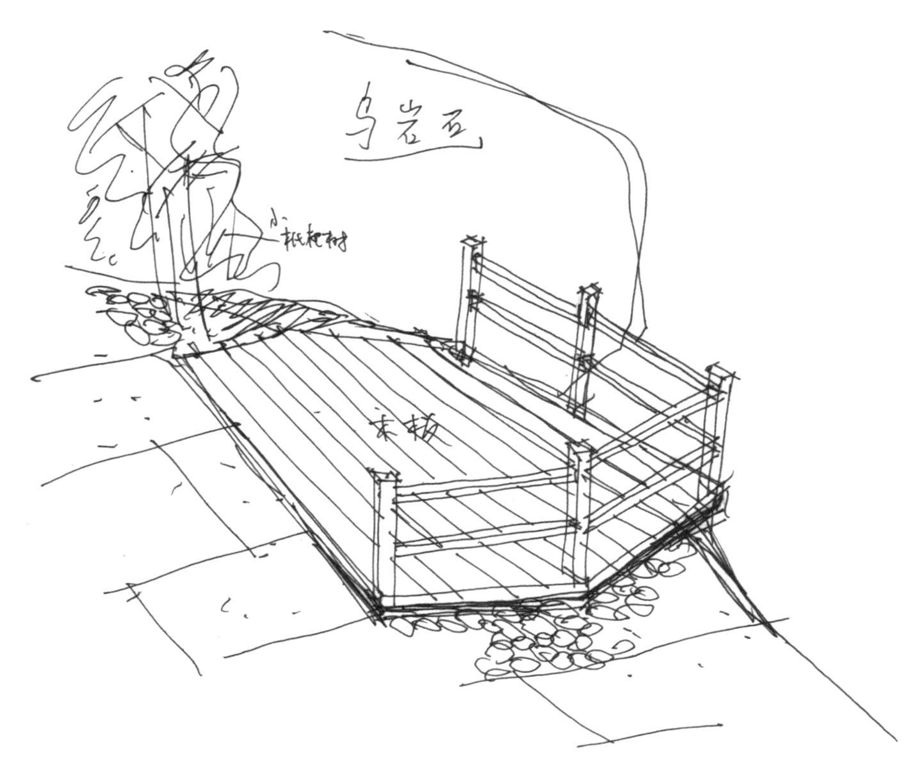

图 8-8-3　乌岩石观景平台及护栏设计草图

（a）改造前

（b）改建后采用当地大石板与鹅卵石

图 8-8-4　观景平台沿路改造

（a）观景平台

（b）平台木栏杆

图 8-8-5　新建观景平台

（a）溪边原貌　　（b）溪边改造后竹栏杆

图 8-8-6　溪边加建栏杆

（a）乌岩石周边改建前

（b）乌岩石周边改建后

（c）平台加建前

（d）平台加建后

图 8-8-7　观景平台改建前后对比

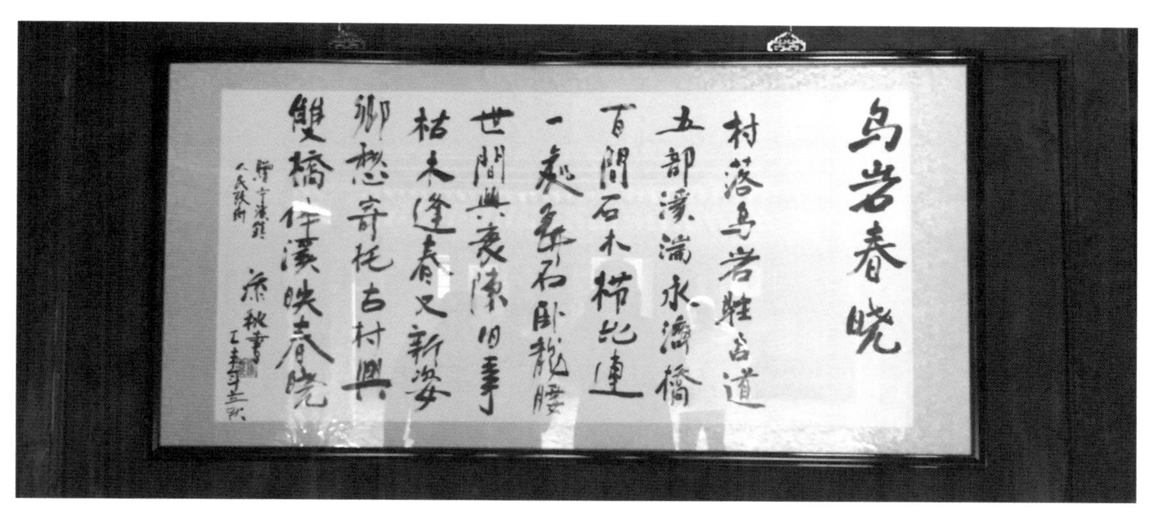

图 8-8-8　“乌岩春晓”题词

8.9　老四合院功能转型与改造

建筑空间是承载了社会关系的载体，四合院本身即是传统氏族家庭的象征，而当原本大家族形式的社会结构随着历史变迁而瓦解，建筑的居住功能随之消失。因此，本次对四合院的改造旨在保留古建筑的风貌特色的同时，寻求建筑在时代背景之下的新意义。建筑的改造方式摒弃文物保护式的修旧如旧，而是通过适当的现代技术将建筑适应新的功能，以吸引人和资金的参与，从而达到古建筑再生的可持续性（图 8-9-1 至图 8-9-3）。

图 8-9-1　老四合院位置图

设计以功能转型入手，将四合院划分为南北两个部分（图 8-9-4 至图 8-9-9）。在对乌岩头村整体未来发展的规划下，考虑到建筑本身隔间的空间序列感，将四合院的南侧作为乡土资料博物馆，使得村落传统记忆依托实体进行保护与传承，并联系上下层的环路作为游览参观流

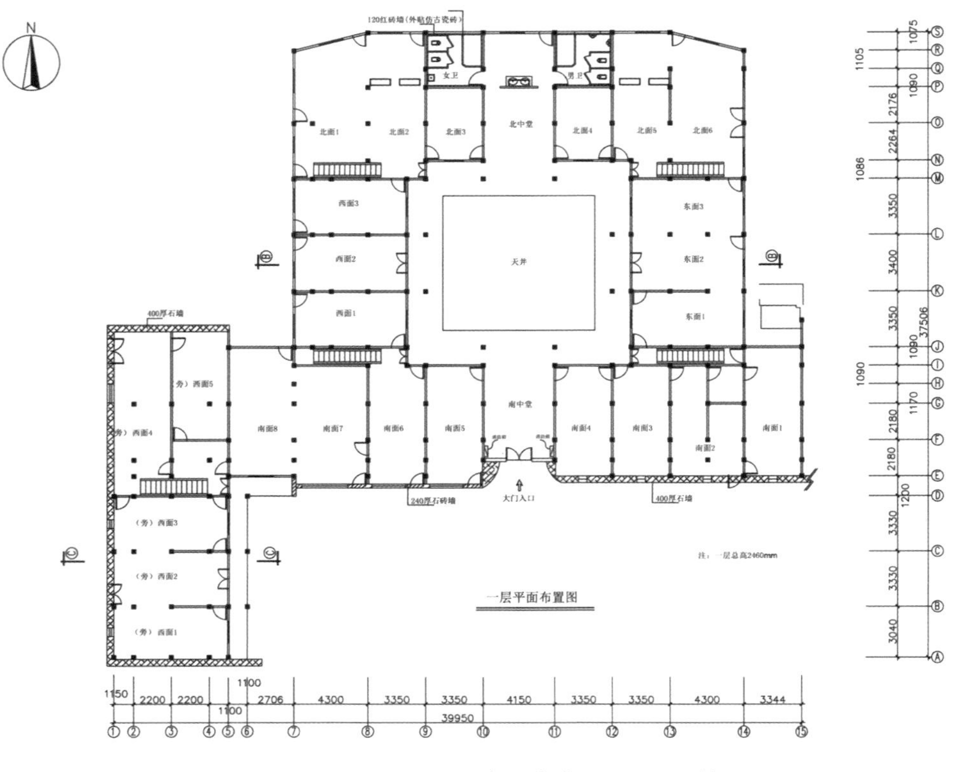

图 8-9-2　老四合院一层平面现状图

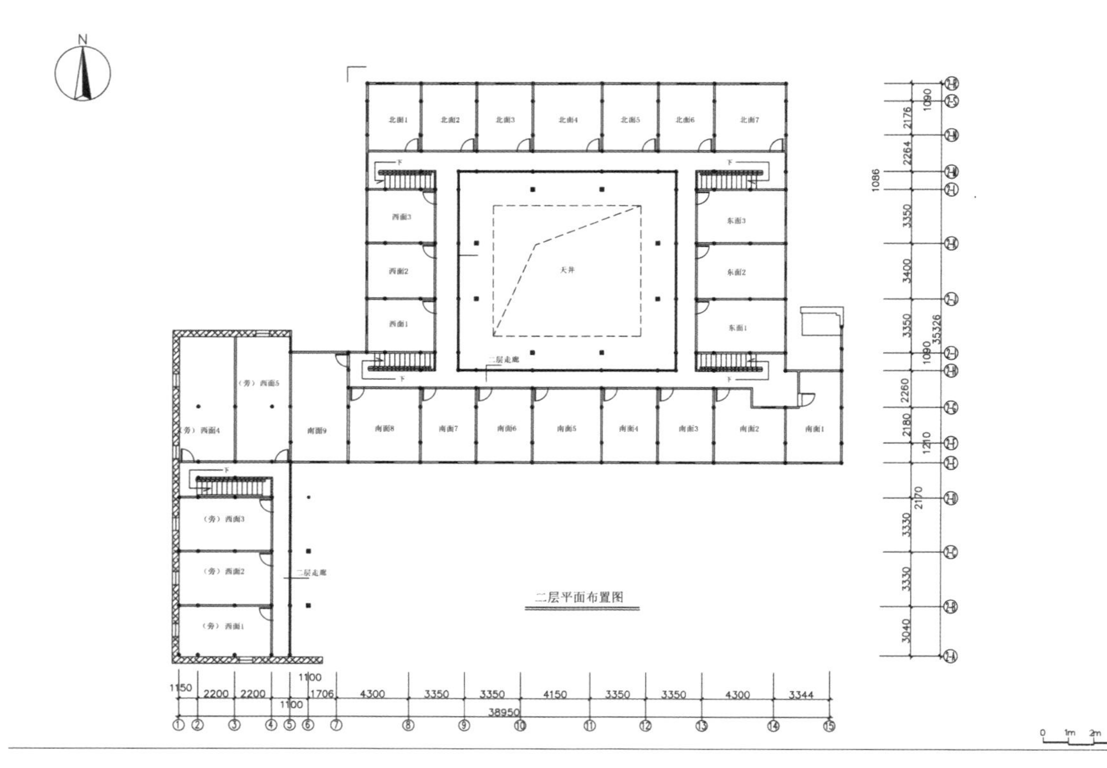

图 8-9-3　老四合院二层平面现状图

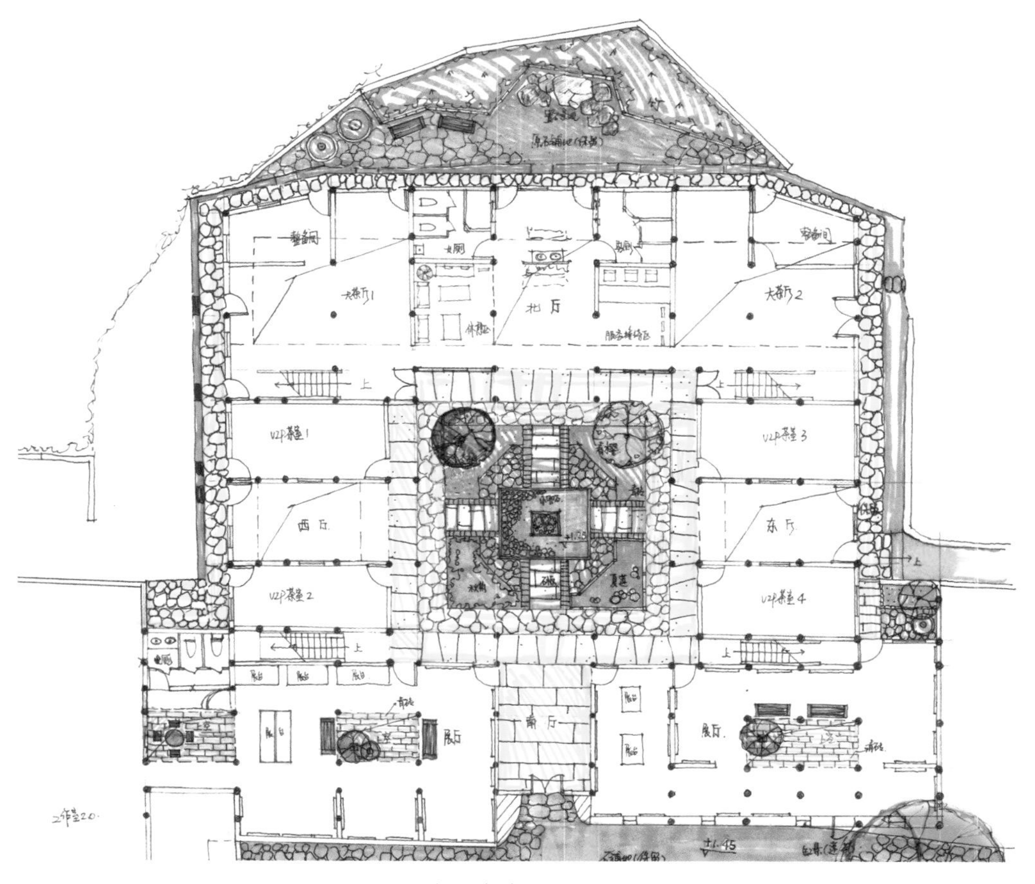

图 8-9-4　老四合院改造设计底层平面草图

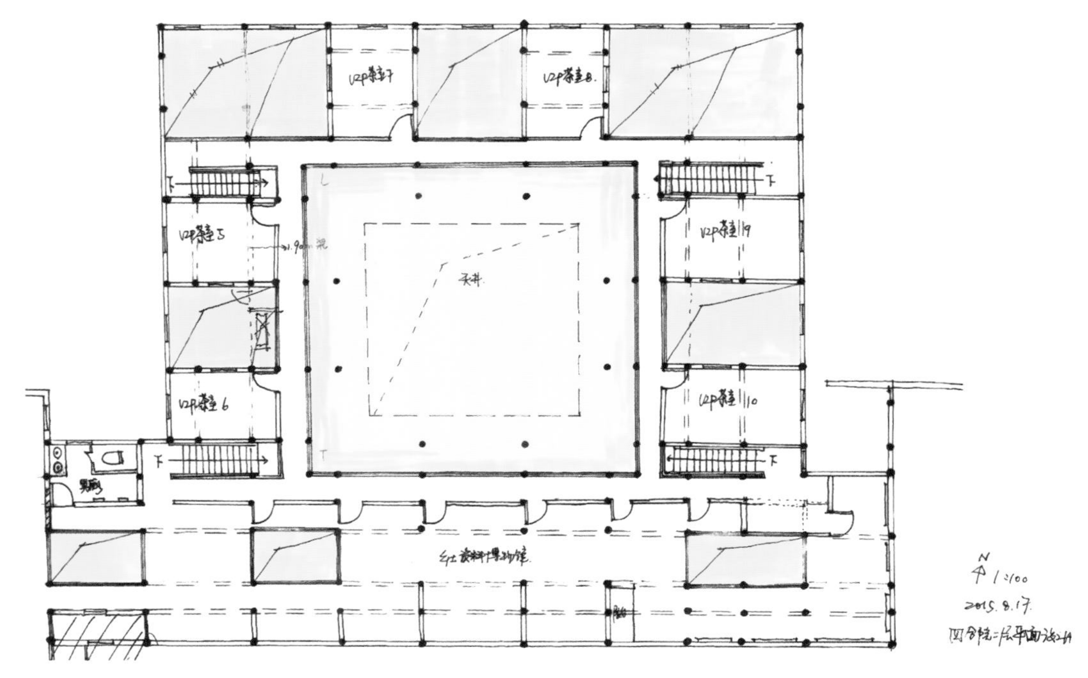

图 8-9-5　老四合院改造设计二层平面草图

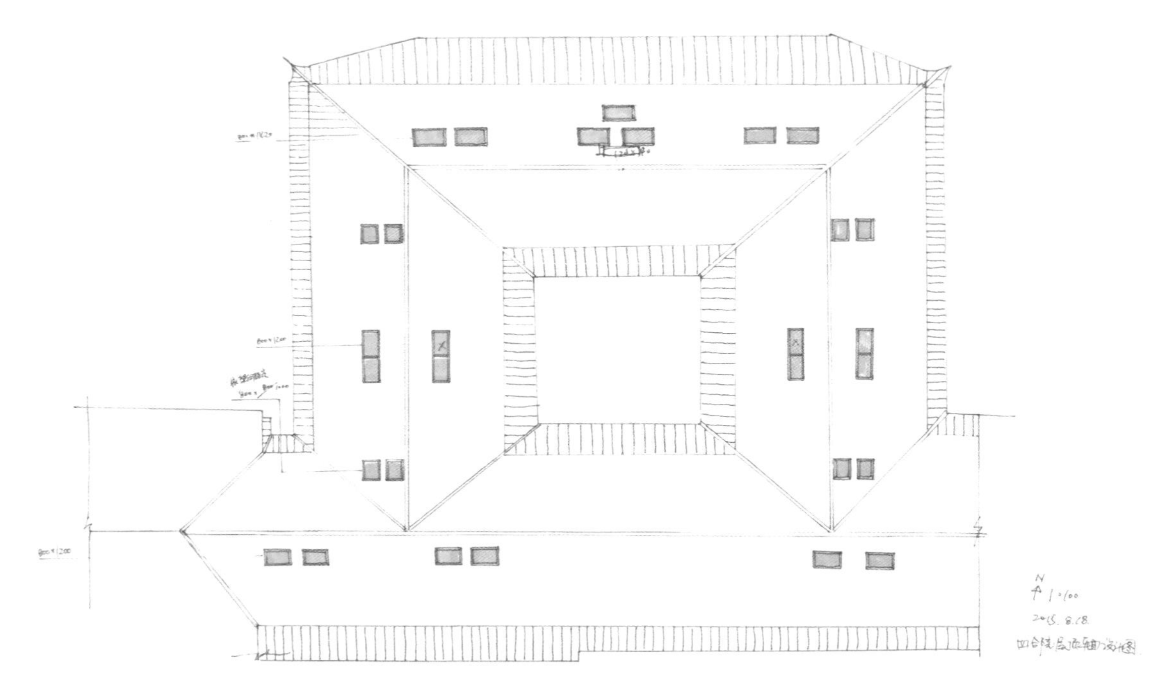

图 8-9-6　老四合院改造设计屋顶平面草图

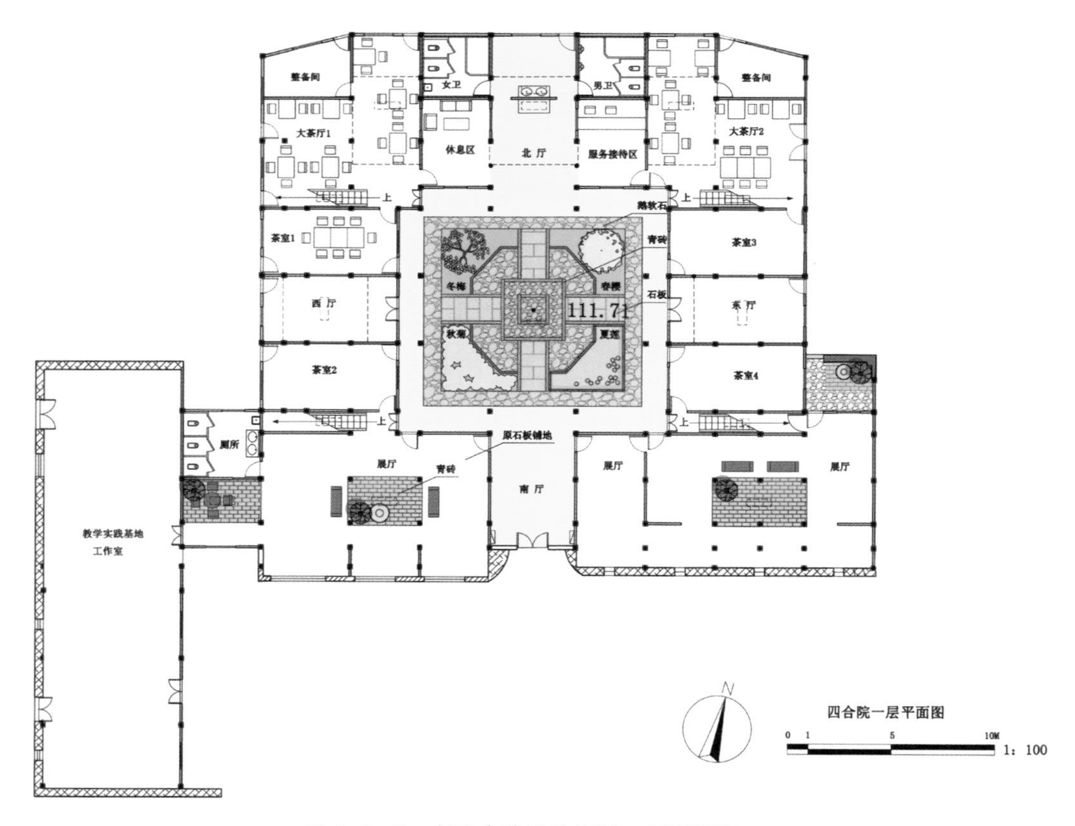

图 8-9-7　老四合院改造设计一层平面图

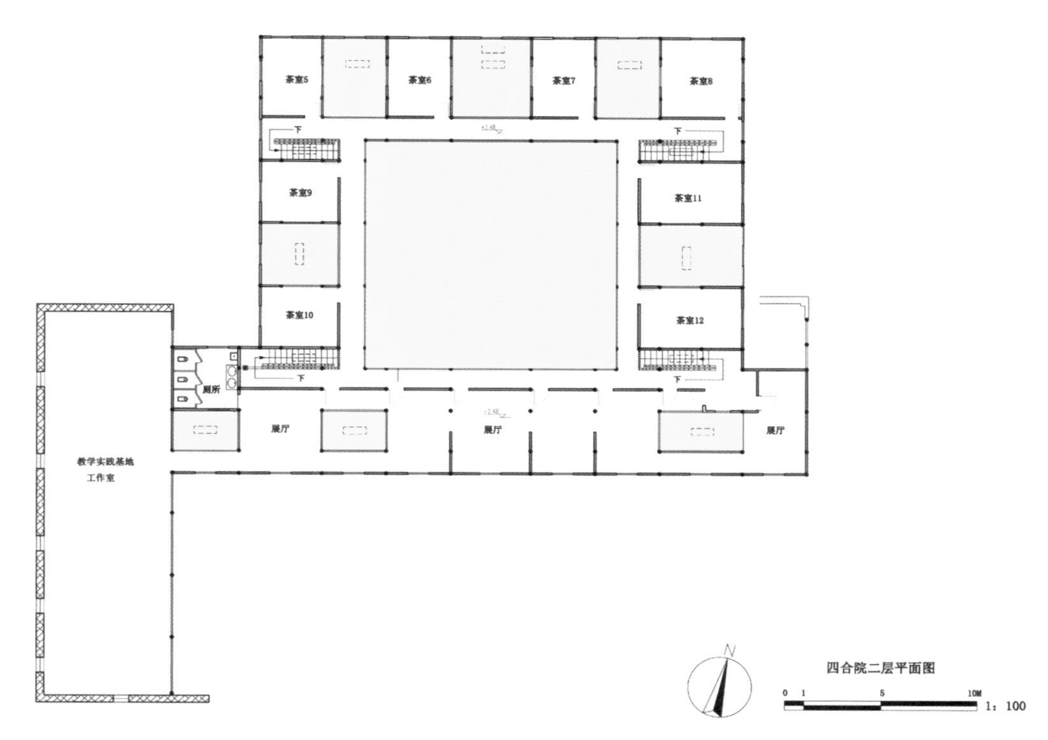

图 8-9-8　老四合院改造设计二层平面图

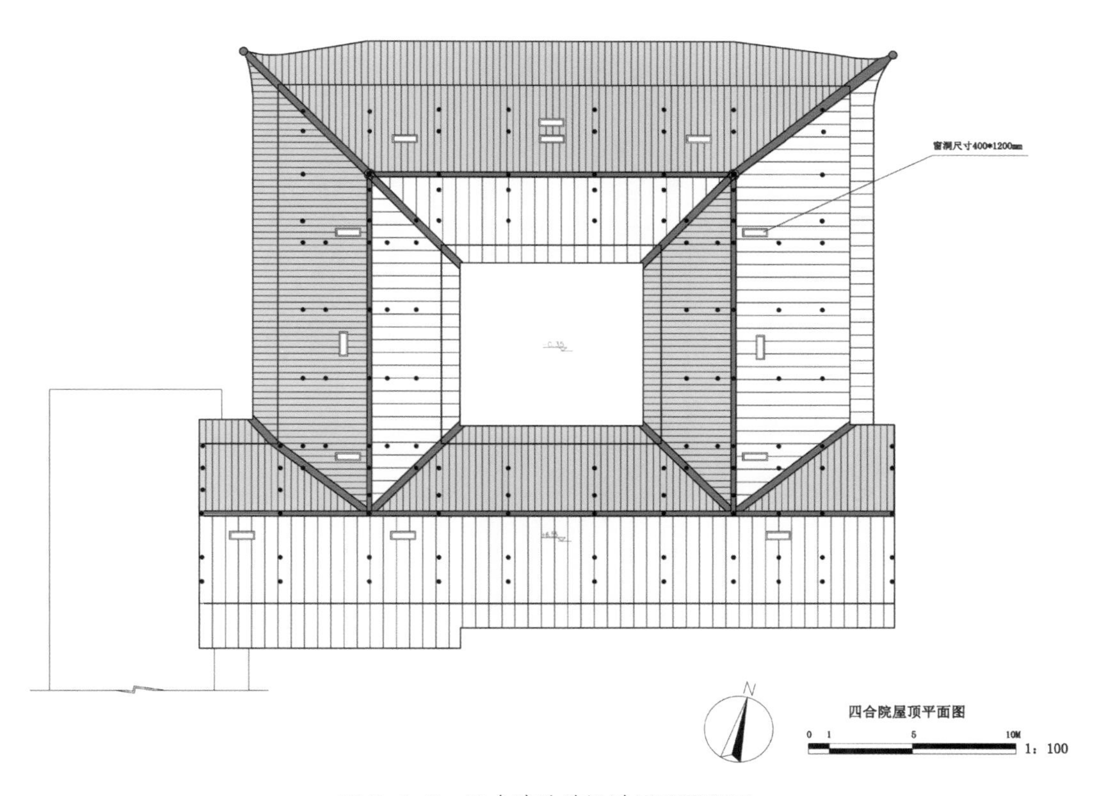

图 8-9-9　四合院改造设计屋顶平面图

线；四合院北侧规划为茶室功能，用来推广地方特产——宁溪白茶，其一楼设置整备间和大茶厅，而私密性较好的二层用作单独的茶室使用。在建筑改造的空间设计上，首先是保留了传统四合院轴线关系和基本框架。而天井内的四季园以黄岩建筑中的传统窗花样式为母体，从铺地形式上强调了建筑本身中心性。利用乡土植被进行环境塑造，借“春樱、夏莲、秋菊、冬梅”的四季主题营造不同的感官体验。建筑内利用天窗和打通楼板的方式解决古建筑的采光问题，引入自然光线形成多个采光井。二层不断变化的挑空设计和隔间布局也赋予了空间别样的节奏感（图 8-9-10）。

（a）屋顶加建天窗

（b）拆除部分门板加设通道

（c）天窗改善采光

（d）加建洗手间

（e）增加内部空间联系

（f）改造为多功能空间

（g）局部拆除楼板挑空

（h）走廊改造增加采光

图 8-9-10　老四合院改造细部

8.10　教学实践基地房屋改造

乌岩头教学实践基地原建筑位于乌岩古村西北侧，西侧邻近外部道路，东侧与乌岩头村中心的一处四合院相连（图 8-10-1）。建筑平面呈长方形，共有两层，南北西三面为石墙，东侧带有一处小内院，小内院南北各有出入口（图 8-10-2）。

该建筑连同东侧毗邻的四合院经过一次建筑修复，以“修旧如旧”的方法进行了修缮，内部空间保留原样。其居住功能却无法延续，原因在于旧有的空间特征已经无法符合当下的使用需求，例如层高较低、空间压抑；窗墙比小，采光缺乏；木质隔墙的隔声、保温性能均不佳；内部空间分割不合理等等。要激活这座老建筑，一方面就必须对空间加以适当的改造，另一方面是注入与其相符的使用功能（图 8-10-3 至图 8-10-6）。

图 8-10-1　教学实践基地位置示意图

综合乌岩头村的规划定位，在未来不仅作为旅游景点更是传统文化的传播基地，有一定吸纳教学实践活动的需求，而结合四合院文化展示的功能，将该处建筑用作教学实践基地的工作室使用，并能兼具一定日常管理办公的功能。

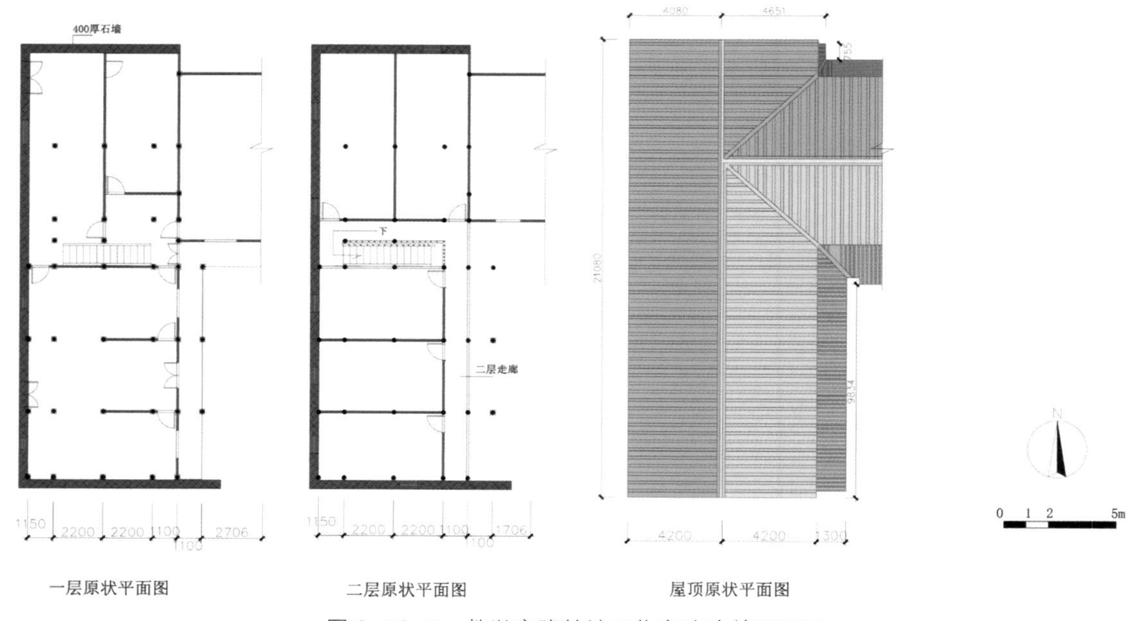

图 8-10-2　教学实践基地工作室改建前平面图

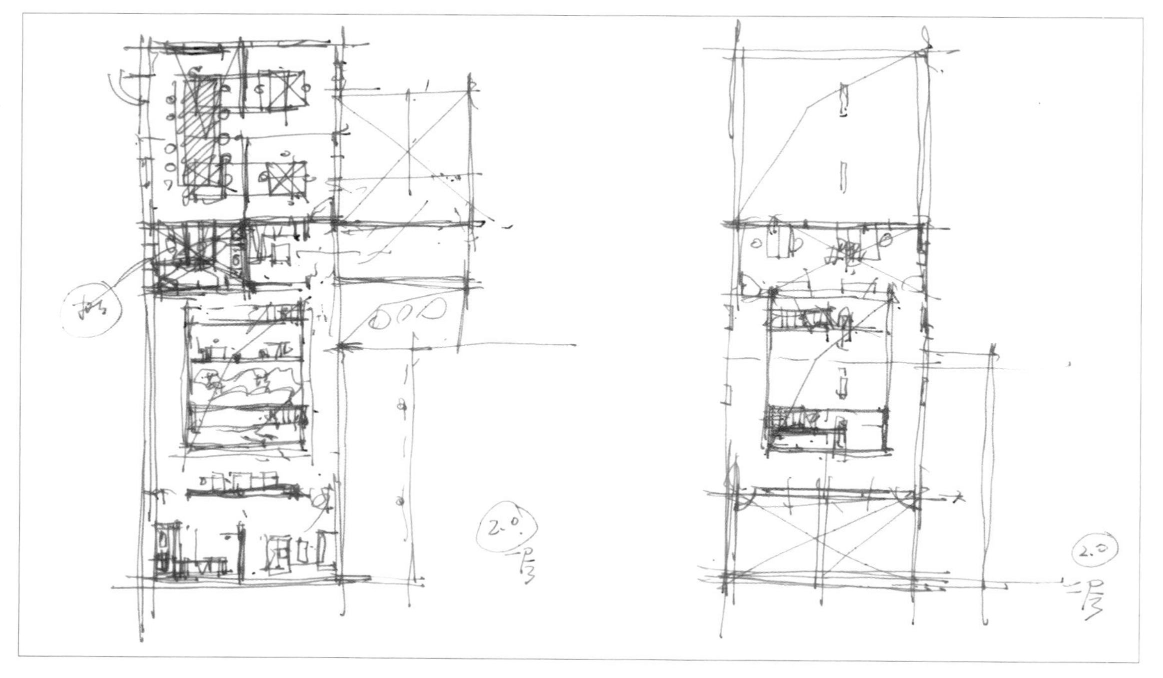

（a）设计构思图

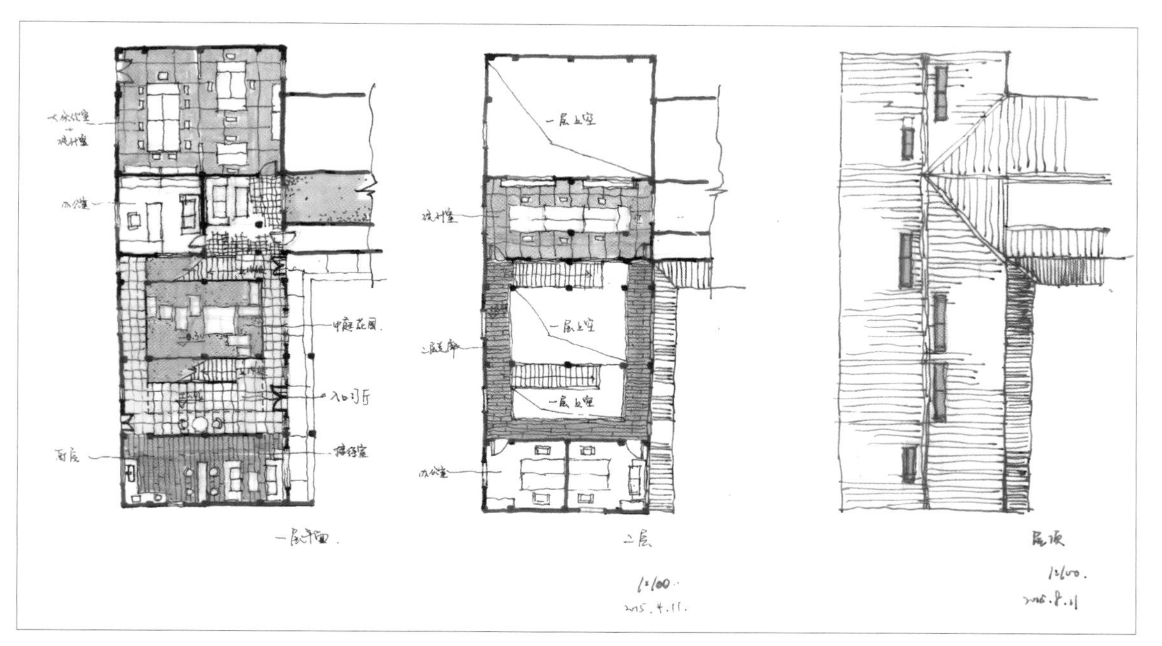

（b）设计草图

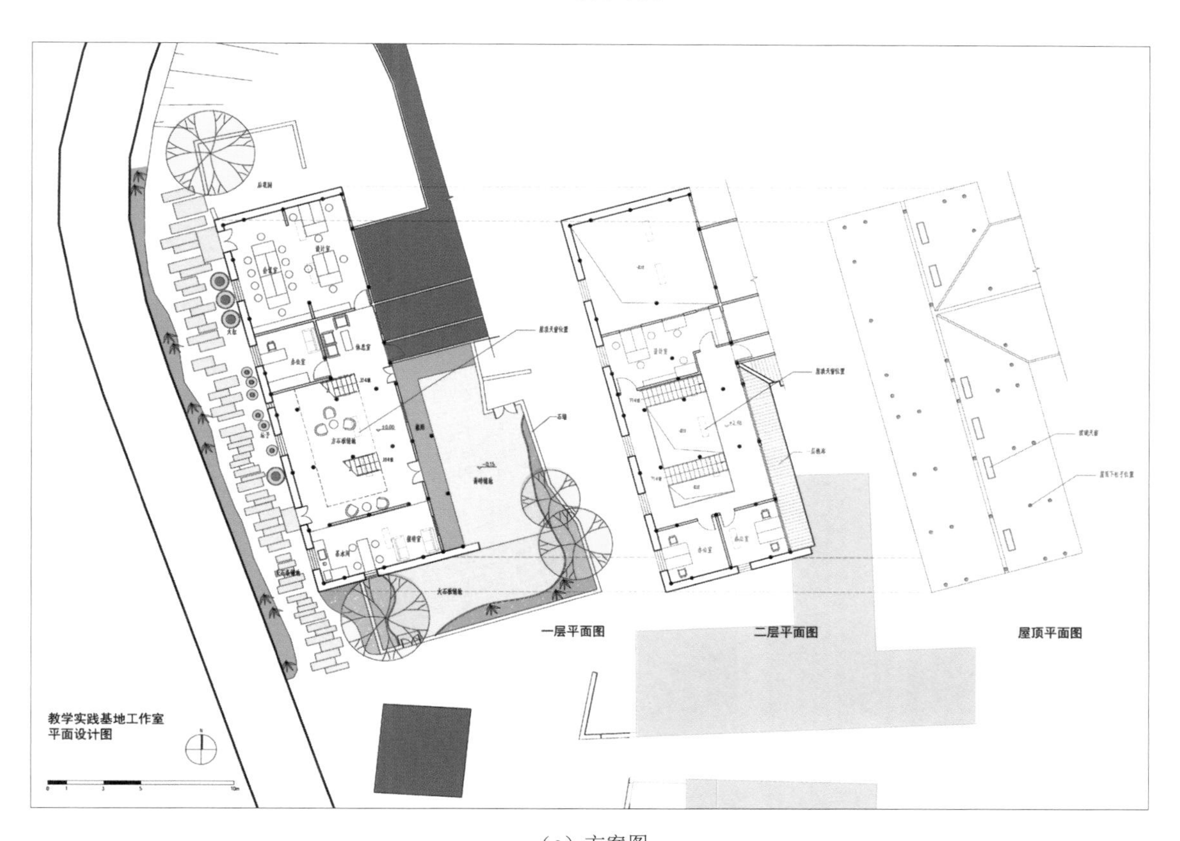

（c）方案图

图 8-10-3 教学实践基地工作室改建

（a）二楼走廊原貌

（b）二楼走廊增加自然采光

（c）改善楼梯采光

（d）改善房间室内采光

（e）改造后的二楼回廊

图 8-10-4　工作室内部改造

（a）改建前

（b）楼板抽空引入天窗采光

图 8-10-5　改善室内采光

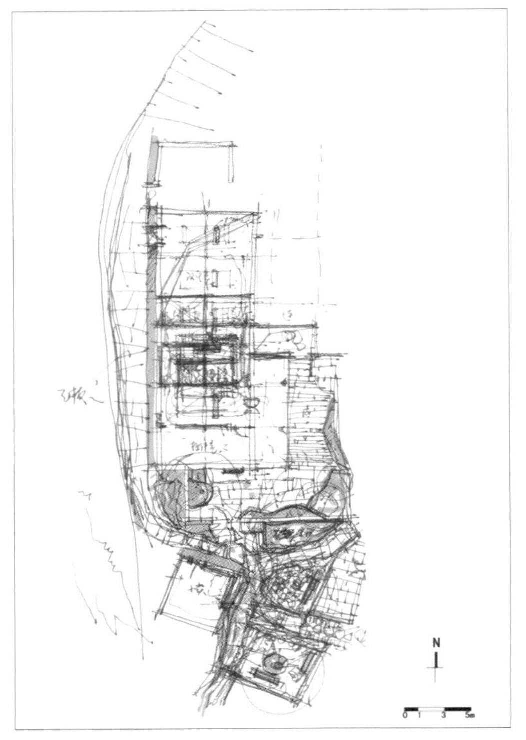

（a）构思草图

（b）庭院原状

（c）庭院边侧入口

（d）改建后

（e）庭院内部改造后

图 8-10-6　教学实践基地庭院环境改造

8.11 村民住宅转型为民宿改造

该项目位于乌岩头村东侧中部，原状为一处破旧的村民住宅，西侧与乌岩古村中心广场相连（图 8-11-1）。原状的住宅建筑由一处两层主体建筑和其南侧两处小草棚围合而成小内院，主入口在其东侧朝向乌岩古村东侧主路，小院西南侧一处次入口连接中心广场（图 8-11-2）。

由于其该处建筑的朝向、区位以及景观条件均较好，规划其未来的功能定位为中高端民宿。对主体建筑的外形予以保留，利用建筑本身的三开间，左右各设一套复式套房；中间开间两层挑空，作为公共空间（图 8-11-3 至图 8-11-7）。

建筑南侧的小院希望保留其对外公共开放的功能，也是村庄整体步行流线的一部分。利用现有草棚作为停驻空间，考虑到院子为南向且尺度较小，配植多用竹、小树，并用照壁、漏窗等传

图 8-11-1　村民住宅转型民宿项目位置示意图

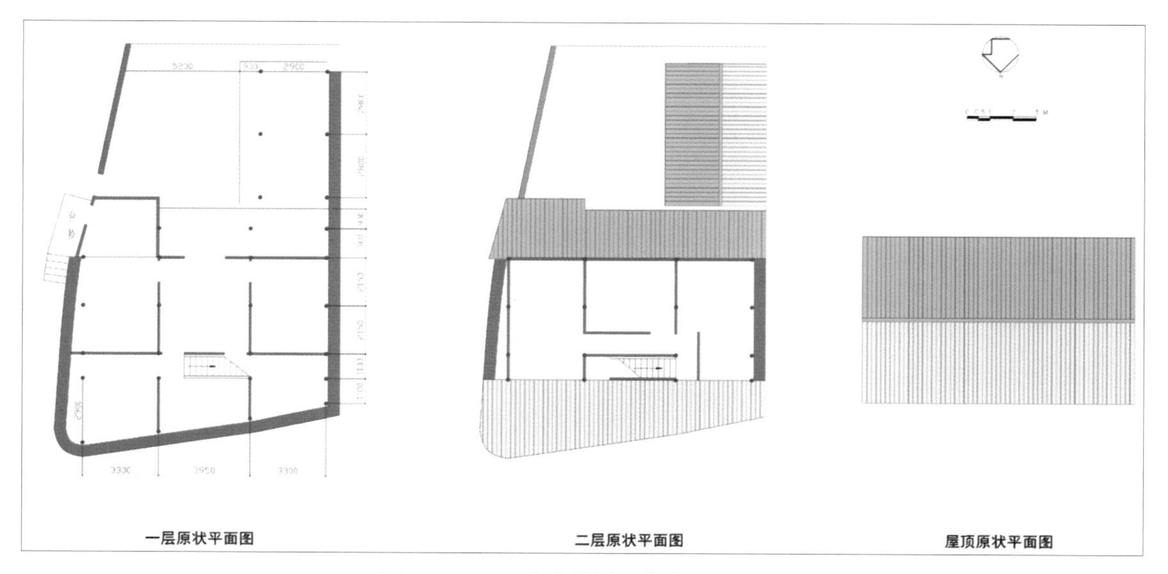

图 8-11-2　改造前村民住宅原平面图

统园林手法，丰富院内景观的同时保障建筑内的私密性，营造多层次的灰空间。小院中间的铺地，化用自传统木质家具上装饰图案的元素。院内的不同铺地配置，起到了合理引导流线的作用（图 8-11-8 至图 8-11-11）。

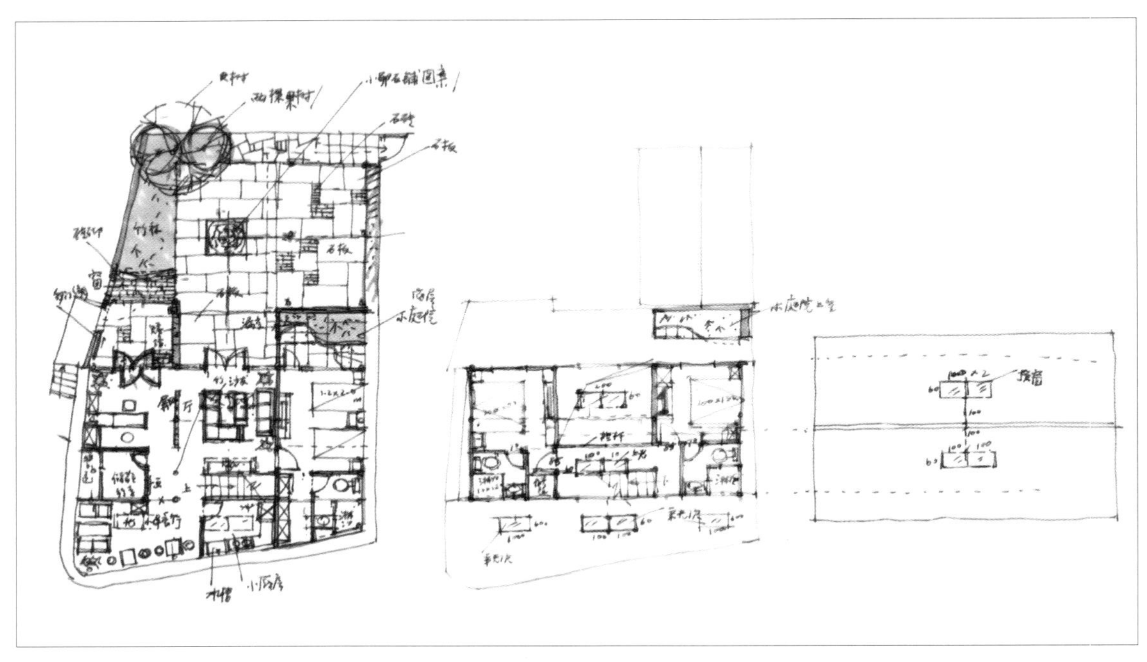

图 8-11-3　村民住宅转型民宿改造设计草图

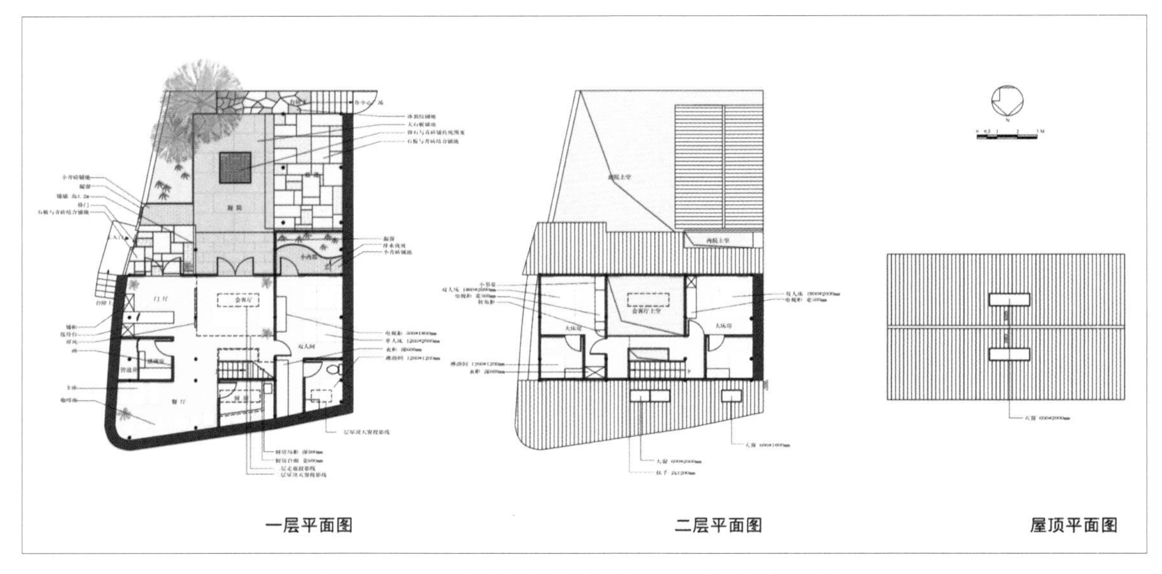

图 8-11-4　村民住宅转型民宿改造过程方案平面图

乌岩头村高端民宿设计

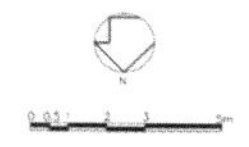

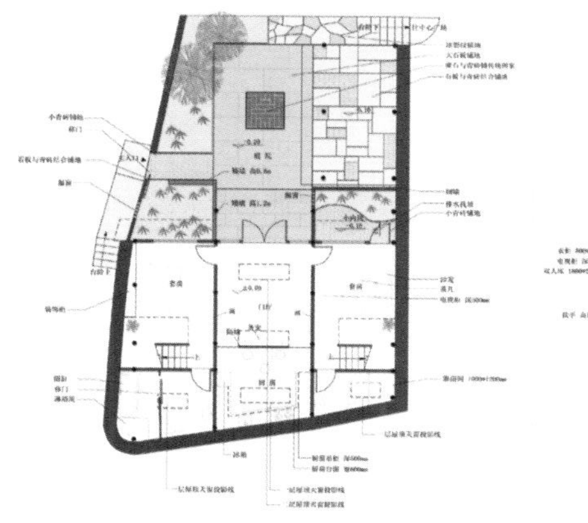

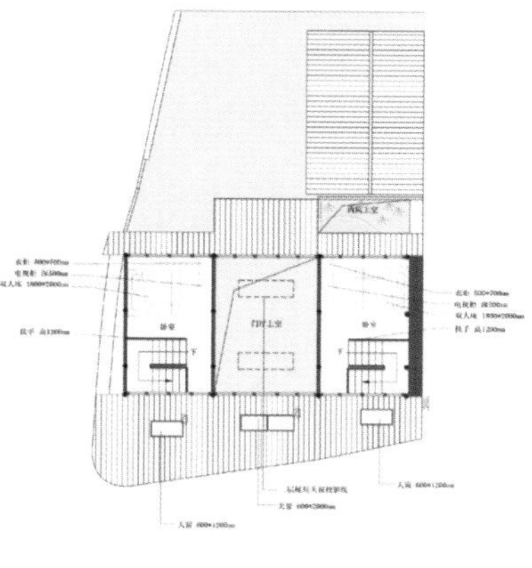

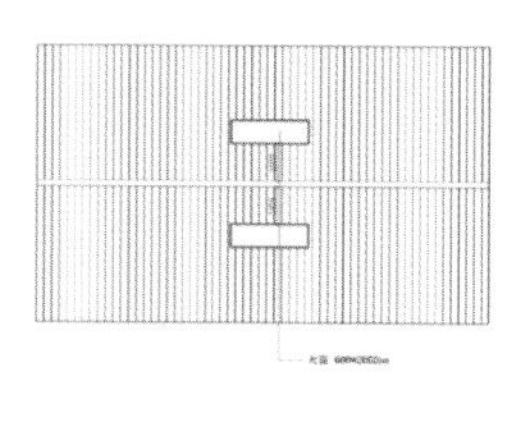

一层平面图　二层平面图　屋顶平面图

图 8-11-5　村民住宅转型民宿改造设计平面图

图 8-11-6　村民住宅转型民宿改造南立面图

图 8-11-7　村民住宅转型民宿改造北立面图

（a）庭院改建前

（b）沿路外观

图 8-11-8　民宿改建前外观

（a）屋顶改造中

（b）屋顶改造后

(c) 南立面改造前

(d) 南立面改造中

（e）民宿入口改建前

（f）民宿入口改建中

（g）庭院茅厕改造前

（h）庭院茅厕改造为休息廊

图 8-11-9　村民住宅转型民宿改造前后对比

图 8-11-10　民宿内部改善采光

图 8-11-11　民宿庭院改造中全景

附　录

附录 A 黄岩区宁溪镇乌岩头村历史文化村落建筑档案

以下建筑档案较为详细地记录了乌岩古村的建筑分布、现状特征、现状照片和建筑主要立面测绘等内容。现场测绘工作是在2015年3月至6月完成的，之后对现场测绘内容进行了整理和编绘。对于历史文化村落保护利用工作来说这是十分必要的，它不仅真实记录了村落建筑的存在状况，而且在风貌特色传承方面，也为再生规划和建造实践提供了重要依据。

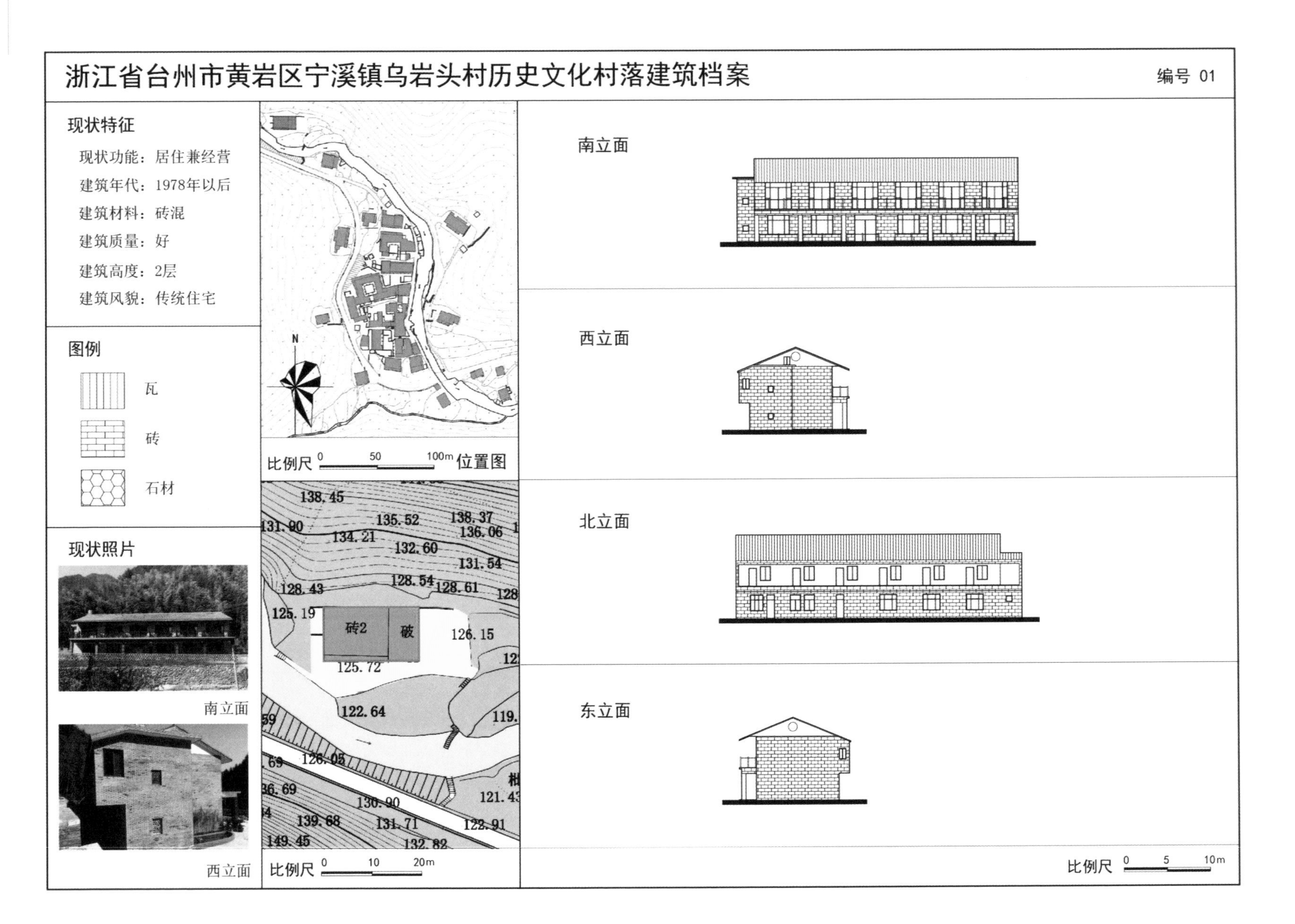
浙江省台州市黄岩区宁溪镇乌岩头村历史文化村落建筑档案
编号 01
现状特征
现状功能：居住兼经营
建筑年代：1978年以后
建筑材料：砖混
建筑质量：好
建筑高度：2层
建筑风貌：传统住宅
图例
瓦
砖
石材
现状照片
南立面
西立面
N
比例尺 0 50 100m 位置图
138.45
135.52
138.37
136.06
131.90
134.21
132.60
131.54
128.43
128.54
128.61
125.19
砖2
破
126.15
125.72
122.64
126.05
36.69
130.90
121.43
139.68
131.71
122.91
149.45
132.82
比例尺 0 10 20m
南立面
西立面
北立面
东立面
比例尺 0 5 10m

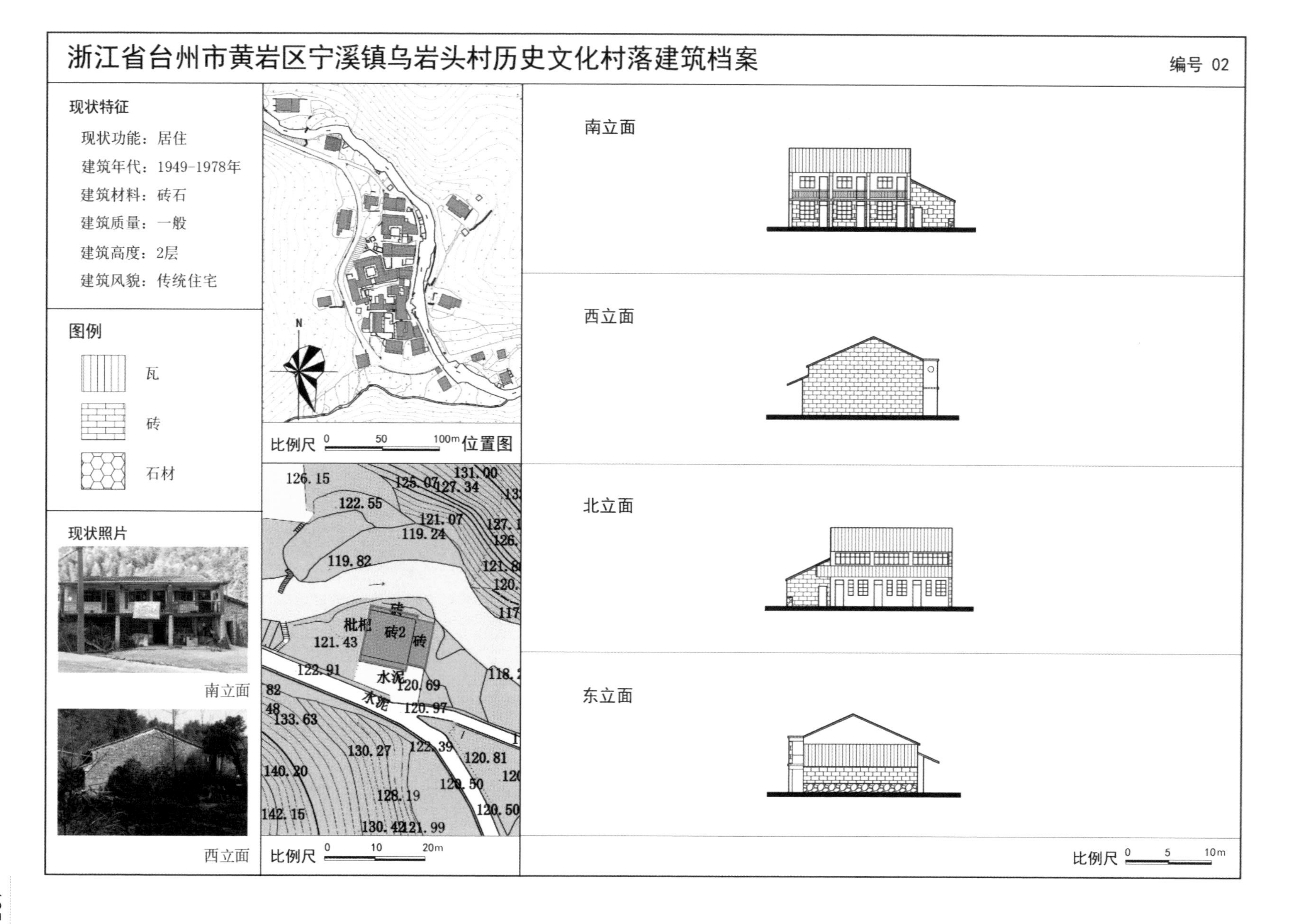

浙江省台州市黄岩区宁溪镇乌岩头村历史文化村落建筑档案

编号 02

现状特征

现状功能：居住

建筑年代：1949-1978年

建筑材料：砖石

建筑质量：一般

建筑高度：2层

建筑风貌：传统住宅

图例

瓦

砖

石材

现状照片

南立面

西立面

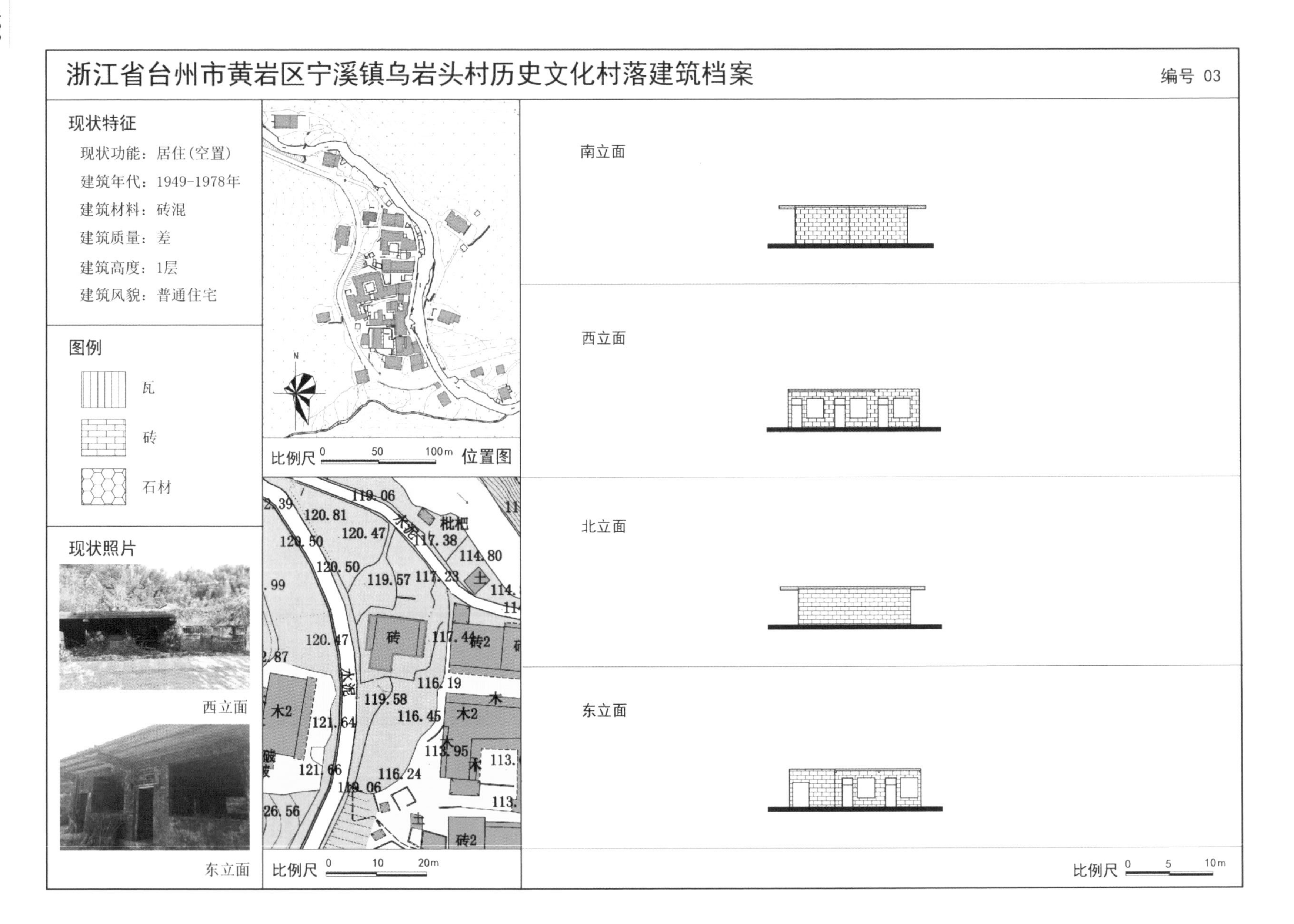

浙江省台州市黄岩区宁溪镇乌岩头村历史文化村落建筑档案

编号 03

现状特征

现状功能：居住(空置)

建筑年代：1949-1978年

建筑材料：砖混

建筑质量：差

建筑高度：1层

建筑风貌：普通住宅

图例

瓦

砖

石材

现状照片

西立面

东立面

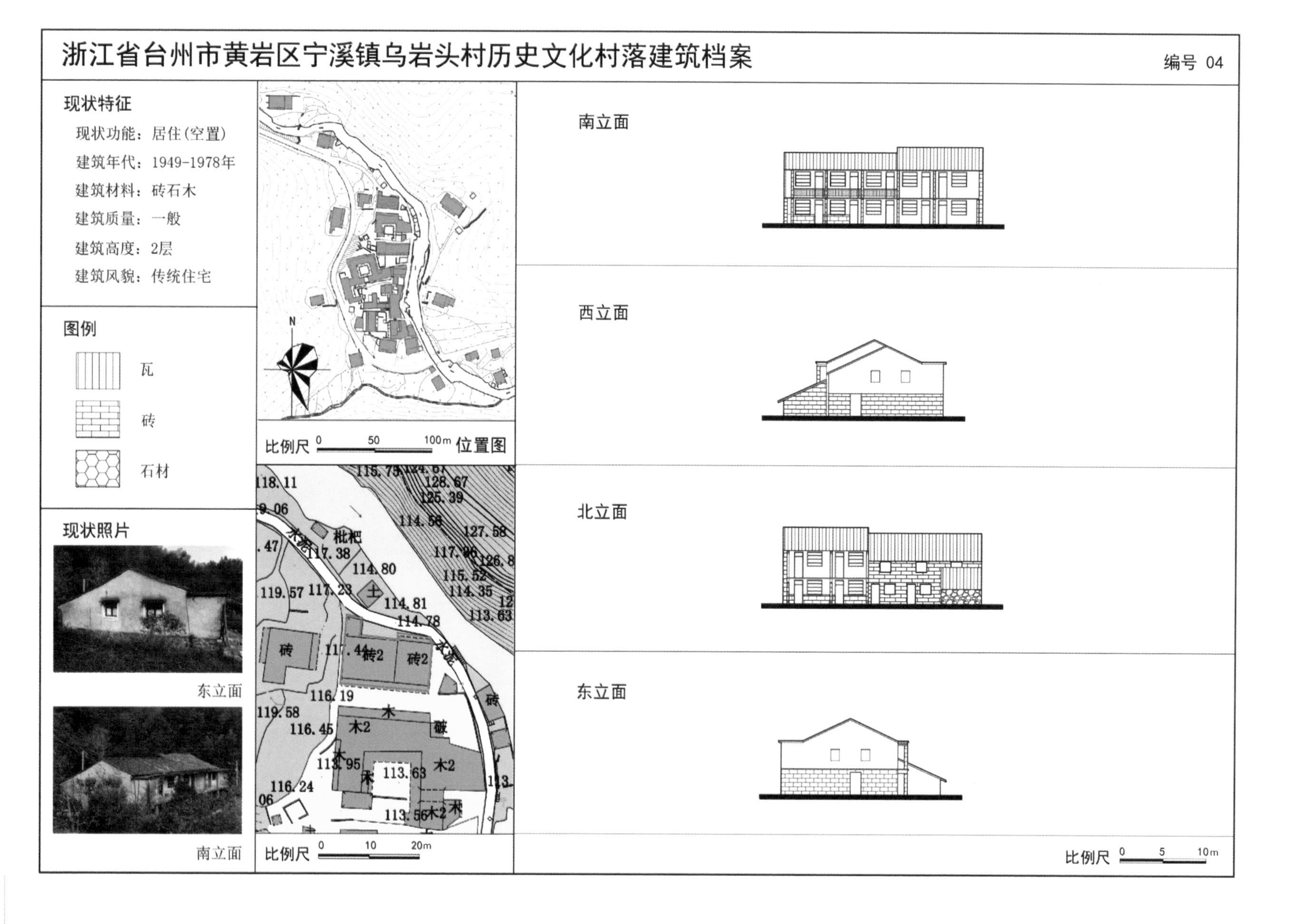
浙江省台州市黄岩区宁溪镇乌岩头村历史文化村落建筑档案
编号 04
现状特征
现状功能：居住(空置)
建筑年代：1949-1978年
建筑材料：砖石木
建筑质量：一般
建筑高度：2层
建筑风貌：传统住宅
图例
瓦
砖
石材
现状照片
东立面
南立面
N
比例尺 0 50 100m
位置图
118.11
9.06
.47
119.57
119.58
116.24
06
水泥
枇杷
117.38
114.80
117.23
土
114.81
114.78
115.73
128.67
125.39
114.58
127.58
117.96
126.8
115.52
114.35
113.63
砖
117.44
砖2
砖2
116.19
116.45
木
木2
破
113.95
木
113.63
木2
113.56
木2
木
比例尺 0 10 20m
南立面
西立面
北立面
东立面
比例尺 0 5 10m

浙江省台州市黄岩区宁溪镇乌岩头村历史文化村落建筑档案

编号 05

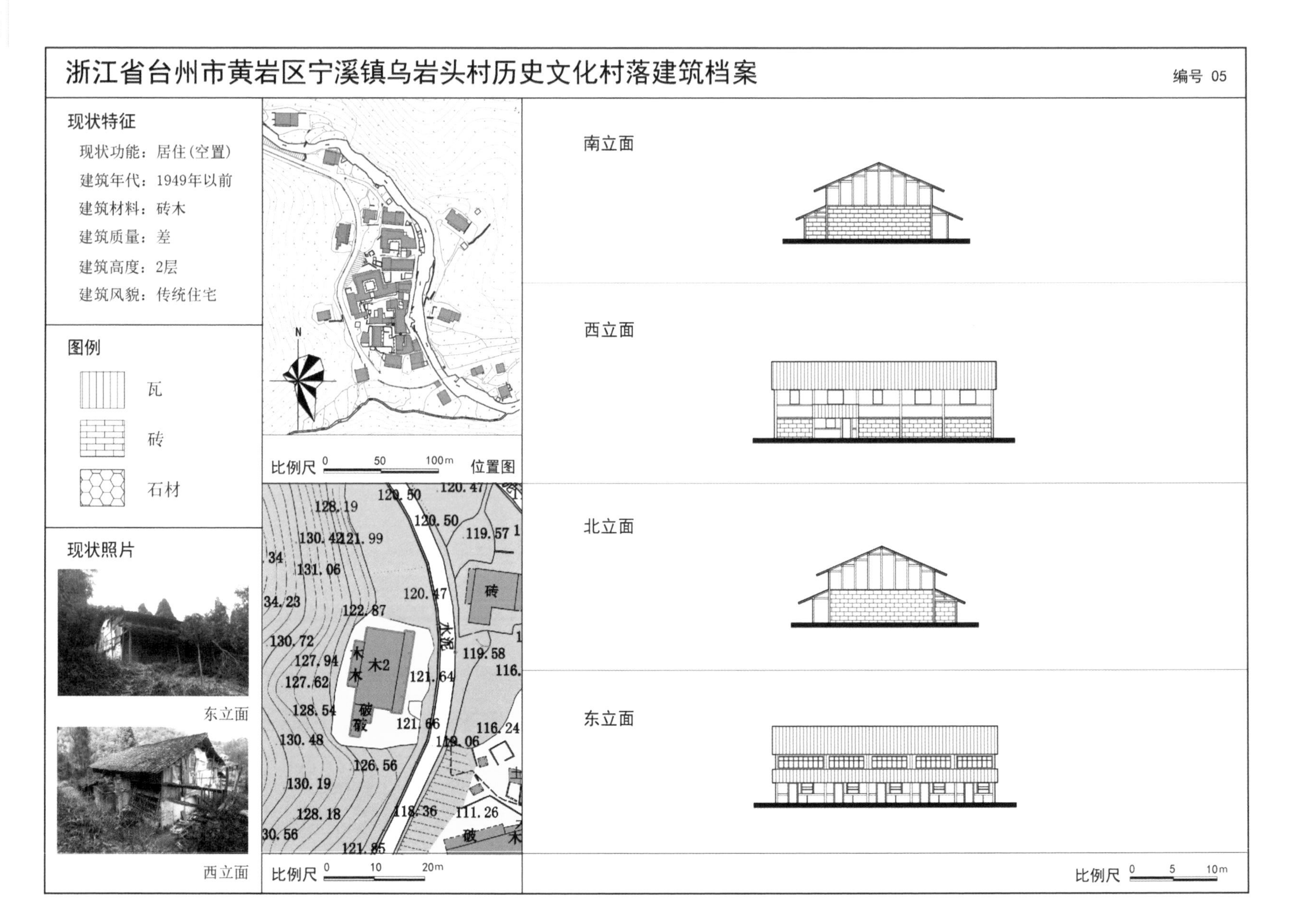

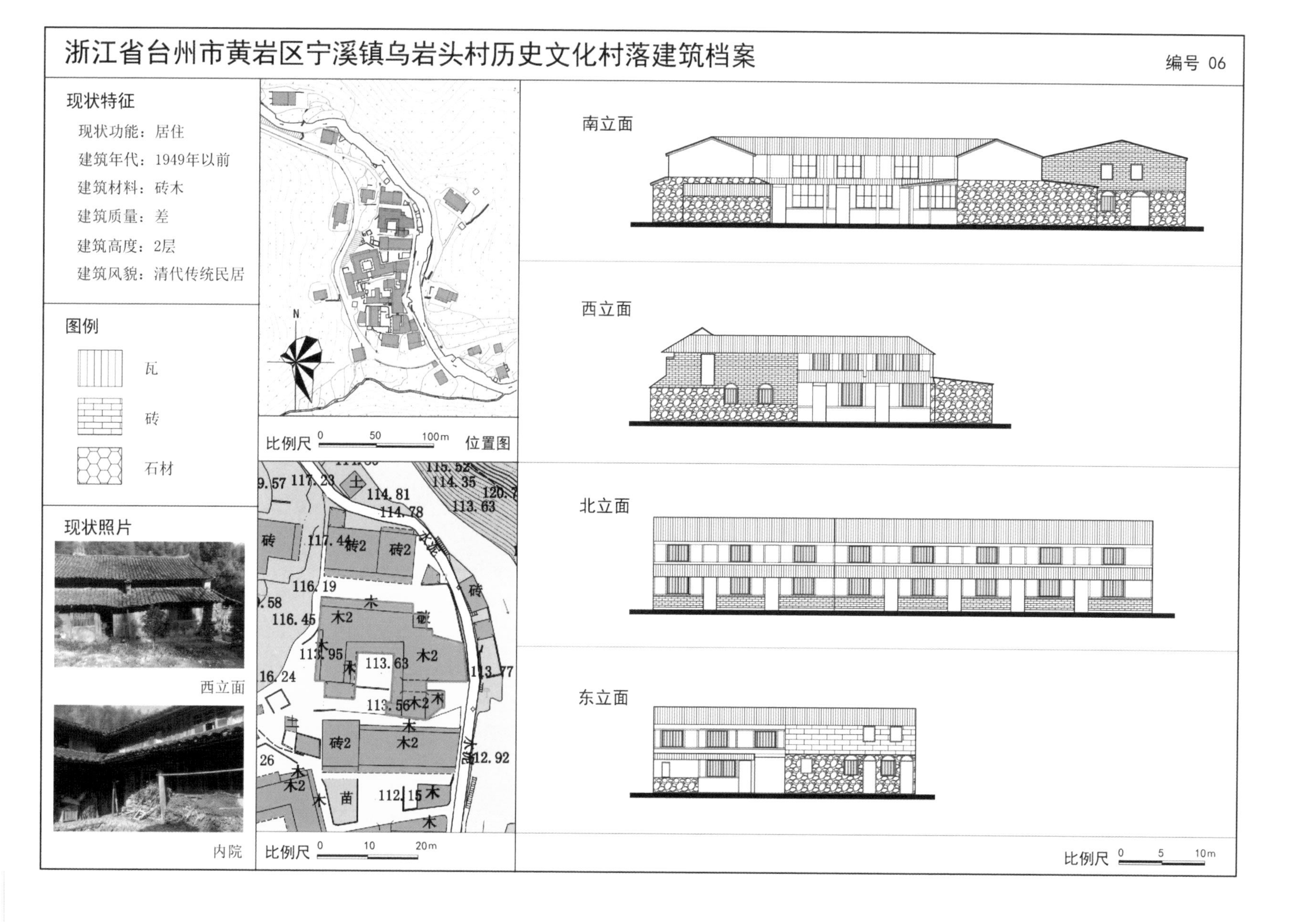
浙江省台州市黄岩区宁溪镇乌岩头村历史文化村落建筑档案
编号 06
现状特征
现状功能：居住
建筑年代：1949年以前
建筑材料：砖木
建筑质量：差
建筑高度：2层
建筑风貌：清代传统民居
图例
瓦
砖
石材
现状照片
西立面
内院
N
比例尺 0 50 100m
位置图
9.57
117.23
土
114.81
114.78
115.52
114.35
120.7
113.63
砖
117.44
砖2
砖2
116.19
.58
116.45
木
木2
113.95
113.63
木2
113.77
16.24
113.56
木2
木
砖2
木2
26
12.92
木2
苗
112.15
木
比例尺 0 10 20m
南立面
西立面
北立面
东立面
比例尺 0 5 10m

浙江省台州市黄岩区宁溪镇乌岩头村历史文化村落建筑档案

编号 07

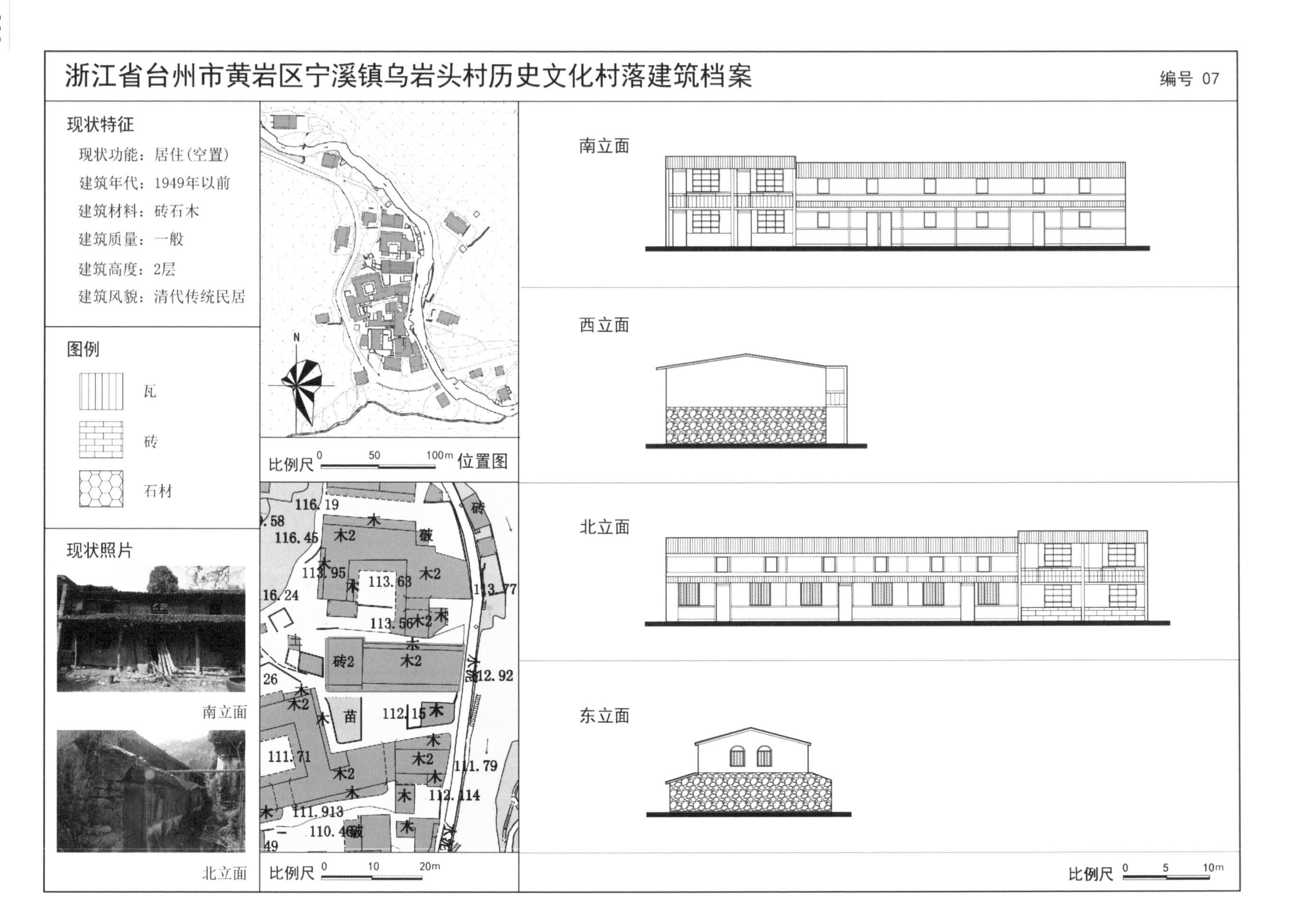

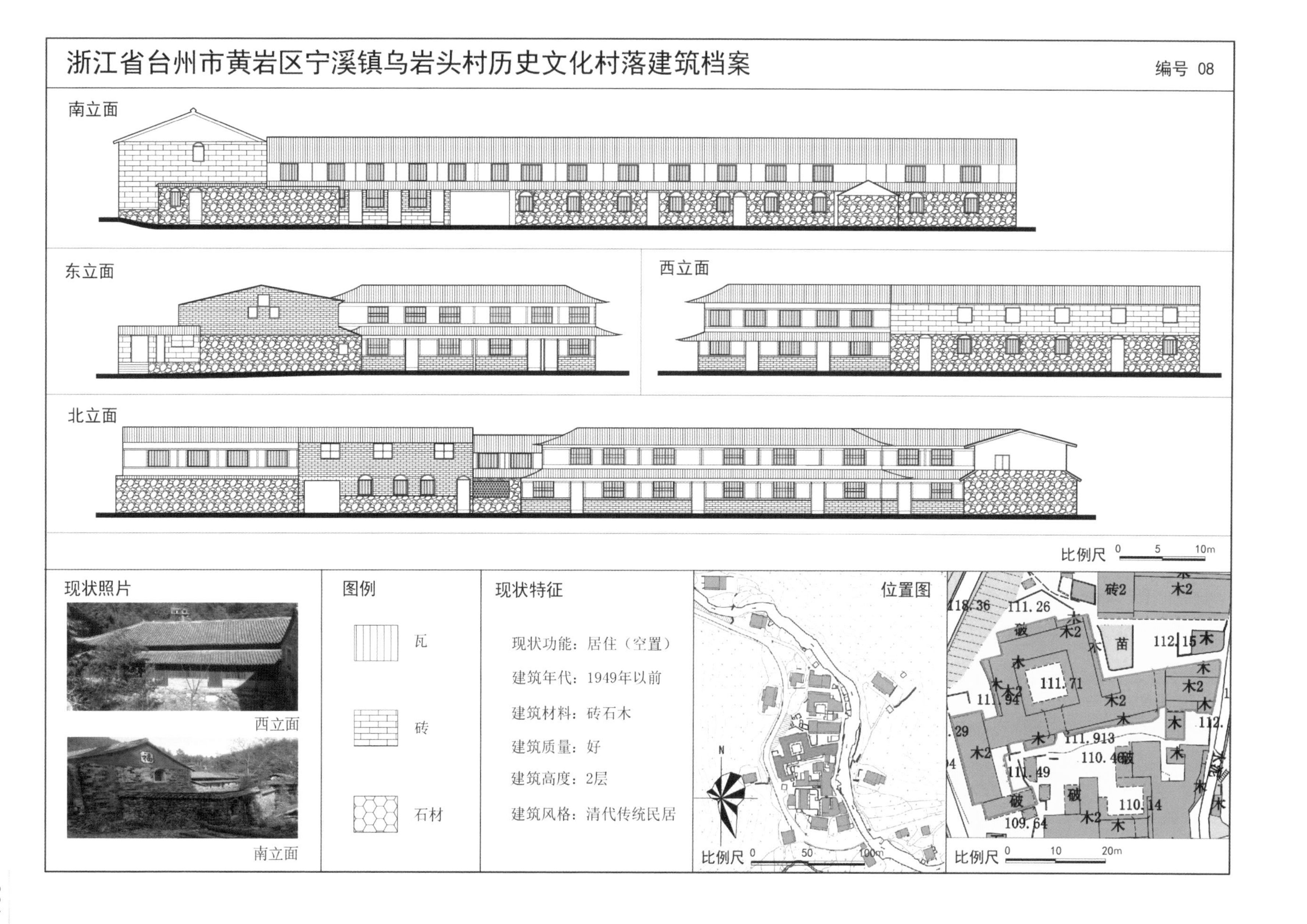
浙江省台州市黄岩区宁溪镇乌岩头村历史文化村落建筑档案
编号 08
南立面
东立面
西立面
北立面
比例尺 0 5 10m
现状照片
西立面
南立面
图例
瓦
砖
石材
现状特征
现状功能：居住（空置）
建筑年代：1949年以前
建筑材料：砖石木
建筑质量：好
建筑高度：2层
建筑风格：清代传统民居
位置图
N
比例尺 0 50 100m
比例尺 0 10 20m

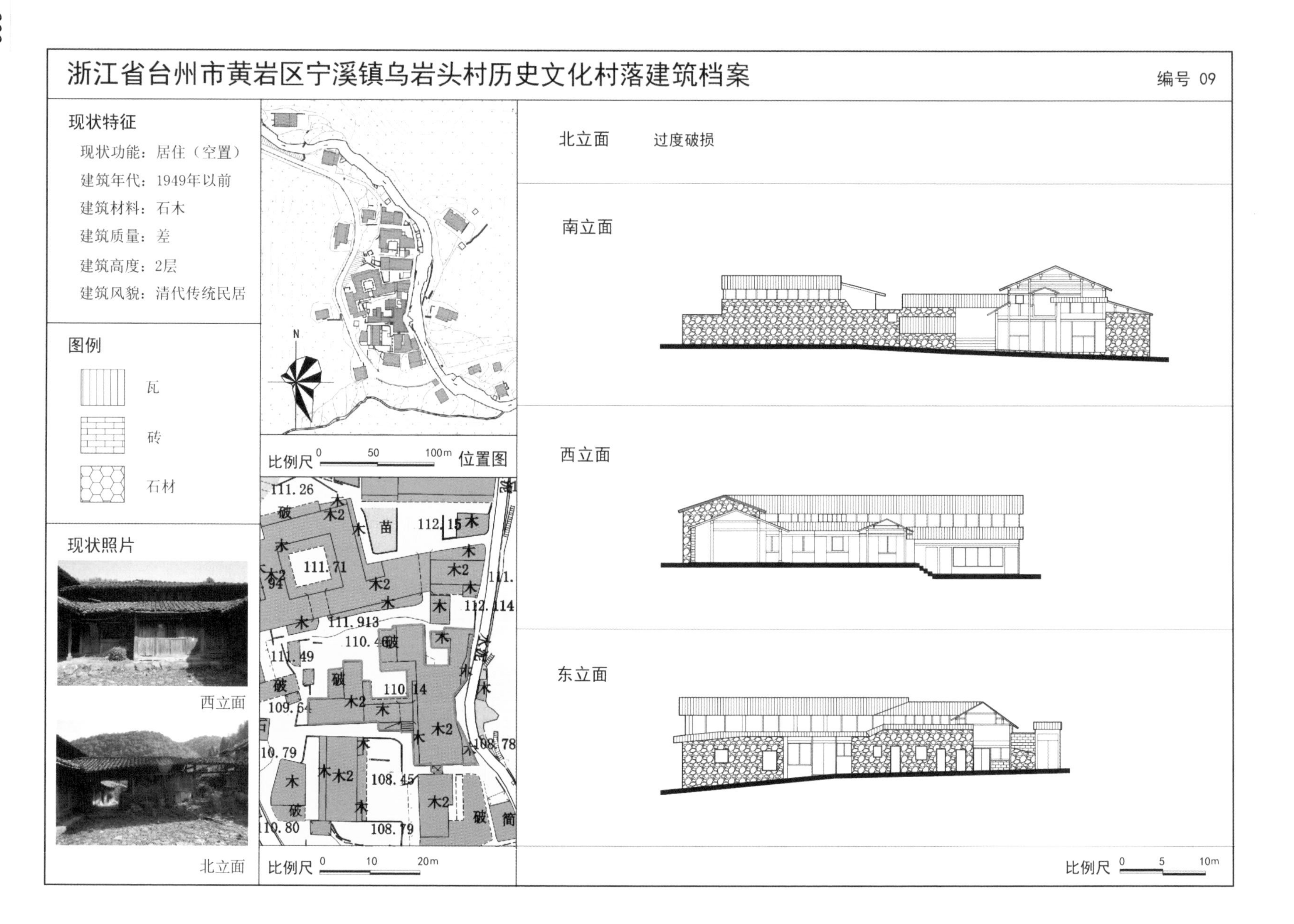

浙江省台州市黄岩区宁溪镇乌岩头村历史文化村落建筑档案
编号 09
现状特征
现状功能：居住（空置）
建筑年代：1949年以前
建筑材料：石木
建筑质量：差
建筑高度：2层
建筑风貌：清代传统民居
图例
瓦
砖
石材
现状照片
西立面
北立面
N
比例尺 0 50 100m 位置图
比例尺 0 10 20m
北立面 过度破损
南立面
西立面
东立面
比例尺 0 5 10m

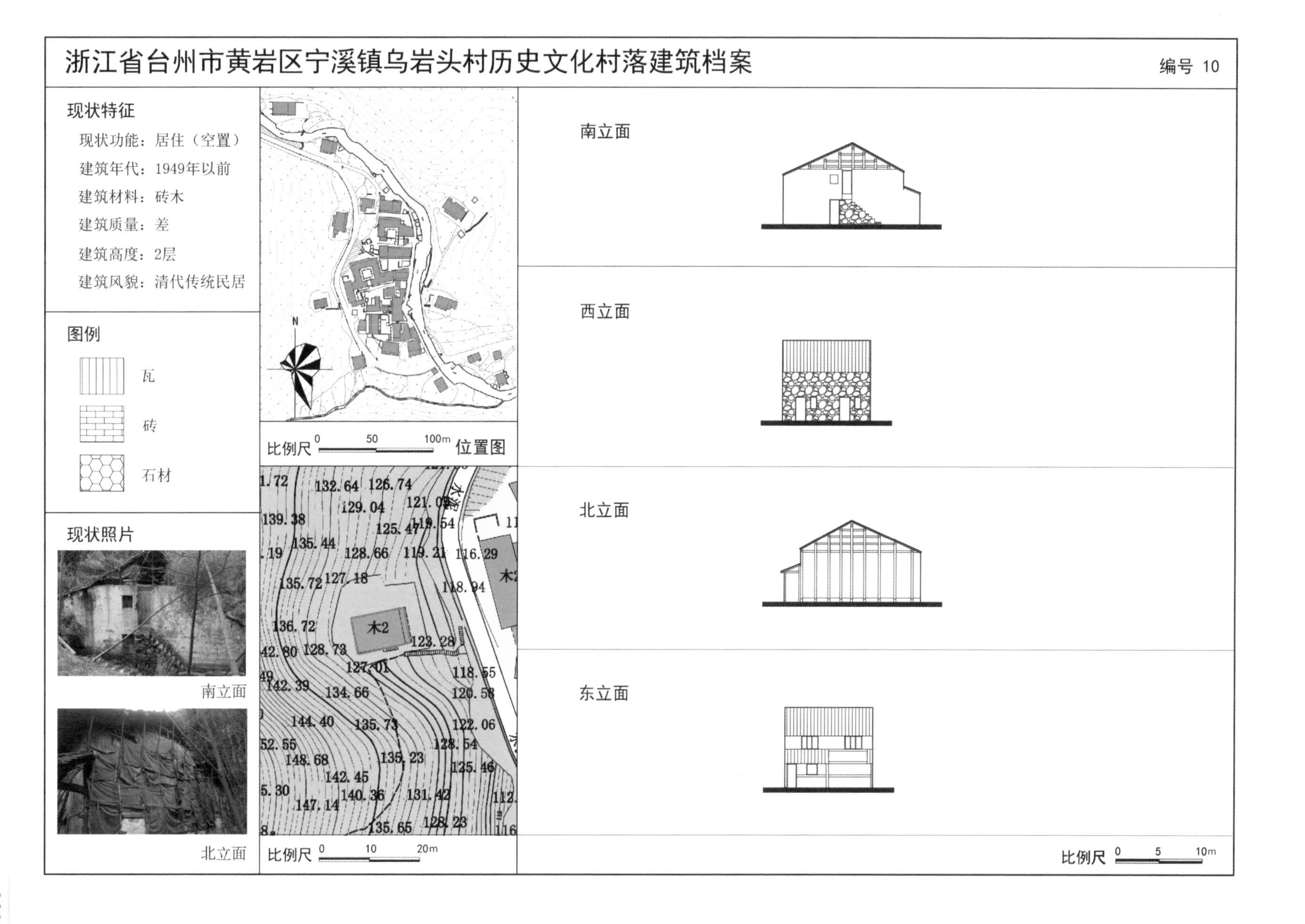
浙江省台州市黄岩区宁溪镇乌岩头村历史文化村落建筑档案
编号 10
现状特征
现状功能：居住（空置）
建筑年代：1949年以前
建筑材料：砖木
建筑质量：差
建筑高度：2层
建筑风貌：清代传统民居
图例
瓦
砖
石材
现状照片
南立面
北立面
N
比例尺 0 50 100m
位置图
木2
比例尺 0 10 20m
南立面
西立面
北立面
东立面
比例尺 0 5 10m

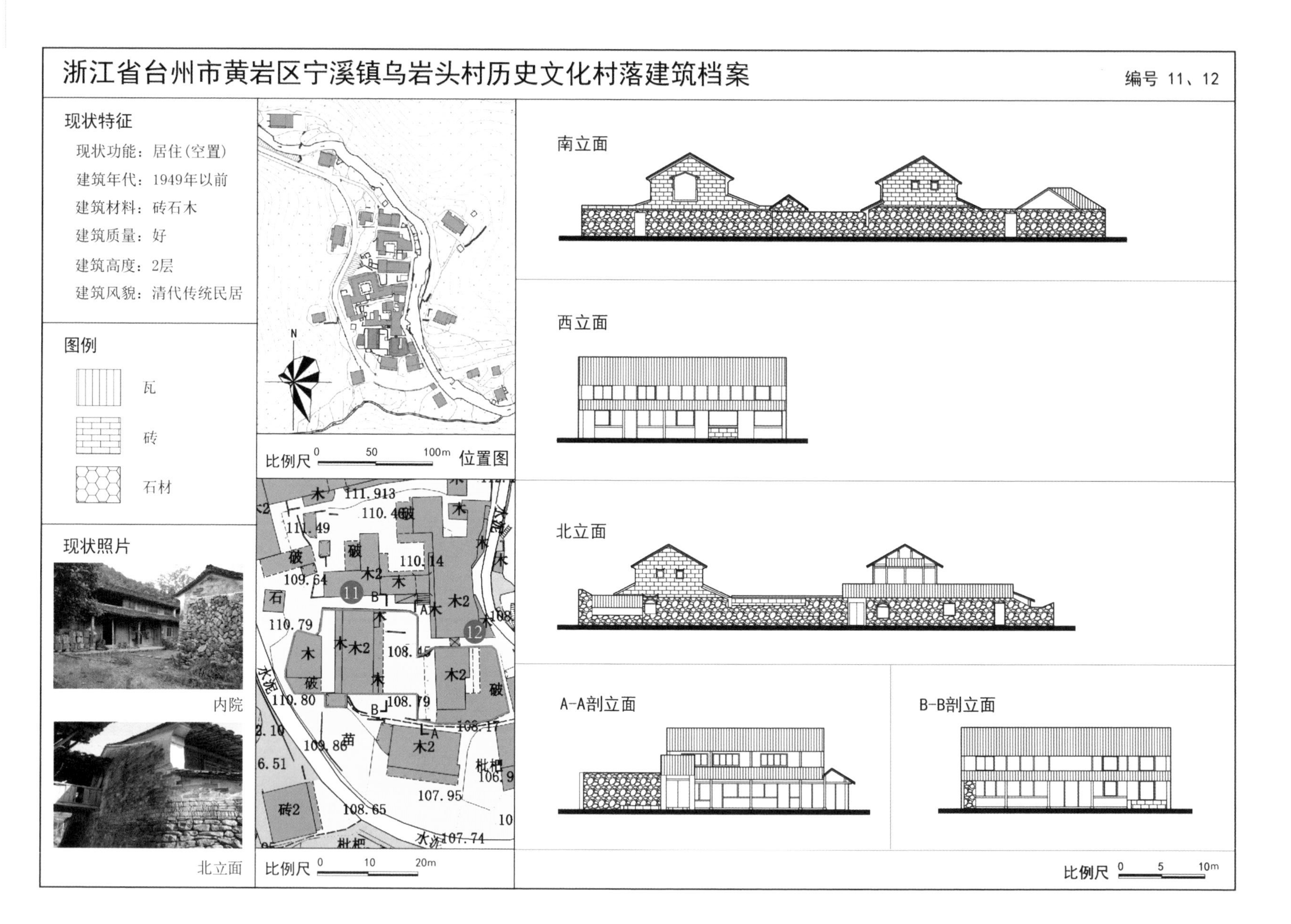
浙江省台州市黄岩区宁溪镇乌岩头村历史文化村落建筑档案
编号 11、12
现状特征
现状功能：居住(空置)
建筑年代：1949年以前
建筑材料：砖石木
建筑质量：好
建筑高度：2层
建筑风貌：清代传统民居
图例
瓦
砖
石材
现状照片
内院
北立面
N
比例尺 0 50 100m
位置图
111.913
110.40
111.49
110.14
109.64
110.79
108.45
110.80
108.79
108.17
109.86
108.65
107.95
107.74
木
木2
破
石
砖2
水泥
枇杷
比例尺 0 10 20m
南立面
西立面
北立面
A-A剖立面
B-B剖立面
比例尺 0 5 10m

浙江省台州市黄岩区宁溪镇乌岩头村历史文化村落建筑档案

编号 13

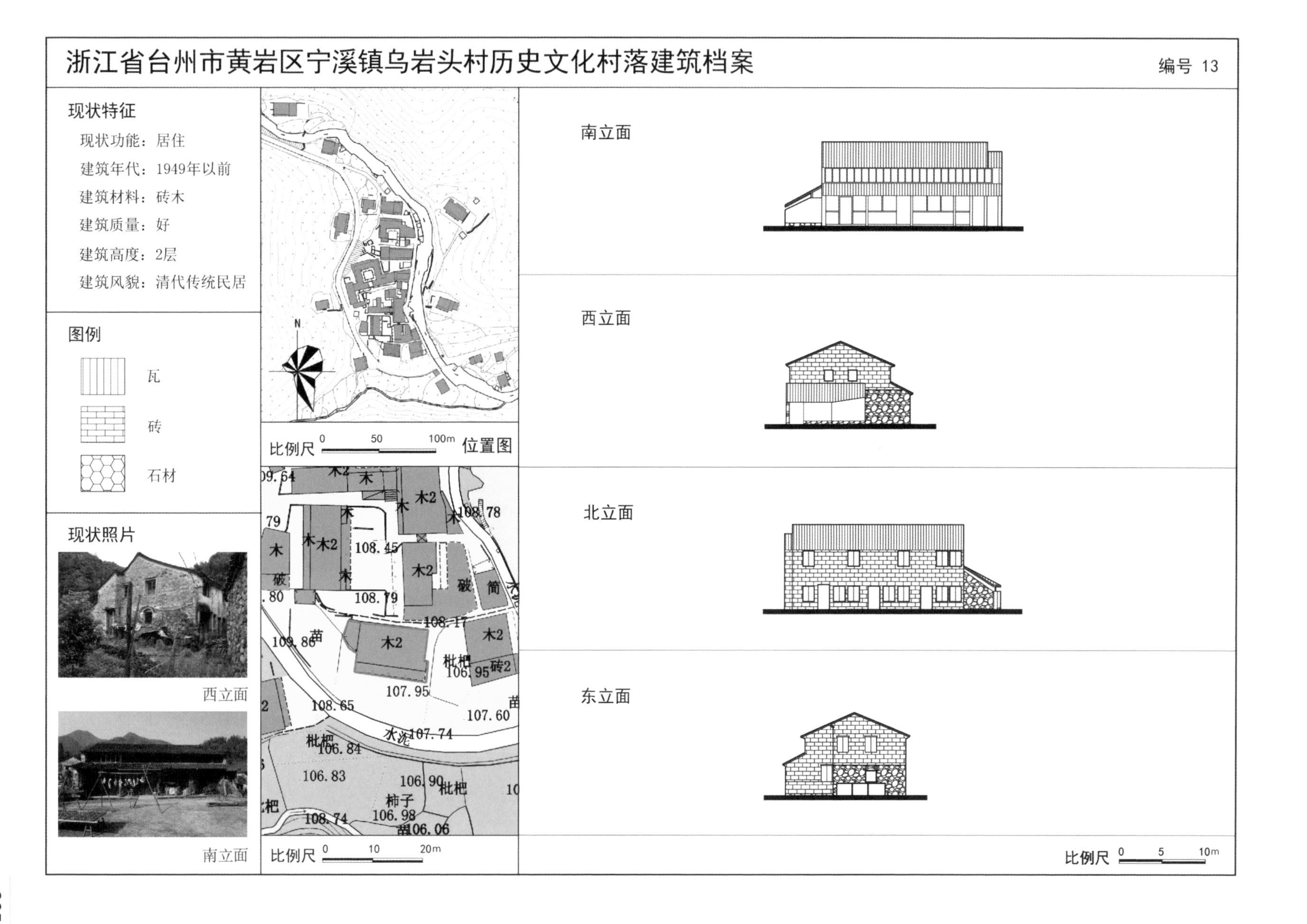

附录 B 黄岩区宁溪镇乌岩头村建设过程照片

2015 年 3 月课题组实地深入调研

2015 年 8 月“美丽乡村”暑期实践现场调研结束后，台州市黄岩区农办、宁溪镇党委政府主要领导与同济大学师生在乌岩古村美丽乡村规划工作室合影留念

同济大学桥梁专业教授参与调研

德国柏林工业大学教授参与实地研究

2015 年 11 月德国柏林工业大学和同济大学师生在乌岩头村举行“中德乡村人居环境可持续发展”设计工作营。为期 10 天的现场调研之后，柏林工大研究生回国之后继续进行为期一个学期的课程设计，把柏林城市周边衰败的乡村再生和黄岩区乡村再生进行比较研究，提出创新创意的规划设计措施

浙江省农办、黄岩区委有关领导等莅临乌岩古村现场指导工作

建设过程中镇、村干部和规划团队进行方案讨论

规划设计团队参与项目建设全过程指导和交流

村民积极参与村庄建设调研表达建议

主要参考文献

[1] 常青，沈黎，张鹏等 . 杭州来氏聚落再生设计 [J]. 时代建筑，2006（2）：106-109.

[2] 费孝通 . 江村经济 [M]. 江苏：江苏人民出版社，1986.

[3] 费孝通 . 乡土中国 [M]. 北京：北京出版社，2005.

[4] 贾珺 . 北京四合院 [M]. 北京：清华大学出版社，2009.

[5] 龚恺 . 晓起 [M]. 南京：东南大学出版社，2001.

[6] 陆元鼎 . 中国传统民居与文化—中国民居学术会议论文集（第一辑）[M]. 北京：中国建筑工业出版社，1991.

[7] 刘沛林 . 古村落：和谐的人聚环境空间 [M]. 上海：三联出版社，1997.

[8] 刘森林 . 中华聚落—村落市镇景观艺术 [M]. 上海：同济大学出版社，2011.

[9] 李长杰主编 . 桂北民间建筑 [M]. 北京：中国建筑工业出版社，1990.

[10] 李立 . 乡村聚落：形态、类型与演变——以江南地区为例 [M]. 南京：东南大学出版社，2007.

[11] 李秋香 . 中国村居 [M]. 天津：百花文艺出版社，2002.

[12] 彭一刚 . 传统村镇聚落景观分析 [M]. 北京：中国建筑工业出版社，1994.

[13] 仇保兴 . 生态文明时代的村镇规划与建设 [J]. 中国名城，2010（6）：4-11.

[14] 孙大章 . 中国民居研究 [M]. 北京：中国建筑工业出版社，2004.

[15] 单德启 . 从传统民居到地区建筑 [M]. 北京：中国建材工业出版社，2004.

[16] 王文卿 . 民居调查的启迪 [J]. 建筑学报，1990（4）：56-58.

[17] 夏宝龙 . 美丽乡村建设的浙江实践 [J]. 求是，2014（5）：6-8.

[18] 一丁，雨露，洪涌 . 中国古代风水与建筑选址 [M]. 石家庄：河北科学技术出版社，1996.

[19] 杨贵庆 . 从“住屋平面”的演变谈居住区创作 [J]. 新建筑，1991（2）：23-27.

[20] 杨贵庆 . 可持续发展语境下的城市批评 [J]. 同济大学学报（社会科学版），2012（6）：25-31.

[21] 杨贵庆 . 我国传统聚落空间整体性特征及其社会学意义 [J]. 同济大学学报（社会科学版），2014（3）：60-68.

[22] 杨贵庆 . 城乡规划学基本概念辨析及学科建设的思考 [J]. 城市规划，2013（10）：53-59.

[23] 杨贵庆主编 . 乡村中国——农村住区调研报告 2010[M]. 上海：同济大学出版社，2011.

[24] 杨贵庆主编 . 农村社区——规划标准与图样研究 [M]. 北京：中国建筑工业出版社，2012.

[25] 杨贵庆等 . 黄岩实践——美丽乡村规划建设探索 [M]. 上海：同济大学出版社，2015.

[26] [日] 建筑思潮研究所 . 住宅建筑 [M]. 日本：建筑资料研究社，1987.

[27] [日] 原广司 . 于天伟 等译 . 世界聚落的教示 100[M]. 北京：中国建筑工业出版社，2003.

[28] [日] 藤井明 . 宇晶译 . 聚落探访 [M]. 北京：中国建筑工业出版社，2003.

[29] 《国家新型城镇化规划（2014—2020 年）》，2014.

后　记

本书的雏形是2015年11月7日在浙江省台州市黄岩区召开的“中德乡村人居环境可持续发展路径探索2015黄岩学术研讨会”之前形成的，当时作为会议材料发给与会者。参会的主题发言嘉宾，有来自德国柏林工业大学规划建筑环境学院Hannes Langguth先生，德国魏玛包豪斯大学欧洲城市研究所Philippe Bernd Schmidt先生，德国纽伦堡工程技术学院Thomas Detlef Jenohr先生，中国城市规划学会乡村规划与发展学术委员会主任委员张尚武教授、浙江工业大学陈前虎教授，以及我本人。参加研讨会的还有来自德国柏林工业大学和同济大学城乡规划专业共20多位博士生、硕士研究生，以及台州市、黄岩区区委、区政府和有关乡镇领导。正是得益于这次研讨会上的广泛交流，促进了课题组进一步思考和深入实践，又历经半年的积累撰写，终于完成了今天的书稿。

在本书即将付梓之际，作为课题组负责人，我怀着感恩的心，谨代表本书撰写组成员衷心感谢使得本书出版变为现实的各界人士！

首先，衷心感谢为本书撰写序言的同济大学党委书记杨贤金教授！当杨书记了解到同济规划师生团队多年来为浙江省台州市黄岩区美丽乡村建设和历史文化村落保护和再生工作所做的创新实践过程，欣然接受邀请撰写序言，热情鼓励和谆谆勉励课题组师生继续深度参与社会服务，创新规划实践。课题组师生深受鼓舞，心存感激！

诚挚感谢中国城市规划学会顾问、同济大学建筑与城市规划学院前院长陈秉钊教授为本书作序。作为台州市黄岩区“美丽乡村”规划建设顾问，陈教授曾为《黄岩实践——美丽乡村规划建设探索》一书作序。此次他从“保护和再生的哲理”阐释了关于历史文化村落传承的哲学命题，提升了对保护和再生实践的认知高度。陈教授对后学的勉励，始终激励课题组师生更加努力做好美丽乡村规划建设的理论探索和实践工作。

同时，要感谢提供同济大学“美丽乡村”规划教学实践的浙江省台州市黄岩区区委、区政府和有关职能部门和领导的大力支持！他们是：台州市市委常委、黄岩区区委陈伟义书记，黄岩区区委副书记、李昌道区长，黄岩区区委副书记、区政法委陈建勋书记，黄岩区政府葛久通副区长，台州市市委副秘书长、台州市委市政府农村办公室张宇主任、社会发展处陈利处长，黄岩区区委办公室陈灵平主任、陆有国副主任。感谢黄岩区委区政府农村工作办公室同仁的全程指导、配合和参与，除了直接参与本书部分章节撰写的戴庭曦主任外，要感谢农办的陈新国副主任，农村发展科林再华科长。

还要感谢黄岩区住房与城乡建设局的张凌副局长和宁溪分局彭艳艳局长。在黄岩区环长潭湖水库村庄风貌建设导则的编制过程中，得到了她们及所在的黄岩区住房与城乡建设局领导以及区政府有关职能部门、有关乡镇领导的指导，并为乌岩头村规划设计提出了建设性意见。

感谢黄岩区宁溪镇党委和政府的领导和工作人员。除了直接参与本书部分章节撰写工作的镇党委车献晨书记和镇政府胡鸥镇长之外，要感谢镇政协工委周勤峰主任，党委杨毅副书记，镇人大常委会副主任王天明，原常务副镇长汪雄俊，镇农办翁银法副主任，镇城建办王华副主任，等。同时，要感谢宁溪镇乌岩头村党支部书记陈景岳，乌岩头村委会主任陈元彬，大学生“村官”陈超，以及镇城建办工作人员蔡天明，施工队队长应荷友，以及镇村其他工作人员。感谢所有参与古村保护建设实施的乌岩头村村民。正是因为有了村民的热情参与，历史文化村落的保护和传承才更加具有社会意义。

衷心感谢同济大学新农村发展研究院常务副院长张亚雷教授。作为新农村发展研究院的重要实践课题和成果之一，得到了张教授的大力支持和肯定。感谢同济大学桥梁专家石雪飞教授，他为乌岩古村村口的古石桥保护和修建提供了独到的专业建议。

要感谢同济大学出版社江岱副总编、荆华编辑，为本书的出版给予积极支持。

最后，要感谢给予本书出版支持的上海同济城市规划设计研究院周俭院长、张尚武副院长等领导和同仁。该院“教学资助项目”基金促成这一“校地联合”教学成果的出版。感谢同济大学建筑与城市规划学院，尤其是城市规划系的各位同事，作为毕业设计选题和硕士研究生论文答辩，受到多位老师的指教。

由于种种原因，在这里可能并未列全应该感谢的对本课题调研实践和本书出版给予支持帮助的各界人士。在此，对有所遗漏或标注不准确的，作者表示诚挚的歉意！

由于认识上和工作上的不足，对于书中的不妥甚至错误之处，望读者不吝批评指正。

杨贵庆

中国城市规划学会“山地城乡规划学术委员会”副主任委员

同济大学建筑与城市规划学院，教授、博士生导师

2016 年 5 月 10 日